U0965094

十三五

高等职业教育(专科)“十三五”规划教材

化验室组织与管理

李文一　主编

中国农业大学出版社
·北京·

内 容 简 介

本教材适用于食品(农产品)或相近的分析专业教学使用,内容主要包括化验室检验系统及管理、化验室建筑与设施建设管理、化验室质量与标准化管理、化验室检验质量保证体系的构建与管理和化验室环境与安全。本教材重点培养学生在将来工作实践中的应用,同时考虑高职学生学情,内容简明、实用,便于学习。每章前面有学习目标,章后面有练习题,同时书后有习题参考答案,方便学生自我测评。文中术语和计量单位等全部采用现行国家标准,有利于学生的职业素养培养,也可供化验室工作人员作为参考书使用。

图书在版编目(CIP)数据

化验室组织与管理/李文一主编. —北京:中国农业大学出版社,2019.4

ISBN 978-7-5655-2143-0

Ⅰ.①化… Ⅱ.①李… Ⅲ.①化学实验-实验室-组织管理-高等职业教育-教材
Ⅳ.①O6-31

中国版本图书馆 CIP 数据核字(2018)第 260979 号

书　　名　化验室组织与管理
作　　者　李文一　主编

策划编辑　康昊婷　　**责任编辑**　冯雪梅
封面设计　郑　川
出版发行　中国农业大学出版社
社　　址　北京市海淀区学清路甲 38 号　　**邮政编码**　100193
电　　话　发行部 010-62733489,1190　　读者服务部 010-62732336
编辑部 010-62732617,2618　　出　版　部 010-62733440
网　　址　http://www.cau.edu.cn/caup　　**E-mail** cbsszs@cau.edu.cn
经　　销　新华书店
印　　刷　北京溢漾印刷有限公司
版　　次　2019 年 4 月第 1 版　　2019 年 4 月第 1 次印刷
规　　格　787×1 092　　16 开本　　15 印张　　371 千字
定　　价　40.00 元

编写人员

主　编　李文一（辽宁农业职业技术学院）

副主编　雷恩春（辽宁农业职业技术学院）

何　丹（辽宁农业职业技术学院）

张积荣（伊犁职业技术学院）

胡小凤（辽宁农业职业技术学院）

高　飞（辽宁农业职业技术学院）

参　编　蔡智军（辽宁农业职业技术学院）

高　涵（辽宁农业职业技术学院）

郝生宏（辽宁农业职业技术学院）

李　毅（辽宁农业职业技术学院）

刘嘉琳（辽宁农业职业技术学院）

苏国辉（盘锦市土肥工作站）

王　楠（通标标准技术服务有限公司大连分公司）

王成义（大连真爱果业有限公司）

张广燕（辽宁农业职业技术学院）

主　审　胡克伟（辽宁农业职业技术学院）

前　言

本教材是在高职院校全面教育教学改革的大背景下，根据多年教学实践和企业实际工作，围绕食品（农产品）行业企业的发展要求，结合当前国家对食品安全的政策、标准，由教学一线教师和行业企业专家共同编写的工学结合教材。可供食品（农产品）或相近分析专业教学使用，也可以供食品（农产品）企业和相关检测机构工作人员使用。

本教材共6章，包括绪论、化验室检验系统及管理、化验室建筑与设施建设管理、化验室质量与标准化管理、化验室检验质量保证体系的构建与管理以及化验室环境与安全。每个章节包含正文和拓展学习两个部分，同时各章节均有学习目标和课后习题，方便学生自我检查。

本教材由李文一担任主编，雷恩春、何丹、张积荣、胡小凤和高飞担任副主编，全书的统稿和校对由李文一、胡小凤和高飞负责。参加编写人员的分工如下：第一章主要由李文一编写，第二章和第四章主要由何丹编写，第三章和第五章主要由张积荣、李文一编写，第六章主要由雷恩春和胡小凤编写，附录由雷恩春编写。通标标准技术服务有限公司大连分公司王楠工程师、大连真爱果业有限公司王成义高级工程师、盘锦市土肥工作站苏国辉高级农艺师和辽宁农业职业技术学院李毅、刘嘉琳、蔡智军、张广燕、高涵和郝生宏6位老师也参与了本书的编写和策划工作。全书由辽宁农业职业技术学院胡克伟教授担任主审。

由于编者水平有限，书中疏漏和错误之处在所难免，恳请同仁不吝指正。

编　者

2018年9月25日

目 录

第一章

绪论

学习目标

1. 了解分析检验工作的起源与发展历史，认识分析检验人员在控制生产过程、提高产品质量中的地位和作用。

2. 理解化验室的分类在不同方面的意义。

3. 掌握化验室的定义、构成的基本要素及化验室的功能。

4. 了解化验室组织与管理的研究对象、学习内容。

5. 根据分析检验工作与化验室的关系，能够对“现代化验室”的工作范围、特点等进行设计。

6. 根据认知实训或岗位实习经历，能够正确描述“中心化验室和中控化验室”的工作任务和性质。

第一节　分析检验工作的起源与发展

在人类社会生产的发展过程中，生产的规模是从小到大，生产方式是从简单到复杂，生产技术水平是从低到高。从传统的手工作坊到现代的集约型生产企业，经过了漫长的发展道路。而其中的分析检验工作也是从无到有、从简单到复杂、从松散的个体行为到有组织的群体活动。在距今久远的年代，人们对物质的需求没有质量的概念和标准，随着生产实践的演进，到战国初期，齐国出现了第一部技术标准《考工记》，并广泛流传。该技术标准记载了某些产品的生产工艺、控制方法和技术要求等，并规定对产品要进行检验，不合格的要返工。《考工记》最早提出了对产品质量进行检验，以衡量其是否满足需要，对商鞅变法后秦国武器生产影响极大，体现出超时代的“标准化”生产理念雏形，甚至影响了历史发展的进程。公元 1103 年北宋朝廷颁发的中国建筑史上第一部国家技术标准——《营造法式》和明朝末年宋应星所著的纺织标准化教科书《天工开物》，除了表述生产的技术工艺、操作方法、质量要求等以外，都要求进行生产过程的控制和产品最终质量的检验。在中华民族光辉灿烂的历史上，诞生了不少惊世之作，如青铜器、景德镇陶瓷、享誉中外的酱香型和浓香型茅台酒，还有历经两千余年仍雄伟壮观的万里长城及距今有千余年历史并在 1976 年唐山大地震中安然无恙的蓟县独乐寺等，均为质量控制与检验得当的典范。然而，中国长时间处于封建社会，闭关自守，导致了生产技术长期发展缓慢。直到 18 世纪欧洲工业革命之前，我国的生产方式也是比较简单的，生产技术水平也不高，而其中出现的分析检验工作也是简单而粗略的，可概括为"眼看、耳闻、口尝"。例如，木工在做家具、修建房屋等工作中，木枋是否被刨直，是用肉眼观察进行判断；检验稻谷的质量也是用肉眼来观察稻谷颗粒是否饱满、大小是否均匀；黄金纯度的检验，是通过眼睛观察其黄色的深浅来确认；判断钢刀刀刃的硬度，是通过手指甲拨动刀刃，闻其刀刃振动发出声音的清脆程度来加以确定；银币真伪的识别，也是用口对着银币吹气，再闻其振动发出的声音来加以判断。食品质量的控制与检验，基本是用口尝，最典型的是白酒质量的控制与检验。我国是白酒生产和消费大国，生产白酒的历史源远流长，而在相当长的时间里，其质量的控制与检验均是采用口尝的方法，即对以基酒、水和其他辅料勾兑的成品酒，采用口尝来确定勾兑的结果，称为品酒，实质就是检验白酒的质量。

在人类社会的发展史上，随着科学家对物质、自然现象等研究工作的深入，人们对物质的物理性质、化学性质以及物理化学性质有了比较深入和全面的认识，而以此为基础，鉴定各种物质和测定其组成的技术——分析化学也由此而诞生并很快在生产、科研中得到广泛应用，为促进当时的生产、科学研究等方面的技术进步起到了重要的作用，同时也为分析化学技术自身的发展奠定了基础。在 20 世纪初期，由于物理化学溶液理论的发展，为分析化学提供了理论基础，建立了溶液中的四大理论，使分析化学从一门技术上升为研究物质化学组成、结构、含量的分析方法及相关理论的一门科学。20 世纪 40 年代，原子能、半导体材料的发展和物理学、电子学的发展，使分析化学从以化学分析为主的局面发展到以仪器分析为主的现代分析化学。从 20 世纪 70 年代末开始，以计算机应用为主要标志的信息时代的来临，给分析化学的发展带来了前所未有的发展机遇，分析化学吸取当代技术的最新成就，利用物质一切可以利用的性质，建立表征测量的新方法、新技术，开拓新领域，正迎接着当代科学技术和人类生产活动飞跃发展的挑战。分析化学正处于发展史上第三次变革时期，其特点是：对生命科学、环境科学、新材料科学中呈现的具有挑战性的新的未知信息的探索已成为分析化学最热门的研究课题；研究手段在综合光、电、热、声、磁的基础上，进一步采用数学、计算机科学及生物学等学科的新成就，对物质进行纵深分析，获取物质尽可能全面的信息。由此诞生了一门新的科学——质量管理，它是随着整个社会生产的发展而发展的，同时，它同上述科学技术的进步、管理科学的发展也密切相关。一般把质量管理的发展过程分为三个阶段：20 世纪初期，由于企业规模的扩大以及企业内部分工的细化，大多数企业把检验从生产中分离出来，成立检验部门，质量管理进入"质量检验"阶段。20 世纪 40 年代，为适应大规模生产的要求，美国和欧洲的一些数理统计学家，把概率论和数理统计的原理运用于质量管理，成功地创立了"控制图"和"抽样检查表"等体现预防为主的质量控制方法，使质量管理发展到"统计质量管理阶段"。50 年代末 60 年代初，随着新兴技术、工艺、设备、材料的大量涌现，产品更新换代的速度大大加快，特别是对于许多综合多种门类技术成果的大型、精密、复杂的现代工业产品来说，影响质量的因素已不是几十、几百个，而是成千上万个，在这种情况下，质量管理进入全面质量管理阶段。以上质量管理发展的三个阶段质的区别是:质量检验阶段靠的是事后把关,是一种防守型的质量管理;统计质量控制阶段主要靠在生产过程中实施控制,把可能发生的问题消灭在生产过程之中,是一种预防型的质量管理;而全面质量管理,则保留了前两者的长处,对整个系统采取措施,不断提高质量,可以说是一种进攻型或者是全攻全守型的质量管理。

如今生产企业的分析检验工作,是在各级质量管理部门的监督和指导下,组成了专门从事分析检验工作的组织管理和实施机构——化验室,并按照生产工艺指标或质量标准的要求,采用相应的分析检验方法,配备相应仪器设备、化学试剂、计算机系统、管理与技术文件等技术装备和分析检验管理与技术人员,有组织地完成化验室分析检验系统的目标和任务。其分析检验的技术能力和水平较之“眼看、耳闻、口尝”的时代有着天壤之别。现代生产企业的化验室工作主要体现在两个方面:一是组织管理工作。它的意义在于通过管理者运用计划、组织、领导、控制等各种管理技术、方法和手段,引导和组织起有效、有序的分析检验技术工作和其他工作,并使化验室的人力、物力、财力和信息等资源得到有效和充分的利用,以实现化验室组织的目标和任务。二是分析检验技术工作。现代化验室融化学分析、仪器分析的功能于一体,各种计量仪器、检测设备和化学试剂等的应用比比皆是。如化学分析的称量瓶、烧杯、容量瓶、移液管、滴定管、分析天平、电子天平、恒温电热烘箱、恒温电热水浴加热器、马弗炉等;仪器分析的可见、紫外、红外、荧光分光光度计,原子吸收分光光度计,自动电位滴定仪,库仑分析仪,气相、高压液相色谱仪,X 射线衍射仪,核磁共振波谱仪以及复合型分析仪器如色谱-质谱联用分析仪等。依据被检验物质的化学性质或物理性质、物理化学性质以及使用上述计量仪器、检测设备和化学试剂等材料建立的分析检验方法,在化工、石油、医药、冶金、轻工、电子、建材、纺织、农业、商业、环保等行业或部门得到广泛应用。分析检验方法的灵敏度也在不断提高,如可见分光光度法可测到的检验组分的最低含量为 10^{-5} g,原子吸收分光光度法的绝对检测限可达 10^{-14} g,所以,分析检验方法广泛地用于被检验组分为常量(>1%)、微量(0.01%~1%)和痕量(<0.01%)的分析检验。

化验室的组织管理工作和分析检验技术工作有机地结合在一起,为企业的生产控制、技术改造、新产品试验等起到了无可替代的重要作用,保证了化验室目标和任务的完成。

随着科学技术的不断发展,特别是各研究领域边缘学科的蓬勃兴起,化学计量学和过程分析化学等新兴学科在现代工业生产和化验室中得以应用,摆脱了传统的离线分析检验而实现了生产工艺流程质量指标的现场直接控制以及远程监测等。分析检验人员从单纯的数据提供者转为由分析检验数据获取有用信息,成为控制生产过程、提高产品质量的参与者和决策者。

第二节 化验室的定义、基本要素和功能

一、化验室的定义

从物质属性的角度定义,化验室是为控制生产、技术改造、新产品试验及其他科研工作而进行分析检验等工作的场所。

从社会属性的角度定义，化验室是化验系统组织结构的基本单位。因为它被赋予了明确的目标和任务，集合了一定的人力、物力、财力和信息等资源且在时间和空间内进行合理有效的配置，构成了与分析检验的目标、任务和要求相适应的综合管理和技术环境，并由相关的各类人员有组织地进行管理和分析检验等工作。

从功能的角度定义，化验室是工业生产企业的检测实验室习惯上的简称。因为在工业生产企业，尤其是化工生产企业，分析检验工作的核心任务是完成对原辅材料、半成品和产品的理化检验，即依据被检验物质的物理性质、物理化学性质或化学性质对被检验样品进行物理常数、化学组成等分析检验，从而确定其是否符合生产工艺指标或质量标准的要求，为指导和控制生产正常进行、原辅材料和产品质量的确认提供依据，为技术改造或新产品试验等科研工作提供服务。正如1957年时任中科院院长的郭沫若为某化工学校化工分析专业题词所表述的："化学分析是工业生产的眼睛，不仅能为工业生产服务，还将进一步看透自然界的秘密。"

现代化化验室的标志是：建立了科学、规范的化验室组织与管理体系和完备的分析检验工作质量保证体系并投入运行；具备功能强大的分析检验系统；具有较高的化验室水平和化验室工作质量；获得中国实验室国家认可委员会(CNACL)认可和地方技术监督机构的双重认可(证)。

二、化验室的基本要素

(1)明确的目标和任务　如原辅材料分析检验、生产中控分析、产品质量检验、为技术改造或新产品试验提供分析检验。目标和任务是其中的一种或多种。

(2)一定数量的化验室工作人员　工作人员包括管理人员、技术人员和其他辅助人员。在技术人员中应从专业、技术层次和年龄结构等方面进行合理配置。

(3)必要的化验室建筑用房、仪器设备和其他设施　如各种专业工作室、办公室、保管室、计算机房，计量和检测仪器设备及其他仪器设备，水、电、气、通风、采暖、废弃物处理等设施。

(4)必需的经费　仪器设备购置、维护保养和维修经费，分析检验消耗试剂、药品和材料经费，其他经费。

(5)有关的信息资料　管理信息资料、文件，技术标准、分析检验方法、分析操作规程等。

三、化验室的功能

(1)原辅材料和产品质量分析检验功能　能对企业生产所需用的原辅材料、最终产品按执行标准和分析检验方法进行正确的分析检验和得出正确结论的功能。

(2)生产中控分析检验功能　能对企业生产中的半成品按执行标准和分析检验方法进行正确的分析检验和得出正确结论的功能。

(3)为新工艺或新产品提供分析检验的功能　能对企业的技术改造或新产品试验等科研活动提供正确分析检验结论的功能。

(4)为社会提供分析检验的功能　能根据社会需要，提供一定的分析检验技术服务的功能。

第三节 化验室的分类

一、按认可(证)资格条款分类

1. 双重认可(证)化验室

这是获得了中国实验室国家认可委员会认可,同时又有地方技术监督机构认证的化验室。即符合《实验室认可准则》CNACL 201—99 文件规定的要求,并按《实验室认可管理办法》CNACL 101—99 文件的规定,办理"认可申报",提交足够的认可申报材料,经 CNACL 或其派出机构进行审查考核并获得认可的化验室。此类化验室的优势在于:除了具有必备的实验硬件以外,更重要的是实行了严格的化验室质量管理,建立了化验室质量体系并投入运行且具有较高的化验室水平和化验室工作质量。国家认可的是化验室的工作能力、水平和质量;地方技术监督机构认证的是它从事分析检验的法定资格。

2. 技术监督机构认证的化验室

这是还未得到中国实验室国家认可委员会或其派出机构进行审查考核和认可的化验室,其化验室水平和工作质量相对还存在一些不足,但取得了地市级以上技术监督机构认证的从事分析检验的法定资格。

二、按主要使用的分析检验方法分类

1. 化学分析检验室

其使用的分析检验方法主要是化学分析法。这类分析检验室的特点是使用的分析仪器设备简单,投资较少,分析检验成本较低,多数应用于常量组分的分析检验,操作步骤烦琐,易造成环境污染。这类化验室多为一些生产规模较小、生产工艺简单、产品比较单一的生产企业所采用。

2. 仪器分析检验室

其使用的分析检验方法主要是仪器分析法。这类分析检验室的特点是:使用的分析仪器设备较大型和复杂,投资较大,分析检验成本相对较高;分析检验操作简单,分析检验速度较快,灵敏度高,多数应用于微量和痕量组分的分析检验,分析检验结果的重现性和准确度高。这类化验室多为一些生产规模较大、生产工艺复杂、对分析检验速度和结果要求较高、资金雄厚的大中型生产企业所采用。

三、按功能分类

1. 中控化验室

中控化验室是为控制生产工艺提供分析检验数据的化验室。一般设置在生产企业的车间或工段上，主要从事生产原材料、半成品的分析检验，及时地为生产工艺控制部门提供分析检验数据，确保生产工艺的各种指标处于规定的正常范围内。中控化验室所采用的分析检验方法一般要求分析检验的操作简单、速度较快，结果的准确度不一定很高。中控化验室在业务上受中心化验室监督和指导。

2. 中心化验室

中心化验室是具备按企业生产和质量管理的要求履行产品检验、控制和监督以及为技术改造或新产品试验等科研活动提供服务等功能的化验室。中心化验室一般具有分工明确的各类专业室和发挥上述功能所需的专业技术人员及仪器设备、化学试剂、计算机系统、管理与技术文件等技术装备，有职责分明的各级行政管理体系和完备的分析检验工作质量保证体系。有对下属化验室实施业务指导和监督的职责与职能。

在我国，由于地区经济发展水平的不平衡，各地区企业的化验室在硬件、软件方面也存在较大的差异，表现在化验室水平和化验室工作质量上高低不一。我国现有的化验室大体可划分为以下几种层次。

(1)水平和工作质量较高的化验室　主要分布在一些规模较大、技术先进和资金雄厚的国有企业、外资和合资企业以及部分民营企业。这批化验室具有健全的化验室组织结构、管理体系和完备的分析检验工作质量保证体系，并能按照生产工艺指标控制或产品质量标准的要求，充分利用仪器设备、化学试剂、计算机系统、管理与技术文件等技术装备和分析检验管理及技术人员，有组织地完成化验室的目标和任务；能够或基本能够达到 CNACL 201—99《实验室认可准则》[ISO/IEC 导则 25(1999)]规定认可资格相关条款的要求。

(2)水平和工作质量一般的化验室　主要分布在中小型国有企业，一些规模较小、技术水平一般的外资和合资企业以及部分民营企业。这部分化验室管理水平一般，技术上基本能够满足生产工艺指标控制和产品质量检验。

(3)水平和工作质量较差的化验室　主要分布在城乡的一些集体所有制企业和民营小型企业。这批化验室不仅缺乏化验室的一般管理，而且仪器设备简陋、技术人员欠缺，一般仅能应付产品质量检验。

综上所述，对化验室的管理者而言，建设水平和工作质量较高的化验室，任重而道远。学习“化验室组织与管理”课程，主要是了解掌握化验室管理的理论基础、基本原理、研究对象与内容，化验室管理系统和分析检验系统以及质量保证体系的基本要素和内容，化验室建筑与设施的规划和设计要求，化验室的安全技术与环境保护要求，标准化、质量管理、化验室组织机构与权责和国内外标准化与质量管理情况。通过本课程的学习，可以系统地掌握化验室的组织、分析检验系统、质量保证体系的内涵和管理原理、管理方法；正确理解和掌握化验室建筑和设施的规划与设计、化验室的环境与安全的要求；掌握标准化、质量管理、化验室组织机构与权责；基本具备组建现代化化验室以及科学地管理其分析检验系统和质量保证体系的能力。

第一，要明确化验室组织与管理工作是提高化验室水平和化验室工作质量的保证。第二，通过科学有效的管理工作来加强化验室建设，即建立和健全化验室组织结构、管理体系和完备的分析检验工作质量保障体系，合理地配置人员及其结构，增加资金投入，提高化验室的技术装备水平，创造优良的化验室工作环境。第三，进一步促进组织有效提高，即通过管理者运用各种管理技术、方法和手段，引导和组织起有效有序的分析检验技术工作和其他工作，并使化验室的人力、物力、财力和信息等资源得到有效和充分利用，高效率地实现化验室组织的目标和任务。

拓展学习

食品安全的法制管理

食品安全是国家、民族整体素质的重要基础之一，是关系到消费者及其子孙后代的生命健康，关系到生产力发展和社会生产、生活秩序的重要问题。为了保证食品卫生质量，防止食品污染，预防食物中毒和其他食源性疾病，确保人民身体健康，必须加强食品卫生管理。

1995 年《中华人民共和国食品卫生法》（以下简称《食品卫生法》）正式颁布施行。该法规对保证食品安全，预防和控制食源性疾病，保障人民群众身体健康发挥了积极作用。近年来，国家又陆续制定和颁布了一批食品卫生标准、食品卫生管理办法、食品企业卫生规范等单项法规和相应的检验方法，逐步建立起食品卫生法规体系，从而使我国食品卫生管理逐步实现了科学化、标准化和规范化。

《食品卫生法》实施以来，正值我国社会转型和改革开放的关键时期，食品安全工作出现了一些新情况、新问题。食品安全问题在一些地方还不同程度存在，有的食品存在安全隐患。食品安全事故折射出食品安全监管工作中还存在一些问题和缺陷。为了从制度上解决问题，亟须对现行食品卫生制度加以修改、补充、完善，制定食品安全法。2009 年 2 月 28 日第十一届全国人民代表大会常务委员会第七次会议通过《中华人民共和国食品安全法》（以下简称《食品安全法》），2009 年 7 月 20 日起施行《中华人民共和国食品安全法实施条例》，标志着我国的食品安全管理从此进入了更为规范的新时期。

一、《食品安全法》的立法背景及过程

《食品安全法》的制定工作立足中国实际，积极吸收国际先进经验。2004 年 7 月，国务院第 59 次常务会议和 9 月份公布的《国务院关于进一步加强食品安全工作的决定》要求法制办抓紧组织修改《食品卫生法》。法制办成立了《食品卫生法》修改领导小组，组织起草《食品卫生法（修订草案）》。草案经 2007 年 10 月国务院第 195 次常务会议讨论通过，当年 12 月，国务院向全国人大常委会提请审议《食品安全法（草案）》。全国人大常委会办公厅于 2008 年 4 月 20 日向社会全文公布《食品安全法（草案）》，广泛征求各方面意见和建议，在一个月的时间内共收到各方面意见 11 327 条，充分体现了国家立法和人民意志的统一性。

关于《食品安全法》是否应当规定电子监管码，全国人大法律委员会、全国人大常委会法工委于 2008 年 7 月召开了新一届全国人大常委会以来的第一次立法论证会。全国人大法律委员会、教科文卫委员会、全国人大常委会法工委先后赴广西、上海、北京、河南、河北进行实地调研；多次召开座谈会，听取政府有关部门、食品生产经营者、专家学者对草案的意见；就立法中的重要问题与有关部门多次进行协调、沟通，广泛听取各方面的意见。《食品安全法》经过十届全国人大常委会第三十一次会议一审、十一届全国人大常委会第四次、第五次、第七次会议共 4 次审议，认真研究，集思广益，充分体现了科学立法、民主立法的精神。

二、《食品安全法》的意义

《食品安全法》是我国批准实施的第二部卫生法范畴的正式法律。新的《食品安全法》在原有《食品卫生法》的基础上更加完备。它建立了食品安全全过程的监管，吸收了在国际上行之

有效的先进管理理念,规定了食品安全风险监测和评估制度,进一步完善食品安全标准制度、食品生产经营行为等基本准则。它全方位构筑了食品安全法律屏障,对规范食品生产经营活动,防范食品安全事故的发生,增强食品安全监管工作的规范性、科学性和有效性,提高我国食品安全整体水平,切实保障食品安全,保障公众身体健康和生命安全,具有重要意义。

三、《食品安全法》的主要内容

我国《食品安全法》的基本内容过去我国的《食品卫生法》共由九章五十七条组成。新《食品安全法》共由十章104条组成。

第一章　总则,共有10条。主要阐述了《食品安全法》立法宗旨,明确了食品生产经营者的责任,明确规定了食品安全监管体制、地方政府及有关部门的职责,并要求监管部门权责应一致,明确了食品行业协会、社会团体等都有进行食品安全宣传、普及的责任和义务,国家支持开展食品安全研究,明确任何个人和组织都应食品安全进行社会监督。

第二章　食品安全风险监测和评估,共有7条。《食品安全法》从食品安全风险监测计划的制订、发布、实施、调整等方面,规定了完备的食品安全风险监测制度。《食品安全法》从食品安全风险评估的启动、具体操作、评估结果的用途等方面规定了完整的食品安全风险评估制度。

第三章　食品安全标准,共有9条。《食品安全法》规定,制定食品标准,应当以保证公众身体健康为宗旨,做到科学合理、安全可靠。同时明确规定,食品安全标准是强制执行的标准,除食品安全标准外,不得制定其他的食品强制性标准。明确了食品安全国家标准由国务院卫生行政部门负责制定、公布,国务院标准化行政部门提供国家标准编号。制定食品安全国家标准,应当依据食品安全风险评估结果并充分考虑食用农产品质量安全风险评估结果,参照相关的国际标准和国际食品安全风险评估结果,并广泛听取食品生产经营者和消费者的意见。国务院卫生行政部门应当对现行的食用农产品质量安全标准、食品卫生标准、食品质量标准和有关食品的行业标准中强制执行的标准予以整合,统一公布为食品安全国家标准。《食品安全法》还明确了食品安全地方标准和企业标准的地位。

第四章　食品生产经营,共有30条。《食品安全法》规定应加强对食品生产加工小作坊和食品摊贩的管理,鼓励食品生产经营企业应采用先进管理体系;《食品安全法》规定应建立完备的索证索票制度、台账制度等;严格对声称具有特定保健功能的食品的管理。《食品安全法》要求建立食品召回制度、停止经营制度;《食品安全法》规定应严格对食品广告的管理。

第五章　食品检验,共有5条。《食品安全法》规定食品检验实行食品检验机构与检验人负责制。食品检验报告应当加盖食品检验机构公章,并有检验人的签字或者盖章。食品检验机构和检验人对出具的食品检验报告负责;明确食品安全监督管理部门对食品不得实施免检。同时明确规定,进行抽样检验,应当购买抽取的样品,不收取检验费和其他任何费用。

第六章　食品进出口,共有8条。《食品安全法》明确了进口的食品、食品添加剂以及食品相关产品应当符合我国食品安全国家标准;《食品安全法》完善了风险预警机制。

第七章　食品安全事故处置,共有6条。《食品安全法》制定食品安全事故应急预案及食品安全事故的报告制度;还规定了县级以上卫生行政部门处置食品安全事故的措施。

第八章　监督管理,共有8条。《食品安全法》重申了对同一违法行为不得给予二次以上罚款的行政处罚。县级以上卫生行政、质量监督、工商行政管理、食品药品监督管理部门应当按照法定权限和程序履行食品安全监督管理职责;对生产经营者的同一违法行为,不得给予二次以上罚款的行政处罚。

第九章 法律责任，共有15条。对特定人员从事食品生产经营、食品检验的资格进行限制；《食品安全法》规定了生产不符合食品安全标准的食品或者销售明知是不符合食品安全标准的食品，消费者除要求赔偿损失外，还可以向生产者或者销售者要求支付价款10倍的赔偿金；违反《食品安全法》的规定，应当承担民事赔偿责任和缴纳罚款、罚金，其财产不足以同时支付时，先承担民事赔偿责任。

第十章 附则，共有6条。解释了该法的一些重要用语和说明，同时规定本法自2009年6月1日起施行，《中华人民共和国食品卫生法》同时废止。

《食品安全法》的颁布彰显了国家强化食品安全监管的决心和信息，是做好食品安全工作的新起点。真正实现食品安全，需要全社会的共同努力。各级政府和有关监管部门要依法履职，做好食品安全监督工作。企业要强化食品安全第一责任人的观念，承担起保障食品安全的社会责任。同时，要在全社会广泛开展食品安全法律、法规的宣传，增强消费者的食品安全意识和自我保护能力。在政府、企业和社会各方面的共同努力下，《食品安全法》一定能够得到切实的贯彻实施。

练习题

问答题

1. 化验室有何功能？具备哪些基本要素？
2. 学习《化验室组织与管理》，对实际工作有哪几方面的指导作用？
3. 中控化验室和中心化验室在功能、职责、职能方面有哪些区别和联系？

第二章

化验室检验系统及管理

学习目标

1.了解化验室检验系统的基本要素和构建检验系统的依据及注意问题。

2.了解化验室组织机构设置与资源配置的关系及机构设置三级检验体系的内容。

3.理解化验室的地位及权力范围。

4.了解化验室人力资源的构建。

5.掌握化验室组织机构各岗位的职责范围。

6.掌握权力委派的过程及基本原则。

7.理解化验室检验系统对仪器设备和材料管理的意义。

8.掌握仪器设备和材料在计划、日常事务、技术、经济等管理内容和仪器设备与材料使用、维护维修、保管、存放时的注意事项。

9.理解化验室管理信息和文件资料的构建,掌握化验室文件资料的制定过程、文体类别和要求、建档材料的要求。

10.根据仪器设备计划管理要求,能够制订紫外可见光谱室仪器设备购置计划以及建立与本室仪器设备日常事务管理或技术管理相关的账卡。

第一节　化验室检验系统的基本要素

化验室检验系统的基本要素是由化验室检验系统的构成要素和化验室检验系统的构建两个方面组成的。

一、化验室检验系统的构成要素

化验室检验系统是整个化验室组织系统的重要组成部分,是根据不同的检验项目,集合相应的检验技术条件，构成一个与检验的性质、任务和要求相符合的检验技术环境，由检验系统中的各类人员有组织地进行检验的技术和管理工作，从而完成其系统的目标和任务。检验系统实际上是化验室组织系统的子系统，它的构成要素包括系统的人力资源、仪器设备与材料、化验室管理信息和文件资料。

当检验系统的每个基本要素都达到预先设计的要求时，通过系统内人员的管理和分析检验工作，就可以了解产品在整个生产中的形成过程，获得产品质量及其变化情况和影响因素等多种信息。为生产工艺过程的控制、保证产品的最终质量提供科学和有效的依据。这是化验室的主要职能，是检验系统的目标和任务。

二、化验室检验系统的构建

化验室检验系统的构建应主要根据化验室所要进行的分析检验项目，选择或建立相应的分析检验方法或分析检验操作规程，确定所需要的仪器设备、化学试剂和其他一些必需的材料，最后确定需要的人力资源。

这里所说的检验项目，可以包含生产所用的原材料和辅助材料的检验项目；为控制生产工艺过程而进行的半成品检验项目；产品分析检验项目；技术改造或新产品试验等科学研究工作所需进行的检验项目。分析检验方法或分析检验操作规程可能属于国际认证标准、国家标准、行业标准等，主要属于化验室的技术资料范畴。仪器设备包括计量和检测的一般仪器设备、大型精密仪器设备及化验室的计算机系统。化验室检验系统人力资源，主要包括多专业各层次的技术人员、少数的管理人员和其他的辅助人员。

构建化验室检验系统时，应充分注意系统各基本要素的有机匹配，在选择或建立相应的分析检验方法或分析检验操作规程时，以满足生产工艺指标或原辅材料及产品执行标准的要求为准。在选用检验仪器设备时也是如此，不要盲目地追求高新仪器设备。人力资源应从专业结构、技术职务结构和年龄结构等方面进行合理的配置。发挥化验室检验系统功能的同时，使化验室检验系统的运行成本降低。

第二节　化验室人力资源的构建

为确保以最高的效率实现化验室组织目标，必须建立一个能为实现这一目标进行有效管理的机构，即化验室组织机构。机构的设置应以组织目标为依据，有效地进行资源配置（包括人员配置、仪器设备配置等），明确组织机构在检验中所具有的地位及权力。

一、资源

所谓资源，泛指社会财富的源泉，基本上可归纳为两大类：一类是物力资源（仪器、设备、设施等）；另一类是人力资源（数量与质量）。这两种资源是实现化验室质量保证的基本条件。

1. 化验室规模

化验室的规模应根据企事业组织的目标进行设计和规划。例如，一个小型企业(小型食品厂)其生产项目单一，检验方法简单，只要求对产品做出一般的质检分析，并不需要配置十分精密的仪器设备及优良的设施环境，因此这样的化验室所具有的规模就相应小些。又如，对于大、中型企业，由于生产的产品种类多，涉及的检验方法和检测手段也多样化，目标要求较高，需要的仪器设备精度高、种类全，不仅要有简单的仪器设备及较完整的检测设施，而且还需要有大型的精密仪器和必备的校准设施，更需要有一支专业水平较高的技术人员队伍。这类化验室的规模一般较大。再如，对于具有特殊性质的研究机构，不仅要有种类齐全的精密仪器和优良的检测设施，而且还要有一支高素质、高水平的专业研究人员队伍，所以化验室的规模通常也较大。

总之，化验室规模要从实际出发，统筹规划，合理设置，要做到建筑设施、仪器设备、技术队伍与科学管理协调发展。

2. 仪器设备配置

化验室仪器设备的配置主要根据所承担的检验任务及性质来进行。例如，从事常量组分测定工作，可以配置滴定分析和称量分析中常用的仪器与设备，如滴定管、容量瓶、锥形瓶和移液管及高温电炉、分析天平、坩埚等；对于微量组分分析，则需要配置灵敏度高的检测仪器，如光学分析用的可见分光光度计、原子吸收分光光度计及辅助设备、紫外-可见分光光度计、原子发射光谱仪等，色谱分析用的气相色谱仪、高效液相色谱仪，电化学分析用的电位滴定仪、库仑分析仪、离子计和酸度计等，用于结构分析的红外光谱仪、质谱仪、核磁共振波谱仪等。因此在对仪器设备进行配置时，应具体结合实际情况，按企业生产的产品种类和分析方法的要求及标准的约束等各方面综合指标进行购置。

购置设备时，要做好技术考察工作，使所购置仪器设备的各项技术性能指标完全符合检测工作的要求。同时，还要根据财力情况选择仪器设备，在能保证检验质量的前提下尽量做到勤俭节约。

3. 人员配置

化验室人员配置是依据企业的组织目标要求进行合理配置。所谓合理配置，就是将投入的人力安排到企业中最需要、最能发挥才干的岗位上，以保持整个企业系统的协调。这不仅能达到调整和优化企业系统劳动组合的目的，又能使整个系统各环节的人力均衡，人岗匹配，有利于每个人作用的发挥。

二、机构设置

1. 化验室组织结构的类型

化验室作为一个独立的系统，有其自身的组织结构。中国企业的化验室组织结构主要有两种类型。

(1)分散职能领导的组织结构　如图 2-1 所示。这种结构也有多种具体管理方式，但其共同点是把检验职能分散到多个部门管辖，上下化验室之间缺少必要的联系。

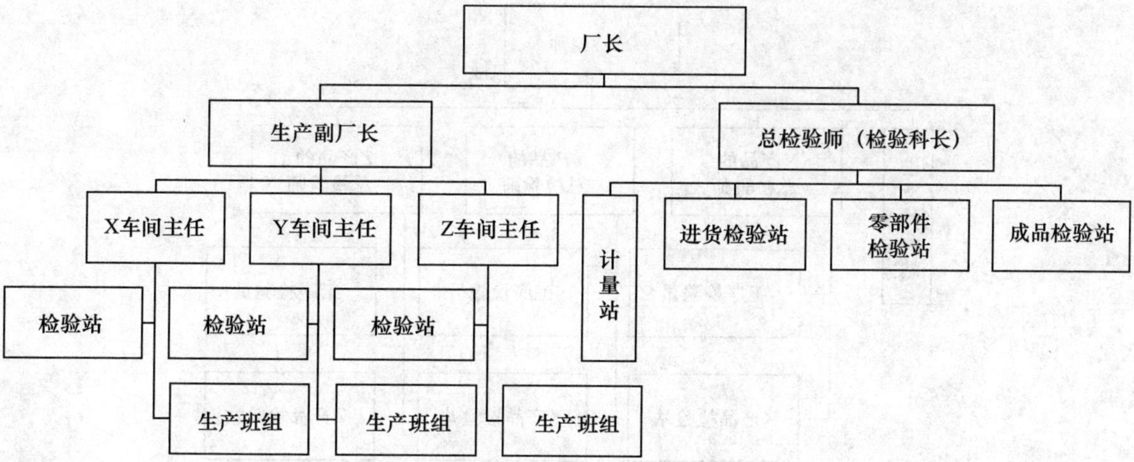

图 2-1　分散职能领导的检验组织结构

分散职能领导的组织结构在计划经济时期，对产品质量管理工作曾经发挥一定的作用。虽然人们也都知道这种组织结构存在某些弊端，但是由于计划经济时期基本上不存在竞争，因此人们很少甚至不会由于检验结果上的争议而责备或责罚相关的化验人员，也没有必要要求化验人员修改检验结果以获得一定的经济利益，而且分散职能领导的组织结构相对于集中职能领导的组织结构而言管理成本比较低。所以，分散职能领导的组织结构在计划经济时期是绝大部分生产企业（尤其是中小型生产企业）质量检验组织的基本结构模式。

（2）集中职能领导的组织结构　如图 2-2、图 2-3 所示，这种结构又分为按检验形式组成和按产品品种组成的两种结构形式，两者仅在管理方式上存在区别，在效率方面没有显著差异。

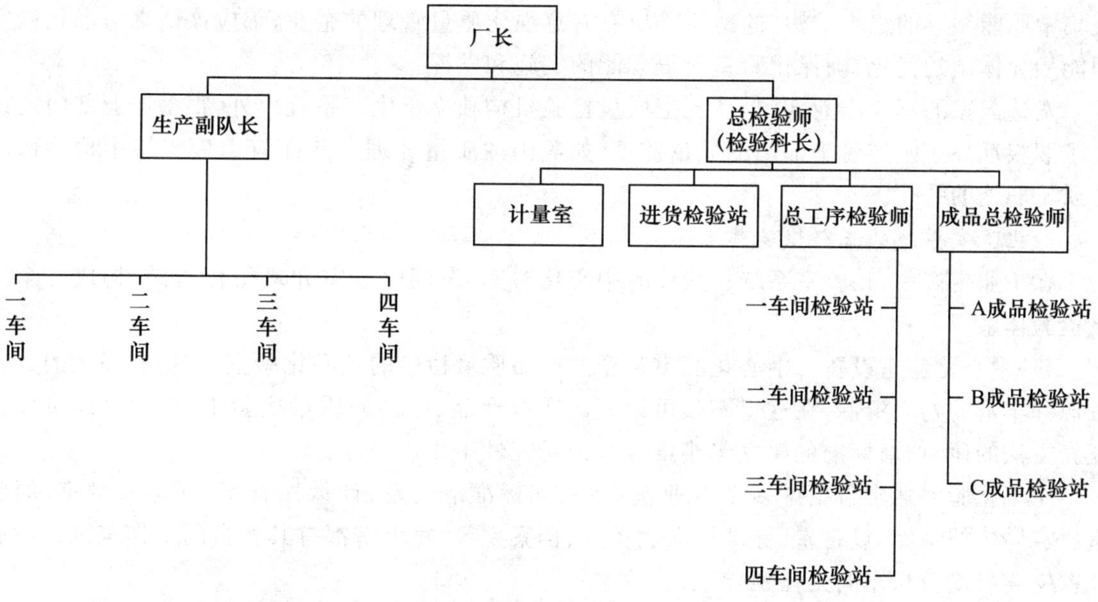

图 2-2　按检验形式组成的集中职能领导的组织结构图

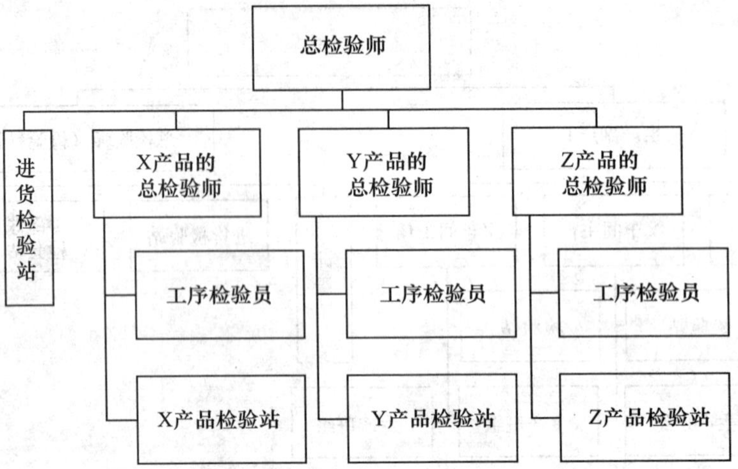

图 2-3　按产品品种组成的集中职能领导的组织结构

实践证明，进入市场经济时期后，分散职能领导的组织结构的固有弊端逐渐凸显，而集中职能领导的化验室组织结构是一种比较好的结构形式，尽管其管理层次较多，但其纵向管理对避免人为横向干扰的效果显著，有利于加强对产品质量实施有效的监督管理和强化检验部门的"质量否决权"。

"××药"质量问题造成的人间惨剧震惊世界，为了杜绝此类悲剧的再次发生，国内一些经济比较发达的省份、地区，已经纷纷采取措施。其中，南方某些省份已经首先在医药行业推出"质量授权人（或其他称谓）"制度，在该制度中，"质量授权人"对所在的医药生产企业的质量监管上具有最高权力，同时对政府和人民负责。从本质上而言，"质量授权人"制度是一种强化的"化验室系统集中职能领导的组织结构"。"质量授权人"制度的实行，进一步确立了"化验室系统集中职能领导的组织结构"的地位。所有有意强化质量管理的企业，都应该认真考虑化验室职能领导体制的优化，确保化验室质量职能的实施和发挥。

发达国家的不少产业部门，甚至把质量检验机构独立于生产系统以外，很多产业部门还设立了职权远高于生产管理部门的质量监督（如美国的质量经理），从而有力地支持了检验部门的质量职能的强化。

2. 化验室系统的三级检验体系

在工业生产中，化验室系统一般设有中心化验室、车间化验室和班组化验岗，构成一个三级检验体系。

（1）中心化验室设置　中心化验室是企业产品质量检验的核心化验室，它拥有强大的人力资源和丰富的物力资源，在这里不仅可以完成所有产品、原料的质量检验工作，而且还可以胜任新方法的研讨、新标准的建立等难度较大的研究性工作。

中心化验室通常包括许多个专业室（组），如标准溶液室、计量检查室、环保监测室、原料室、成品室、技术室、设备室、标准样品制备室、档案室等，每个室都有其各自的工作范围。中心化验室直接受分析车间主任领导。

（2）中控化验室设置　所谓中控化验室是企业设置在生产车间或班组中的化验室，其作用主要是监控生产过程中的中间产品、半成品和成品质量，以便随时掌握这些中间产品质量变化情况，保证工艺正常进行，确保产品质量达到标准要求。

该化验室由车间化验室主任直接领导，并由化验室班长直接负责完成各控制指标的检测任务。

(3)化验室组织机构　化验室组织机构根据企业规模和企业目标不同，可有多种形式。常见的化验室组织机构如图 2-4 所示，图中每个机构都应有工作人员(可兼职)各司其职。

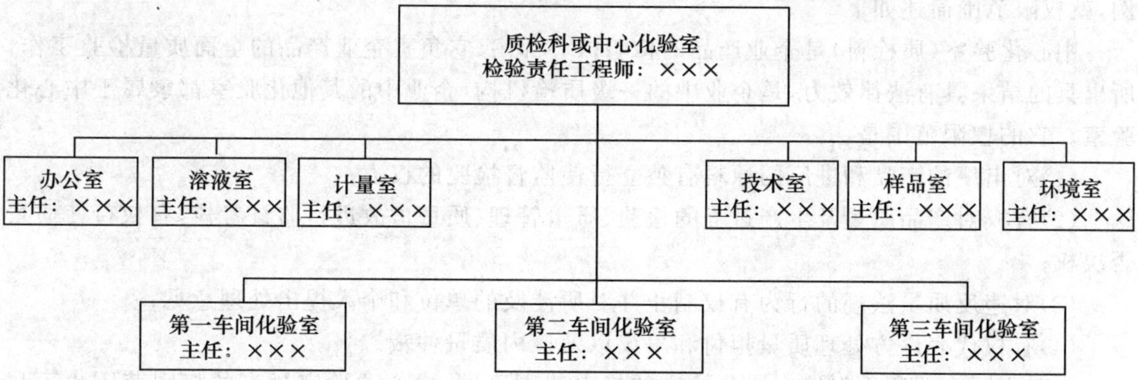

图 2-4　化验室组织机构框图

3. 化验室各专业工作室的设置原则

各具体的化验室需要设置多少工作部门，要根据企业的生产实际情况，依照工作需要而定，并无规定模式。从便于管理的角度出发，可以从以下几个方面考虑：

(1)目标明确，最终目标是为企业生产检验服务。

(2)充分发挥整体效能，力求实现最佳调控。

(3)分工科学化，实现高效率。

(4)实用，切合实际，不搞“花架子”。

根据这些基本原则，产品品种多的企业，化验室的专业室内还可以分设多个专业组，而规模较小的企业，化验室内也可以不设专业室，而改设若干专业组，甚至可以把若干“组”合并设置。

同样的理由，大型生产企业的化验室通常自成体系，其办公室及技术室内部还可以再分设若干个职能室(组)，形成独立的管理体系，从而更好地为化验室和基层检验部门服务。

三、化验室的地位与权力范围

1. 化验室的地位和隶属关系

(1)化验室的地位　企业的化验室作为企业产品的质检机构，具有法律地位。这种法律地位是其他部门所不能替代的。在检验工作中，中心化验室应具有独立开展业务的权力，不受任何行政干预，在组织机构、管理制度等方面相对独立。严格遵守企业的《质量手册》，坚持实事求是的原则，科学、公正地完成每一项检测工作。

(2)化验室的隶属关系　企业的中心化验室隶属于企业的二级机构，是从事产品、原料分析检验、三废检测或方法研究、技术开发等的实验或科研实体。认可的化验室应配备能满足检验项目的仪器设备，以及具有能满足检验工作需要的场所设施和环境条件，并根据所承担的任务积极开展科学实验工作，努力提高实验技术，完善技术条件和工作环境，以保证高效率、高水平地完成各项任务，维护化验室质检机构的合法权益。

2.化验室的权力范围

所谓化验室的权力范围，是指化验室在分析检验程序中所行使的有效权限范围。不同的化验室具有不同的权限范围，即权限范围有大有小，承担的责任有轻有重。现以中心化验室为例，就权限范围简述如下。

中心化验室（质检科）是企业产品的检验核心部门，它负责企业产品的全面质量检验工作，所出具的结果具有法律效力，是企业中的一级质检机构，企业中的其他化验室都隶属于中心化验室。它的权限范围是：

(1)对出厂的产品和进厂的原料有独立行使监督检验的权力；

(2)有权对产品质量及生产过程的检验、质量管理、质量事故进行监督考核，有权行使质量否决权；

(3)对违反质量法规的行为有权制止并对所涉及的单位和个人提出处理意见；

(4)有权代表厂方处理质量拒付和争议以及厂内质量仲裁。

由于不同企业所委派给中心化验室的权力范围不同，中心化验室具有的权限范围也不尽相同。因此，各企业可根据实际情况授予化验室可行使的权力。

四、化验室人力资源的组成和结构

人力资源是化验室检验系统最重要和最活跃的要素。人力资源也称劳动力资源、劳动资源、人类资源，是存在于人体中的经济资源，用以反映一个国家或地区或单位劳动者所具有的劳动能力。

在化验室人力资源的构建中，根据系统的目标和任务，把握好人力资源的组成和结构；遵循效率原则，科学合理地设置人员编制和结构；力求减少管理层次，精减管理人员，并随承担的任务变化而变动，以保证整体工作效率。在化验室人力资源管理中，要抓住“人”这个关键，确定人是决定因素、事在人为、以人为本、促进化验室检验系统员工全面发展的观念；建立激励机制，在适当的时候把合适的人员安排在合适的位置上，以最大限度地提高效益为准则，充分调动各类人员的积极性；高度重视员工培训，建立高素质的人才队伍；创造人人参与管理的氛围。

1.化验室人力资源的组成

检验系统中的各类人员在相应组织机构和管理人员的组织领导下，进行分析检验的技术和管理工作，完成其系统的目标和任务。检验系统的运作主要包括分析检验具体技术工作研究性工作、管理工作和其他辅助性工作。所以，化验室检验系统人力资源的组成主要是从事检验工作的技术人员和研究人员、检验系统的管理人员和其他的辅助人员等。

2.化验室人力资源的结构

(1)专业(学科)结构　随着科学技术的发展和企业的技术进步，化验室分析检验系统的分析检验技术和技术装备也在不断地更新和发展。现代化验室分析检验系统的任务已不仅仅局限于确定试样中“有什么”和“有多少”，还将通过捕捉、识别和研究试样中原子、分子的种类、数量、结构以及结合状态等各种信息，为工农业生产和科学研究提供服务。特别是随着化学计量学和过程分析化学的发展，出现了大量学科间的相互交叉和渗透。何为化学计量学和过程分析化学？化学计量学是应用数学与统计学方法，以计算机为工具，设计或选择最优的分析检验方法和最佳的测试条件，并通过解析有限的分析检验数据，获取最大强度的化学信息的学科；而过程分析化学则是以化学计量学为基础，通过化学、化学工程、电子工程、工艺工程和计算机自动控制等多学科相互交叉和渗透组成，集多种现代分析仪器，实现现场质量控制的分析检验，摆脱了传统的离线分析检验。由此可见，化验室检验系统人力资源应包含多个专业(学科)的人员；且必须按化验室承担的任务和检验系统技术装备的水平，构成合理的专业(学科)比例。

(2)技术职务(等级)结构　技术职务(等级)结构是表示化验室检验系统人力资源中具有高级、中级和初级技术职务(技能等级)人员的比例。根据实验室管理学的能级原理，一个化验室检验系统中人员的职务(技能等级)比例，应保证结构的稳定性和有效性。所以，要依据化验室检验系统的目标和任务、规模和技术装备状况，确定高级、中级和初级技术职务(技能等级)人员的比例，形成一个完整的结构，并随着科学技术的发展和化验室检验系统目标任务、规模及技术装备状况的变化，不断地进行调整，使系统中的人力资源各尽其职、各显所能、相互配合，构成一个动态平衡的有机集合体。

(3)年龄结构　年龄结构是表示化验室检验系统人力资源中老年、中年和青年的比例。应构成合理的比例梯队，并处于不断发展的动态平衡之中，即有计划地安排大龄人员退出人力资源范畴，配备和培养青年接班，以保证化验室检验系统工作的延续性。一个检验系统的人力资源有了合理的年龄结构，就能按照人的心理特征与智力水平发挥其各自的最优效能。

(4)人员数量　产品质量最稳定的欧美发达国家，生产企业的检验人员多数占职工总数的10%～15%，少数占7%～8%。日本因特别强调生产人员素质，并大力开展自检以及工序控制稳定，专职检验人员一般仅占企业职工总数的1%～2%，最多占7%～8%，但若把日本工人自检的用工工时数折算合并的话，则实际进行检验的工时数占有比例远超过10%。

中国目前的情况时，多数企业的第一线检验人员占职工总数的2%～10%，技术要求较高的企业可能达到职工总数的10%。就数量而言差距并不大，但从人员总体素质而言，在强化质量检验工作的时候应予以加强。人员的配备是发挥化验室效能的重要组织保证，必须认真对待。

由于企业规模及化验室组织目标各自有所不同，人员配备形式也不尽相同。特别对于那些规模较大的企业或外资及合资企业等，其化验室往往自成管理体系，并设置各种业务科室(部)，因此人员配置可以根据各企业质量手册中的质量目标规定要求进行有机组合。

五、化验室人力资源管理的内容

将化验室检验系统中不断增加的人力资源整合到化验室检验系统中，并保持、激励、培养他们对组织的忠诚、积极性，有利于提高整个化验室检验系统的工作绩效。由于人力资源管理者面对的直接管理对象是最重要、最复杂和最活跃的人，显然不同于设备管理、技术管理等其他相关的管理工作者。因此，作为化验室的负责人，需要具备人力资源管理的素质和能力，知道人力资源管理的常规内容，学会人力资源管理的基本方法。化验室检验系统人力资源管理的内容重点是要求各类人员的结构合理、岗位职责明确，建立完整有效的激励竞争机制和流动机制，增强各类人员的竞争意识和竞争能力，充分调动其工作积极性、主动性和创造性，使化验室检验系统人力资源素质得到不断的提高。

1. 定编、定岗位职责、定结构比例

(1)定编　应遵循效率原则并根据化验室检验系统的实际工作岗位、目标及任务、化验室的发展和技术进步等确定各专业(学科)技术职务(技能等级)、各年龄阶段人员的编制,且注意固定编制与流动编制相结合、各类人员数量和结构的合理性。

(2)定岗位职责　这里的岗位职责指的是化验室检验系统中从事管理和检验工作个人岗位职责,也就是具体工作岗位要执行的工作任务。注意根据工作的性质,采取定岗不定人,使之与流动编制相适应。定岗位职责是实行岗位责任制的基础,是人力资源管理科学化的重要措施,是检查和考核岗位人员工作质量、工作效率的主要依据。

(3)定结构比例　在定编和定岗位职责的基础上,确定高级、中级和初级技术职务(技能等级)人员的合理结构比例,明确岗位分类职责,根据职务(技能等级)余缺情况,进行人员流动和逐年考核晋级,逐步到位。

2.岗位培训

为了提高履行化验室检验系统岗位职责的实际能力,应围绕分析检验的技术要求和管理业务,组织相应的培训,以提高化验室检验系统人员的整体素质。岗位培训中,应制订岗位培训的有关政策、规章、制度以及主要岗位的规范化指导性意见;分级建立岗位培训意见;制定根据化验室检验系统的现状和发展对人员素质的要求,提出培训考核机构应对培训人员进行考核。对培训的考核结果,应记入个人技术档案,作为聘任和晋级的依据。

3.考核晋级

(1)考核内容　按工作的性质和技术职务(技能等级)的特点,以岗位职责为依据,对化验室检验系统各类人员的思想素质、工作态度、业务能力、工作业绩等方面进行考核。

(2)考核标准　制定规范性的考核指标,将履行岗位职责,完成工作的数量与质量以及取得的业绩统一评价。

(3)考核方法　组织考核与群众评议相结合,定性总结评比与定量(完成工作量)相结合。每年进行一次,先由个人总结,填写考核登记表,然后由化验室主任组织本室人员进行评议,写出考核评语,报上一级考评组织,经审核后存入档案备查。

4.职务(技能等级)评聘

职务(技能等级)评聘是指职务(技能等级)资格评定和职务(技能等级)聘用。

(1)职务(技能等级)资格评定　职务(技能等级)资格的评定分为工程技术系列和职业(岗位)技能系列。工程技术系列职务资格评定由本人申请,化验室主任组织有关人员评议,决定是否向上一级组织推荐,最终由专门的评定机构进行评定;职业(岗位)技能系列技能等级的评定,则是由劳动部门设置的职业技能鉴定中心(站)进行培训、鉴定和颁证。

(2)职务(技能等级)聘用　根据设置的工作岗位、岗位职责和工作目标及任务,来决定聘用高级、中级和初级职务(技能等级)的人员。

在化验室检验系统的人力资源中,重要的是一线分析检验人员。因此,职务(技能等级)评聘,应以评聘职业(岗位)技能系列为重,根据实际岗位需要评聘一部分工程技术系列职务。

六、各科室的职责

为提高化验室组织效率,使组织管理科学化,化验室应实行岗位责任制,其意义:一方面使化验室组织管理科学化,另一方面也给化验室人员工作质量、工作效率的检查和考核提供依据。因此,建立化验室岗位责任制是化验室组织与管理的一个很重要的管理步骤。

1. 中心化验室(质检科)职责

全面负责质量管理、领导计量管理工作;进厂原料和出厂产品的质量监督检验工作、生产过程中的控制分析以及环境保护、工业卫生的监督检验工作;制订本厂产品质量计划和本科工作目标、检验报告的编制审核、审查各项检验规程;质量事故的处理及抱怨的受理调查工作、参与新的检测方法开发、标准的制定工作;负责仪器设备的使用、维护、管理工作,标准溶液的制备、标定工作;本科的安全、卫生工作;样品的收发、保管和检后处理;计划和采购仪器设备和检验消耗品工作;负责检验人员培训与考核工作,完成领导布置的其他工作。

根据工作性质和具体工作需求,中心化验室各科室的职责如下:

(1)原材料检验室　主要负责对生产原材料进行检验。

(2)中间产品检验室(车间检验室)　负责对生产过程的中间产品进行分析检验,为生产中间控制提供信息。

(3)成品检验室　负责对企业生产的产品做最后的质量检验,实施把关职能,并提供必要的信息供生产管理和质量控制。

(4)环境监测实验室　负责企业的环境污染物的排放和整治的监测工作。

(5)标准室　负责根据国家有关规定制备各种标准物质及分析化验溶液,供各个检验室(组)使用。

(6)计量室　负责对企业内部的各种分析测试仪器设备进行计量管理、量值传递及计量装置的维修等工作。

(7)技术室　负责企业内各检验室(组)的综合技术管理,化验室技术进步等方面的研究和其他技术性工作。

(8)数据处理室　负责对化验数据进行必要的校验、处理、复核等工作,从而提高化验结果的可靠性。

2. 办公室职责

负责检验业务的计划、调度、综合协调工作;财务管理,编制财务计划;所有质量记录档案及文件管理工作;统一对外行文、印章管理及后勤工作;日常信函接发及外来人员接待工作;安全、保卫、卫生保健等其他日常行政管理工作;办公用品、水电、车辆等的使用管理和日常维修;完成领导布置的其他工作。

七、负责人的岗位职责

1. 分析车间主任职责

在主管厂长(副厂长)的领导下,本岗位负责车间的全面工作。执行并落实上级下达的各项任务,高质量、高效率地完成厂长安排的各项工作。

负责制订本厂产品质量计划和科研工作计划,贯彻执行国家质量管理法规和本厂质量方针及目标,主持制定、贯彻实施各项规章制度并督促检查其执行情况;保证质量体系的贯彻执行,切实保证公正、科学、准确地进行各类检验工作;与有关各方面进行协调,及时解决出现的实际问题;参与组织制定修订产品、原料、中控分析、环境保护监测分析规程等技术标准及新产品开发与研制工作;审核产品出厂质量证明书及上报材料;对生产车间的产品质量考核和讲评工作;安全、卫生劳动等管理工作;组织本系统人员的培训、考核及晋级审定工作;决定内部机构设置，工作人员聘任等。

2. 检验责任工程师职责

本岗位负责车间的安全管理、技术管理、设备管理、计量器具管理、体系认证、班组经济核算、分析仪器维修、职工教育、材料计划、标准制定(或修订)、标准资料检索、分析方法研究及配合生产装置改造完成各项分析任务。

负责员工安全教育、安全考核、日常安全活动；协助主任搞好安全监督检查、制定安全制度应急预案、查找不安全因素及其整改工作；监督检查各种仪器、设备、灭火器材、防护用具、消防设施是否符合要求；协助主任搞好安全竞赛、安全检查评比、安全论文及安全总结工作；检查种类标准执行情况、各化验室分析出现异常情况的处理；负责建立车间固定资产台账、大型分析仪器档案及操作规程、按体系要求的各种记录；编制仪器采购、更新、报废报告；定期对车间设备完好状况进行检查；编制计量器具校正计划。

3. 检验工程师职责

本岗位负责“运行班”的技术业务工作。包括各种原始分析记录、台账、报表、分析传递票的记录工作；异常分析结果处理工作；计量器具校正工作；班组经济核算工作；协助主任搞好绩效考核工作。

负责本班的技术业务工作；负责各种记录、报表、台账的准确性及规范记录等；负责检查操作人员操作技能、标准执行情况、分析结果准确性等工作；负责计量器具的校正工作，仪器破损应及时制订追加校正计划，保证数据的准确性；协助班长做好员工的绩效考核工作；负责合理化建议、攻关项目的上报工作。

4. 办公室负责人职责

本岗位全面负责办公室的工作，组织和实施检验业务和行政管理工作；检查工作人员对质量体系和各项规章制度的贯彻执行情况；负责文件、信函、报表的收发登记归档工作；负责办公用品的保管与发放；负责其他后勤保障工作及外来人员的接待工作。

5. 分析班长职责

在主任领导下，本岗位负责班组的日常管理工作，包括传达、布置、完成车间的各项工作；考勤；日常分析材料配备；三级安全教育及每周的安全学习；文明生产；班组人员合理调配；完成班组员工的绩效考核工作。

负责传达、布置、完成车间的各项工作，保证车间总体工作的完成；了解员工的思想动态，及时向相关领导反映情况；负责分析材料的领用、使用、管理工作，避免浪费；严格执行考勤管理规定；制止违章操作及违反劳动纪律现象的发生；对新员工、转岗员工、休假复工员工进行三级安全教育；组织班组的安全学习；负责班组经济核算工作，保证本班组实验检验费不超支；按厂要求的文明生产考核细则，组织班组员工打扫卫生；对绩效考核结果负责；根据工作需要合理调配人员，提高工作效率。

八、工作人员职责

1. 检验人员职责

具有上岗合格证，熟悉检验专业知识；掌握采取样品的性质，熟悉采样方法，会使用采样工具；掌握分析所用各种标准溶液的配制、储存、发放程序；掌握分析方法、指标、采样时间、样品保留等必备知识；掌握控制分析、产品分析、原料分析方法以及控制指标、结果判定；掌握包装物检查管理规定、计量校准规程及重量计算方法；认真填写原始记录、检验报告，能够独立解决工作中的一般技术问题；严格按程序和实施细则进行取样，按操作规程使用仪器设备，对所使用的仪器设备做到按要求定期保养，使用后及时填写使用情况记录；努力钻研业务，参加各项培训和学术交流，积极参加比对试验，不断提高检验水平；检验工作要做到安全、文明、卫生规格化；做好安全保密工作，遵章守纪，积极认真完成各项检验工作。

2.质量监督员职责

协助检验责任工程师对本系统的检验工作质量进行监督把关；认真检查和核实检验用技术标准、文件的有效性和使用执行是否正确以及环境条件和仪器设备是否符合规定要求；检查检验是否按规定程序进行；检查检验报告填写是否符合要求规定；监督检查各项规章制度及工作人员遵章守则情况，有权制止一切未经批准的方针、政策或手册规定的偏离，并及时向上级部门反映。

3.计量管理员职责

认真学习和执行有关计量技术法规及计量器具检定规程；正确使用计量标准器具、标准物质，按规定对应检的仪器、计量器具送计量检定部门检定，并贴好检定标识，以保证计量器具处于良好的技术状态；将计量器具的检定结果、记录资料归档；制订计量检定计划，定期检查各计量器具的使用情况，有权制止使用未检、检定不合格或超出检定周期的计量器具，有权停止使用发生故障、精度下降及不正常的计量器具，并将有关情况及时向上级报告。

4.设备管理员职责

负责仪器设备的维修，确保运行正常完好率100%，编制仪器设备的使用、维护、检修鉴定的操作规程和管理标准以及仪器设备的订购计划；建立健全技术档案管理和基础资料台账；负责仪器设备的登记、清查管理及仪器设备的选购、领取使用、迁移更新、报废管理工作；负责在用仪器设备临时故障的处理，保障检验工作正常进行；监督检查仪器设备的使用、维护和保养情况；组织对检验人员使用仪器设备的技术培训；负责新仪器设备的开机与调试以及备品备件的选购和加工工作；提出仪器的计量检定计划和检修年度计划。

5.资料管理员职责

按本系统对中文档案要求，负责对文件、资料分类登记、造册并及时立卷归档，做好原始记录、检验报告和技术文件等质量记录立卷归档工作；负责资料、标准的订购、发放与保管；负责对企业有关技术标准和分析方法的咨询工作，严格执行资料保密制度。

6.样品管理员职责

负责样品的保管和处理等工作，对样品的完好性负责。在保管过程中，首先保持好样品库的环境卫生，对待检样品及已检样品要分类存放，妥善保管，保持样品的原始性和完好性，未经主要负责人同意不得任意动用样品以及转借他人。对样品的领取处理，应在样品编号之后，方可以办理领用手续，并负责已检样品回收工作。样品保存期一般为3个月，对已检样品在超过保存期时要妥善进行处理。

7.记录报告审核员职责

对检验数据、检验报告认真审核，发现错误及时向有关人员提出改正，而对未发现数据运算错误的情况审核员负具体责任，对审核中的问题及时向质量负责人提出纠正措施及建议，严格遵守有关规定，坚持原则，严谨细致，实事求是，并对涉及的数据保密。

8. 标准溶液制备员职责

按标准溶液制备要求进行基准试剂的选择，严格按 GB/T 601—2002 等国家标准的规定配制标准溶液和试剂；进行标准溶液的标定时，做到操作规范、标定结果准确可靠，并做好标定记录；标准溶液标签填写项目齐全、字迹工整；标准溶液的储存应符合有关保管规定的要求；配制标准溶液用的水应符合 GB 6682—92 实验室用水的规定；负责标准溶液的供应和回收，保持好制备室的环境卫生。

九、不同层次人员的技术职责

1. 技术员职责

了解本专业的技术规定及方针、政策和管理办法，掌握本专业的基础知识和操作技能分担辅助性业务技术工作，出具原始检验数据，具有数据处理和编制检验报告的能力，并对准确性负责，能够对所使用的检验仪器进行日常的维护及保管工作。

2. 助理工程师职责

熟悉本专业有关规章制度、管理办法及有关方针政策；比较全面地掌握本部门各项实验的原则和仪器设备的工作原理、各项操作以及调试技能；掌握部分仪器设备的故障诊断和维修技能，负责解决本专业的一般性技术问题，担任检验组负责人，组织管理本部门一个方面的工作，拟定有关管理制度和运行程序，提出开展工作的建议，指导技术员从事测试工作，出具检验数据，并对数据正确性负责，做好分管范围内测试仪器的使用、维护和保管工作。

3. 工程师职责

制订分管测试工作的计划及实施方案，解决本专业较复杂的业务和技术问题。独立承担先进设备的技术消化和编写使用手册，拟定大型设备运行管理规程、人员培训大纲等工作；担任项目研究的负责人，参加或具体负责技术成果的技术评议工作，承担本部门的技术开发工作，编制和审核检验报告，组织和指导初级技术人员的工作和学习；对分管范围内的一般测试仪器的购置、使用和处理负技术、经济责任。

4. 高级工程师职责

掌握国内外与本部门实验相关的科技动态和最新理论，为本部门提供学术和技术指导。主持或指导制订重大技术工作计划及实施方案；负责拟定审核重要的技术文件，解决检验过程中复杂、重要和难度大的技术问题；负责对质量监督检验的综合判定，组织和指导新的测试方法研究和测试实验装备的研制工作，主持精密仪器和大型设备系统配备方案总体设计、可行性论证，承担大型精密贵重仪器设备有关技术指标的鉴定及其功能的开发、利用工作；指导中级、初级技术人员的工作，参加或负责技术成果的评议工作；对分管范围内的精密贵重仪器的购置、使用和处理负技术、经济责任。

制定岗位职责时应遵守以下基本原则。首先，职、责、权的统一。无论什么岗位，有职就有责，而要完成其职责，则需要有相应的“权”。即使是最基层的工作人员，在其没有违反规章制度的情况下，任何人都不能够任意干预其正常工作，否则谁也无法完成职务规定的工作任务。其次，岗位责任制与考核制、奖惩制统一。岗位责任制一经制订，就必须执行。然而，谁尽职尽责，谁玩忽职守，必须进行考核，因此在制订岗位责任制的同时，需要同时制订考核制度和奖惩制度在对工作人员的考核中，德、能、勤、绩应以考绩为重点，并且重在平时工作业绩。考核方法应尽量采用定量的综合评价，在考核的同时应配合以奖为主以惩为辅的奖惩制度，奖励进步，惩戒错误，以营造争当先进、奋发向上的风气，促进部门任务的完成和超额完成。另外，岗位责任制的条文应精练、简洁、准确。切忌拖泥带水，更不能模棱两可、似是而非，否则职责不清，工作人员无所适从，这样的“岗位责任制”形同虚设，毫无意义。

十、权力和职权

在任何企业或部门中，权力的分布和委派都是一个十分重要的环节。如果此环节处理得妥当，就有利于企业或部门制定目标的实现；否则会滞后甚至阻碍目标的实现。

1. 基本概念

所谓权力有广义和狭义之分。广义的权力是指某种影响力和支配力，分为社会权力和国家权力两大类；狭义的权力指国家权力，即统治阶级为了实现其阶级利益和建立一定的统治秩序而具有的一种组织性支配力。权力主体是占有或行使权力的个人或团体。权力主体主要指国家即作为统治阶级工具的政府。此外还包括政党、政治社团以及政治个人。在现代社会占有权力的主体可能并不行使权力，这主要是由于代表制的形成使得权力的所有者与行使者分离开来。权力客体指接受权力作用的群体或个人。权力主体与客体的关系是相对的。个人或团体在某个范围或行动中表现得强有力而在另一个范围或行动中就可能相对软弱。在现实政治关系中无论是在国内政治中还是国际政治中这种现象都是常见的。即使在同一范围内随着时间的推移权力主体与权利客体的位置也是可能会互换的。

简单地说，权力是为了达到组织的目标，人们直接或间接地通过他人的行动而进行活动的权利。从另一个角度看，权力则是一种授予行为，即某人有某种权力是因为有人给了他这权力或有人愿意接受他的领导。对一个企业或部门而言，即可把权力看作企业或部门正式赋予管理者的权利。如公司中部门经理的权力来自总经理，总经理的权力来自董事会，董事会的权力来自股东。

权力反映了主体对于价值资源的使用方向及使用规模或流量所进行的影响和制约程度。它具有如下基本特征：

(1)主体的制约权数越大其权力就越大；

(2)被影响和制约的主体的力量越大影响和制约主体的权力就越大；

(3)主体所影响和制约的其他主体的价值资源一般总是朝有利于主体自己的生存与发展的方向投入的，在没有其他方面的制约的前提下，主体所影响和制约的价值资源总是当成自己的价值资源来看待；

(4)被制约主体与制约主体之间通常存在着一定的利益相关性或利益从属性；

(5)权力的天然扩张性。

在实际工作中，正是有了这种权力的授予和运用，才能够理顺企业内部的各种复杂关系，使得企业利益和权益受到保护，最终达到企业的既定方针和目标。

职权是指管理职位所固有的发布命令和希望命令得到执行的一种权利。职权是古典学者的一大信条：它被视为是把组织紧密结合起来的黏结剂。职权可以向下委让给下属管理人员，授予他们一定的权力，同时规定他们在限定的范围内行使这种权力。每一个管理职位都具有某种特定的、内在的权力，任职者可以从该职位的等级或头衔中获得这种权力。因此，职权与组织内的一定职位相关,是一种职位的权力,而与担任该职位管理者的个人特性无关,它与任职者没有任何直接的关系。某人被辞退掉有权的职位,离职者就不再享有该职位的任何权力。职权仍保留在该职位中,并给予新的任职者。不同的管理职位具有不同的权限范围。如技术负责人和设备管理员,其职位不同,所辖权限范围也就不同,所以,职权与企业内的一定职位有关。

以某食品企业为例,其制定的化验室各类人员的职责与权限如下:

(1)化验室主任的职责权限

①职责　负责本室的行政管理工作;贯彻执行国家有关标准、企业内控标准及公司质量体系文件;负责修订本厂质量管理制度,负责各工序质量指标的制定、调整,确保质量目标的实现;负责进厂原燃材料的质量管理及协调;负责检查监督内部各项规章制度的落实与工作任务的完成情况;负责全厂各工序质量考核的审核工作;负责新产品的开发及研制;负责本厂产品质量及技术服务工作;负责化验室与各部门的沟通协调工作;负责公司质量5s一级检查、验证、考核工作;负责审核本室各类统计报表、工作计划及检验报告;负责制定监视测量频次,并协调完成监视测量工作;负责制定环境体系管理,并协调完成环境体系管理工作。

②权限　对本室的行政管理工作实施管理权;有权贯彻上级的指示、决议及新的国家标准;修订本厂质量管理制度,各工序质量指标的制定、调整,质量目标的实现实施管理;有权对进厂原燃材料的质量实施管理及协调;有权检查监督内部各项规章制度的落实与工作任务的完成情况;有权对全厂各工序质量考核审核;有权对新产品的开发及研制;有对化验室与各部门的沟通协调权;有权对公司质量5s一级检查、验证、考核;代表厂长行使质量否决权;有权审核本室各类统计报表、工作计划及检验报告。

③其职责和权限的相互关系　化验室主任向管理者代表负责,组织完成好职责内各项工作;在质量管理方面各车间服从化验室主任管理,接受各车间/部门监督;相关人员由化验室主任负责。

(2)班长职责与权限

①协助主任组织化验室全体人员认真实施各项检测和测量、分类、标识。

②监督化验室各项工作的执行情况,及时发现、纠正存在的问题,并向主任汇报。

③对化验员的工作质量负10%的责任,对错检、漏检及检验不及时等严重问题负主任的30%责任。

④对化验室因缺少药品、用具等供应方面存在的问题和环境卫生负主要责任。

⑤有权在主任出差、休假期间实施主任权力。

⑥有权对化验员的违纪及质量问题进行考核及10元以下的罚款。

⑦对化验员有准请假一天的权力。

⑧职责和权限不执行或执行不到位,接受主任5～100元的处罚,造成经济损失将根据情节加重处罚。

(3)化验员职责与权限

①按照有关标准、文件进行样品检验,对样品的代表性、检验结果的准确性、及时性负责。

②真实、完整、清晰地做好各种原始记录,并准确及时地报送检验报告单。

③认真完成所分配的各项工作任务。

④有权按照标准判定测试样品的等级。

⑤在专业技术、内部管理方面有建议权。

⑥职责和权限不执行或执行不正确，按考核制度进行考核，情节严重时接受班长和主任5～100元的罚款。

2. 职权的形式

职权的形式分为直线职权、参谋职权和职能职权3种。

直线职权是直线人员所拥有的包括发布命令及执行决策等的权力，即指挥权。每一管理层的主管人员都具有这种职权。但是，处于不同管理层次上的主管人员职权的大小及范围是不同的。如厂长、分析车间主任、各化验室班组长等。直接职权是从组织上层到下层的主管人员之间形成一条权力线，这条权力线常被称为指挥链或指挥系统。在这条权力线中，职权的指向是由上而下。由于在这条指挥链上存在着不同管理层次的直线职权，故指挥链又叫作层次链。它像金字塔一样通过指挥的信息传递，由上而下或由下而上地进行。所以，指挥链既是权力线，又是信息通道。

参谋职权是参谋人员或参谋机构所拥有的辅助性职权，包括向直线主管人员提供咨询服务、建议等权力。其主要任务是协助直线主管进行工作。

职能职权是指参谋人员或某部门的主管人员所拥有的原属直线主管的那部分权力。即主管人员为了改善和提高管理效率，把一部分本属于自己的直线职权授予参谋人员或某个部门的主管人员行使。因此，职能职权是由直线职权派生的限于特定职能范围内的直线权力。如分析车间主任以及办公室主任等，他们除了拥有对下属的直线职权外，还拥有主要负责人所赋予的特定权力，可在其职能范围内对其他部门及其下属发号施令。

十一、权力的委派

权力的委派，也称授权。所谓授权，是指上级授给下属一定的权力，使下属在一定的监督下和权限范围内，有其自主权和行动权。授权是管理人的重要任务之一。有效的授权是一项重要的管理技巧。若授权得当，所有参与者均可受惠。授权的最终目的是高水平高质量地完成企业质量方针和目标。

1. 授权的特征

首先，其本质就是上级对下级的决策权力的下放过程，也是职责的再分配过程。其次，授权的发生要确保授权者与被授权者之间信息和知识共享的畅通，确保职权的对等，确保被授权者得到必要的技术培训。再次，授权也是一种文化。最后，授权是动态变化的。

2. 授权过程

完成授权过程的第一步，首先是职责的分配。因为每位在岗企业成员都应承担一定的职责，这个职责是由企业目标和组织结构确定，客观地赋予每位成员的工作任务和应尽责任，如管理人员职责、执行人员职责和核查人员职责等。在明确了职责和任务之后，第二步就要进行权力的授予，即给予被授权者相应的权力，如有权调阅所需资料、有权调配有关人员等。进行授权过程的第三步，就是要明确责任。当被授权者拥有了相应权力时，就有责任去履行所分派的工作任务和正确地运用所委派的权力，也应为完成所分派的工作尽职尽责、恪尽职守，而且不滥用权力，在工作中向授权者承担责任。授权过程的最后一个环节是权力的收回。已授予的权力，只要情况需要就可以收回。例如，事实证明被授权者缺乏履行职责的足够能力或者由于企业目标和职责分派发生变化等，都可以将权力收回或重新加以授权。

3.授权的原则

为了使授权行为起到所期望的效果，实现权力的有效性，授权者在授权之前要灵活掌握以下原则。

首先要明确目标，授权的目的是有助于企业目标的实现，而不是其他，这是授权时总的基本原则。此外，授权者在授权时要掌握政策，按相关政策规定的要求授权，否则，任意授权将会导致组织秩序的混乱，后果不堪设想。其次，在授权的同时应明确被授权者的任务、目标及权责范围，做到权责相当，这样不仅使被授权者有权，而且有责，权责分明。再次，虽然授权者可将职责和权力授予下级，但对企业的责任是绝对不能委派的，这是授权者应具有的责任，也就是责任的绝对性。授权者要对整个企业目标的实现负总责。最后，由于授权者对分派的职责负有最终的责任，因此要慎重选择被授权者。在选择时必须坚持"因事择人，视能授权"，既要根据所要分派的任务来选择具备完成任务所需条件的被授权者，还要根据所选被授权者的实际能力，授予相应的权力和对等的责任。

综上所述，权力的委派充分体现了管理人员与执行人员之间、上级与下级之间、部门与部门之间等的权责关系。正确处理权责关系，有利于组织工作的开展，有利于化验室组织目标的实现，有利于企业的振兴与腾飞。

第三节　化验室仪器设备和材料管理

化验室仪器设备和材料是化验室检验系统的要素之一，包括仪器设备、实验试剂、器材、技术文件等。在一个没有必需的实验仪器和其他装备的"实验室"里进行科学实验，并企图获得可信的数据是绝对不可能的。仪器设备和材料的优劣，是反映检验系统分析检验能力高低的重要因素；同时，也直接关系到能否实现检验系统的任务和目标。对化验室仪器设备和材料的管理，首先是使仪器设备的型号和性能、材料的质量达到分析检验方法或分析检验规程的要求，保证仪器设备的正常运行，促进各类仪器设备相互弥补、协同工作，发挥其最大的使用潜能，以最小的投入和运行成本，实现化验室检验系统的任务和目标。

一、仪器设备管理的范围和任务

1.仪器设备管理的范围

根据仪器设备的单价，把化验室仪器设备分为低值仪器设备、一般仪器设备和大型精密仪器设备。在仪器设备管理中，重点是加强耐用期一年以上且非易损的一般仪器设备和大型精密仪器设备的管理。这些仪器设备，不管它们的来源如何，都应列为固定资产进行专项管理。

2.仪器设备管理的任务

化验室仪器设备管理的任务是确保化验室分析检验工作、技术改造工作和新产品试验等工作对仪器设备的需要。所以，从仪器设备的购置、验收、使用、维修直至报废的整个过程中，应加强仪器设备的计划、日常事务、技术、使用和经济等方面的管理工作，最大限度地发挥仪器设备的使用价值和投资效益。

3. 仪器设备管理的基本要求

(1)确保化验室的仪器设备处于优良状态，并以优良的仪器设备保证部门职能的实现。

(2)确保化验室的计量技术设施准确可靠地工作，所有技术装备应随时处于受监控状态。

(3)确保化验室的仪器设备得到应有的维护保养，由于长期运行而受到“磨损”的仪器设备应及时得到修复，损坏或落后的仪器设备要及时进行淘汰和更新换代，实现化验室技术与企业发展同步或超前发展，满足企业技术进步的要求。

(4)充分发挥化验室技术装备的投资效益，尽量降低技术装备的运行费用，提高化验室仪器设备运行效率，从而降低分析检验工作的成本。

二、仪器设备计划管理

1. 仪器设备购置计划的编制

(1)编制仪器设备购置计划的依据　生产中控分析和产品质量检验所必需的分析测试仪器；技术改造和产品开发等科研工作必需的仪器设备；企业生产发展和技术进步所需要更新换代的仪器设备等。

(2)经常性购置计划和年度购置计划　由于化验室的仪器设备因使用性能逐渐降低而不能满足需要或突然损坏，需及时地补充备用仪器设备，所以要编制仪器设备经常性购置计划；考虑化验室分析检验系统整体可持续发展，应编制仪器设备年度购置计划。

2. 仪器设备的申购、选型、论证和审批

(1)仪器设备的申购、选型、论证　根据化验室检验系统有关专业工作室分析检验工作或其他工作的需要，由专业工作室负责人提出仪器设备申购计划，并按工作上适用、技术上先进、经济上合理的原则做好正确的选型和可行性论证。工作上适用是指选购的仪器设备能满足分析检验任务的需要；技术上先进是指仪器设备的技术性能和精度满足或超过要求且稳定、可靠、耐用；经济上合理是指仪器设备的购置费和日常运行费用比较合理。特别要指出的是，购置大型精密仪器设备，必须组织有关专家和同行进行专门的可行性论证。

在技术性能评估方面主要考察以下 8 个方面：

①功能　必须能够满足实验要求。拟购置的仪器设备的功能应与可预见的发展计划任务相适应。“性能不足”的仪器设备当然不应该购置，也要防止选购拥有过多剩余功能的设备，要避免“高档”设备长期“低档”运行。不恰当选配仪器也可能造成经济上的不合理开支，并造成检验成本的增加。

②可靠性　最基本的要求是耐用、安全、可靠。可靠性包括精度的保持性、零件的耐用性和安全可靠性。只有精度合乎要求，又有足够的可靠性的仪器设备，才有实用价值。

③维修性　结构要合理，要易于维修。维修性好的仪器设备，一般是构造合理、零件部件组合有规律，易于拆卸、检查和更换，部件容易采购或供应商配备有足够的备用件。在功效和费用相同的情况下，应选择维修性高的产品。

④耐用性　耐用性不但包括自然寿命，还要考虑仪器设备在长期运行中精度下降及其与技术进步之间的差距，通常都在事实上缩短了仪器设备的实际可用寿命。

⑤互换性　互换性好的新设备可以兼容旧型号设备(或其配件)，有些还可以与寿命与需

要相适应，与相关设备方便地衔接，从而提高仪器设备的实际性能。

⑥成套性　选购设备应按实际需要配套，包括单机配套、机组配套和项目配套，以充分发挥主机的功能。切忌为求“新”而购买无法配套的“新型号”设备。“成套性”还包括仪器设备的系列化。

⑦节能性　节能不但是对主机的能量消耗的要求，而且包括从样品处理开始的分析测试的全过程的能耗及其他辅助材料的消耗。

⑧环保性　这是近些年来对于仪器设备提出的新要求，也是社会发展的需要，主要是指仪器设备在运行中对环境的干扰和影响应尽可能小，避免污染环境。

在选择仪器设备的时候，注意不要过分相信厂家和供应商的宣传广告，特别是大型精密仪器，最好是亲自到制造厂家加以核实。对于技术水平较低的地区或企业，还要考虑到购入仪器设备发生故障时的维修等技术问题。必须注意，新型的先进设备由于得不到合格的维修而被迫停用或降低性能运行的现象并不少见。

制造厂家的技术水平和服务质量也应列入考察内容，切记不要被冠冕堂皇的承诺蒙蔽，某些制造商为了推销产品往往会夸大其技术能力，这就需要在进行技术考察的时候认真研究和识别。

有些厂家利用人具有“惰性”的特点，把一些“单一量程”的简易型仪器设备吹嘘成方便操作，容易掌握，甚至利用某些人的“崇洋”思想，美其名曰“引进国外先进技术”。孰知国外很多先进的精密仪器（包括“数字显示”的仪器）仍然是采用“多量程”的“经典”方法，来解决测量“跨度”和“精度要求”的矛盾，国人只要多参看国外的仪器设备公司的宣传资料便可以知道。骗人的伎俩，其实并不难破解。

选择仪器设备是一项综合技术，必须认真做好调查并对诸方面因素进行全面的综合评价。

当本单位欠缺适当的专业人员时，应通过专业机构（如地方质量监督检验机构等）的专家进行咨询，力求获得尽可能多的信息，以免做出错误的判断。

(2)仪器设备申购计划的审批　一般仪器设备申购计划经化验室主任签署意见后，由企业分管负责人审核批准。大型精密仪器设备要请有关专家和同行进行可行性论证，提出的评审论证经分管负责人审核同意外，还需要由企业负责人审批。

3. 仪器设备申购计划的实施

根据批准的仪器设备申购计划，由企业的供应部门或化验室（对小企业而言）制订采购实施计划。如无特殊规定，均进入市场进行采购。

三、仪器设备的日常事务管理

1. 仪器设备的账卡建立和定期检查核对

凡是列入固定资产的仪器设备，按国家和企业有关规定，进行分类、编号、登记、入账和建卡，卡片一式三份，其中企业设备管理部门一份，化验室一份，一份随仪器设备存入下级化验室或专业室。

企业财务部门建立固定资产分类总账，企业设备管理部门建立仪器设备进出的流水账化验室或专业室分类明细账和分户明细账。企业财务部门与企业设备管理部门定期核对，至少半年一次，应做到账账相符；企业设备管理部门与化验室、下级化验室或专业室也应定期核对，至少每年一次，应做到账、物、卡三相符。

化验室应对属于固定资产的仪器设备进行计算机管理，以便于更好地检索、核对、报废和赔偿等管理工作。

2.仪器设备的保管和使用

仪器设备的使用单位应选派职业道德素质高、责任心强、工作认真负责，并具有较强业务能力的人员专职或兼职负责仪器设备的保管工作。对大型精密仪器设备的管理和使用，必须建立岗位责任制，制定操作规程和维护使用办法，对上机人员必须经过技术培训，考核合格后方可使用。

仪器设备的保管应注意以下问题：

①化验室应建立健全的仪器设备的保管制度。

②化验室的仪器设备无论是投入运行还是储存状态，均应有指定人员负责保管。

③仪器设备的保管人员应同时负责仪器设备的日常维护、保养工作，负责日常运行器查看档案的记录工作，并对仪器设备的状况有明确的了解。

④凡发现仪器设备运行异常，应及时停止运行，避免仪器设备在继续运行中发生更大的损坏。并应及时报告有关主管部门，组织检查维修。需要启动备用仪器设备的，应及时启动备用装置，以免影响分析化验工作。

⑤凡需要定期进行计量检定的仪器设备，保管人员应根据仪器设备状况定期申报检定。凡发现仪器设备计量异常，应随时报告，并根据实际情况申报临时报修和送检，以确保仪器设备的计量特性准确可靠。

⑥对暂时不用的仪器设备，应封存保管，并定期清扫、检查，做好防尘、防潮、防锈等维护工作，以保护封存仪器设备不致损坏。对不再使用或长期闲置的仪器设备，要及时调出，避免积压浪费。

⑦对不遵守有关规定使用仪器设备者，保管人员应及时提出意见，避免发生损坏，不听从劝告者，应予批评。若造成仪器设备损坏者应追究当事人事故责任。

⑧保管人员玩忽职守，导致仪器设备损坏，应追究事故责任。

仪器设备的使用应注意以下问题：

(1)仪器设备的合理使用和充分利用仪器　设备的合理使用，是延长仪器设备的使用寿命、保持仪器设备的应有精度、提高使用效率的重要保证。

①合理安排仪器设备的任务和工作负荷　严禁仪器设备超负荷运行，也不要用高精度仪器设备“干”粗活(尤其是长时间在低性能要求下运行)，既浪费了仪器设备的精度，也增加了仪器设备的损耗。

②配备熟练的操作人员　从事仪器设备操作的工作人员应经过必要的技术培训，考核合格方能上机操作。大型精密仪器设备更应从严掌握。

③建立健全操作规程及维护制度，并严格执行。

④为仪器设备提供良好的运行环境　根据仪器设备的不同要求，采取适当的防潮防尘、防振、保暖、降温、防晒、防静电等防护措施，以保证仪器设备正常运行，延长使用寿命，确保实验安全、数据可靠。

⑤仪器设备一旦投入使用，便应充分利用　只有充分利用仪器设备，才能充分发挥资金的投资效益。但是，不要因为还有闲置的同类型设备便实行轮换使用，甚至连“备用”设备也投入

运行，致使所有仪器设备同时“衰老”，失去“备用”仪器设备的后备作用。

⑥“备用”仪器设备必须经常保持优良的备用状态　“备用”设备应定期进行必要的试运行”和性能检测，确保其工作性能稳定。

(2)仪器设备使用状况考核

①仪器设备的完好率　实验仪器设备的完好率反映了实验室设备管理水平和实验人员的操作水平以及仪器设备的维护保养技能的实际水平。由于实验室担负着质量检验和质量监督职能，因此实验室的仪器设备的完好率必须保持在优良状态。凡低于规定完好率的仪器设备，如无法修复，则禁止继续使用，必须及时淘汰。

②仪器设备的利用率　实验室仪器设备的利用率一般不作考核，但是在现有仪器设备利用率不高的情况下，若再采购同类型设备时应认真核实，避免浪费。

正确使用化验室的仪器设备，是实施化验室职能的基本保证。

3. 仪器设备的调拨和报废

化验室如有闲置或多余的仪器设备，应予调拨。化验室内部各专业室之间、企业内各部门之间实行无偿调拨；企业之外则实行有偿调拨。仪器设备调拨后应办理固定资产转移和相应的财务处理。

仪器设备达到使用技术寿命或经济寿命时，如确已丧失正常效能，或技术落后，能耗较大，或损坏严重无法修复，有的虽能修复，但修理费用超过新购价格的50%，都应做报废处理。一般仪器设备的报废，由企业设备管理部门审核同意，大型精密仪器设备报废还需经企业主管领导审批，并报企业上级主管部门批准或备案。报废的仪器设备可以降级使用、拆零部件使用或交企业设备管理部门的回收仓库。同时，应做好变更固定资产价值或销账撤卡工作。

4. 仪器设备损坏丢失的赔偿处理

仪器设备发生事故造成损坏或丢失时，应组织有关人员查明情况和原因，分清责任，做出相应的处理。

明确赔偿界限。因违反操作规程等主观因素造成的损坏均应赔偿，由于自然损耗等客观原因造成的损失可不赔偿。

确定赔偿的计价原则。损坏或丢失的仪器设备要严格计价赔偿，损坏的仪器设备应按新旧程度合理折旧并扣除残值计算；损坏或丢失零配件的，只计算零配件价格；局部损坏可修复的，只计算修理费。

在处理此类事件中应贯彻教育为主、赔偿为辅的原则。因责任事故造成仪器设备损失的，应责令相关人员认真检查，并按损失价值大小、造成事故的原因和认识态度给予适当的批评教育和经济赔偿。损失重大、后果严重、认识态度恶劣的，除责令赔偿外，还应给予行政处分甚至追究刑事责任。

5. 仪器设备管理制度

(1)质检部负责汇总公司和本部门的分析测量设备台账的建立，内容包括管理编号、名称、型号规格、测量范围、准确度、生产厂家、出厂编号、检定周期、检定日期、有效期、检定结果、管理状态、使用部门、使用地点、检定部门、出厂日期、投用日期、ABC分类。

(2)A类仪器仪表由分厂联系相关法定检定机构进行检定，检定合格后贴A类仪器仪表合格证标识；B类仪器仪表由质检部在汇总的分析测量设备台账中注明，各相关单位根据有效期联系分厂实施检定，检定合格后贴B类仪器仪表合格证标识；C类仪器仪表由使用单位进行维护管理，可贴C类仪器仪表合格证标识。

(3)质检部负责编制酸度计、分光光度计、电子天平、电光分析天平、原子吸收光谱等检(试)验分析设备使用制度或使用方法，并下发到各个使用单位。使用单位应严格按使用的有关说明进行操作，使用完毕要填写"仪器使用记录"以备后查。当班工作中发现仪器仪表检测异常，须对上一班的数据进行重新检测核定。

(4)各检验组使用的电光分析天平、分光光度计、微量水分测定仪、测硫仪、快速连续灰分测定仪，恒温干燥箱、箱式电阻炉、碳氢元素分析仪、酸度计，电导率仪、量热仪等重要仪器设备由组长每季度对其使用情况做出综合评定，主要是确认使用是否正常，并报部门负责人审批。合格的标准是：电气电路完好；外观完整无破损；性能完好；使用过程无异常；测量设备有检定合格标识并在有效期内。

(5)经确认停用的分析测量设备统一贴上封存证，需再投用的必须经再次检定合格，确认不能修复使用的分析测量设备可按有关程序申请报废，已报废的仪器设备不得重新使用。

(6)对采购原料、成品检测所需玻璃量器的检定由专人负责，具体执行质检部文件《常用玻璃量器检定规定》。

(7)需建立本部门的分析测量设备管理档案，可以分台建档，也可以同类多台建档。档案的内容应包括使用说明书、合格证或质量证明书、检定证书及维修记录等。

四、仪器设备的技术管理

1.仪器设备的验收

仪器设备的验收重点在于对仪器设备质量的确认，此项工作一般是由仪器设备管理部门、使用单位和供货方的人员共同承担，主要从实物和技术性能两方面进行验收。进行验收时，首先除去外包装，检查仪器设备的外观是否完好无损，生产企业、颜色、型号、规格、元配件和数量等是否与合同约定的一致；进行技术性能验收是将仪器设备安装调试好后、检验其技术指标是否与说明书标注的相符，对分析测试器设备还需用标准样品和样品进行测试，从而确定仪器设备的技术性能和精度是否稳定、可靠且符合合同要求。对进口仪器设备，还需增验进口许可证、免税批件和商检报告等。验收时应做好详细记录，提交验收工作报告，经各方签字认可后作为技术档案保存。验收工作中凡是发现仪器设备存在与合同约定不相符或破损短缺的情况，应及时查明原因，办理有关手续，进行退、换、补或索赔。对验收合格的仪器设备，进行编号、入账和建卡。

2.仪器设备的维护保养和修理

在仪器设备使用过程中，由于外界因素和仪器设备自身等多种原因，必然会导致仪器设备的技术性能发生一定程度的变化，甚至诱发其故障或事故。因此，及时地发现和排除故障或事故的隐患，确保仪器设备正常运行显得尤为重要。在仪器设备的管理中，对仪器设备实施必须和合理的维护保养是实现仪器设备正常运行最有效的途径。

为了做好仪器设备的维护保养工作，首先应根据仪器设备各自的特点制定维护保养细则；严格做到维护保养工作经常化、制度化；坚持实行"三防四定"制度，即认真做到"防尘、防潮、防振"和"定人保管、定点存放、定期维护和定期检修"；将此工作纳入责任制管理范畴，从而使仪器设备整洁、润滑、安全运行、性能稳定达标。

仪器设备的修理也是仪器设备的管理中不可缺少的工作，仪器设备的修理可分为事后修理和事前检修。当某一仪器设备出现故障而不能运行时，维修人员对其进行故障原因的检查、修理或更换受损的零部件，必要的调试等，使该仪器设备恢复到正常运行状态。由于是出现故障后进行的修理，所以称为事后修理。事后修理因事先始料不及，可能使修理时间较长，对分析检验工作和生产都会带来影响，因此，必须及时进行修理。应创造条件建立化验室仪器设备维修站（点），培养仪器设备修理人员以承担化验室整个检验系统仪器设备的修理任务。化验室维修站（点）无法维修的仪器设备，应送相关厂商设置的产品维护网点进行维修。

3.仪器设备性能的定期技术鉴定和校验

仪器设备性能的定期技术鉴定和校验，是合理地使用仪器设备、保证分析检验结果的准确性和可靠性所必须进行的工作。对化验室的分析测试仪器设备进行技术鉴定和校验工作，应指定专人负责管理。在仪器设备的使用过程中，如发现异常的现象，应立即停止使用，及时对其性能进行技术鉴定和校验，以此确定该仪器设备是保级使用还是降级使用或者是淘汰。与分析测试有关的计量仪器，在实际使用过程中，必须按规定期限进行计量检定，以确保其计量值传递的可靠性。对突然出现计量性能变化较大（测试结果可疑）的计量仪器，应停止使用，及时送专业检定机构进行计量检定。

五、仪器设备的经济管理

1.经济合理地选购和使用仪器设备

中控化验室、中心化验室等不同层次的化验室，由于各自所承担的分析检验任务不同，所以在仪器设备的配置上应遵循经济合理的原则，满足其相应的需要，避免大机小用、精机粗用，以达到寿命周期费用低而效率高的目的。

2.提高仪器设备的投资效益

大型精密仪器设备一般应集中在中心化验室，除中心化验室使用外，还应为其他化验室和需求单位提供有偿服务，实现资源的局部共享。制定有偿服务项目和合理的收费标准，切实开展有偿服务工作，充分提高仪器设备的投资效益。

3.提高仪器设备的完好率和利用率

（1）仪器设备的完好率和利用率　仪器设备的完好标志是指其性能良好，基本保持出厂指标，零部件齐全，运行正常。仪器设备完好率是指完好的仪器设备台数与在用仪器设备总台数之比率；仪器设备利用率是指仪器设备在一年中的实际使用时间和年额定使用时间之比率。

（2）提高仪器设备的完好率和利用率　合理配置仪器设备的管理和使用人员，通过有效的措施，提高他们的工作积极性和责任感；加强仪器设备的常规管理和技术管理，使仪器设备处于完善可用的状态；合理安排，使仪器设备处于合理的满负荷工作状态；充分保证仪器设备正常运行的基本条件，如水、电、能源的安全输送，仪器设备运行所消耗物品的供应，仪器设备维护费用的保证等。

（3）仪器设备配套件的管理　不少通用配套件为了适应多种型号的仪器设备，其连接接头必须具有较大的灵活性，有时会因此造成“喧宾夺主”的现象，使其主要性能受到影响。有些则表现在接头方面的精密度不足而影响接合。也有些通用配套件在测量性能上有所牺牲，表现较差，必须充分注意。

根据不同仪器设备的运行要求，制订仪器设备配套件的采购计划，所有仪器设的配套件最少应有一套库存在用件和一套备用件（高价值的耐用配套件可以不备“库存”）。对于易于损坏的易损配套件还要制订最高和最低存量指标，确保有足够的配套件供仪器设备运行使用。仪器设备的配套件是仪器设备的组成部分，必须按照仪器设备的保管保养要求进行保管保养，以确保其能随时配合使用，避免影响仪器设备的正常工作。

六、大型精密仪器设备管理概述

化验室常用的分析检验大型精密仪器设备主要有红外分光光度计、紫外分光光度计、原子吸收分光光度计、气相色谱仪、液相色谱仪、质谱仪、核磁共振波谱仪等。随着科学技术的飞速发展，大型精密仪器设备也正沿着综合化、复合型、多功能、灵敏度提高、精密度和准确度提高、性价比提高、对使用环境要求降低的趋势发展。

1. 大型精密仪器设备管理的任务

大型精密仪器设备管理的任务是最有效地做到买好、用好和管好这三方面的工作。通过计划管理、技术管理、经济管理等有效手段，充分利用化验室的人、财、物等资源，最大限度地发挥其使用效率和投资效益，为企业的生产、技术改造、新产品试制等提供切实的保证。

2. 大型精密仪器设备的管理

大型精密仪器设备的管理主要分为计划管理、技术管理、经济管理和使用管理考核四个方面。计划管理主要包括大型精密仪器设备购置计划的制订、论证、审批和实施；技术管理主要包括大型精密仪器设备的安装、调试、验收和索赔，建立操作规程，应用状态监测和故障诊断技术实施针对性的维护保养，开发新功能和改造老技术，建立技术档案等；经济管理主要包括大型精密仪器设备的机时定额管理、服务收费管理、利用率考核等；使用管理的考核是指通过建立考核内容与评估指标体系以及考核工作的实施，使仪器设备管理部门对大型精密仪器设备的使用管理状况有全面确切的了解，也使大型精密仪器设备的使用技术管理人员了解各自的工作成绩与不足，以进一步提高大型精密仪器设备的使用管理水平。

七、材料及低值易耗品的管理

化验室检验系统在正常的运行中需要消耗大量的各种材料和低值易耗品（以下简称材料）材料与仪器设备相比，具有单价低、品种多的特点，但它却和仪器设备一样，都是保证化验室检验系统目标任务完成的最基本的物质条件。

1. 材料及低值易耗品的分类

凡一次使用后即消耗或不能复原的物资被称为材料。如黑色金属、有色金属和稀有金属、煤炭和石油产品、木材、水泥、化工原料及化学试剂药品等均属于不同类型的材料。

不够固定资产标准又不属于材料范围的用具设备被标为低值易耗品，它实际代表两个概念：一是低值品，如化验室常用的低值仪器、仪表、工具、量具、仪器设备的通用配件或专用配件；二是易耗品，如化验室常用的各种玻璃仪器和器皿（烧器类——烧杯、锥形瓶、碘量瓶、试管、烧瓶等；量器类——量筒、容量瓶、滴定管、吸量管等；加液器和过滤器漏斗、抽滤瓶、抽气瓶等；容器类——广口瓶、称量瓶、水样瓶等；其他玻璃仪器——干燥器、比色管、洗瓶、吸收管、研钵、搅拌器、标准磨口仪器等)、各种元件、器材(石棉网试纸、滤纸、擦镜纸等)、易损通用零配件或专用零配件、劳动保护用品等。

2. 材料及低值易耗品的定额管理

材料及低值易耗品的定额管理,是一项重要和复杂的管理工作。制定材料定额就是依据化验室的实际管理与分析检验工作,运用数学统计等定量的方法找出其消耗相关器材的规律。它是化验室器材科学管理的基础,对化验室材料定额管理和完成化验室的目标任务具有非常重要的作用。

(1)材料定额管理的基本概念　材料及低值易耗品的定额,是指其消耗、供应和储备的标准数量。它是在大量深入细致的工作、各种原始资料、摸索规律和调查研究结果的基础上,通过统计、测定和计算等定量的方法加以确定的。

材料定额一般分为三种:第一种是材料消耗定额,它是指化验室按规定完成单位工作量所合理消耗材料的标准数量;第二种是材料供应定额,它是指材料消耗定额与附加的非工艺性损耗量(一定条件下,除工艺性消耗外完成单位工作量合理的补贴消耗量)之和;第三种是材料储备定额,它是指为确保化验室工作正常进行所必需的合理的库存材料储备限额。

(2)材料定额管理的作用通过制定材料定额,为化验室合理地编制材料计划和经费分配计划提供重要的依据;增强化验室的节支措施;促进化验室管理水平的提高。

化验室在编制材料计划时,如果没有科学合理的材料定额作为依据,就会因没有标准而使计划出现较大的偏差。材料太多,出现库存积压,占用资金,造成浪费。材料太少,直接影响化验室的工作,造成化验室目标任务难以完成。同样,在编制经费分配计划时,如果没有科学合理的材料定额作为依据,就可能出现各项经费分配和使用不合理,甚至还会出现互相争经费的情况,这些对化验室的工作都很不利;有了材料定额,就能严格按材料定额领取、发放和使用材料,加强经济核算和技术管理,恰当地控制材料的使用、供应和储备,达到节约支出的目的。材料定额是衡量化验室器材管理水平的基本准则,化验室器材管理水平的高低,其标准之一就是看其是否制定和执行了有关的材料定额。通过材料定额管理可促进化验室整体管理水平的提高。

(3)制定材料储备定额应考虑的因素　制定材料储备定额,应充分考虑材料的消耗量供货条件和材料储备天数等因素。

材料的消耗量是指其消耗量的大小、全年的消耗量、平均每天的消耗量;供货条件包括市场供应情况、计划调拨期、整批还是分批交货、外埠采购在途天数等;季节性用料或一次性用料,不列入储备定额,单独给予解决。材料储备定额的计算公式如下:

$$\text{材料储备天数}=\text{采购间隔天数}+\text{外埠采购在途天数}+\text{仓库储备天数}$$

$$\text{每种材料的储备资金定额}=\frac{\text{每种材料全年耗用量}\times\text{单价}}{360\text{天}}\times\text{储备天数}$$

$$\text{每类材料的储备资金定额}=\frac{\text{每类材料全年耗用总金额}}{360\text{天}}\times\text{储备天数}$$

3. 材料及低值易耗品的仓库管理

为了使化验室的各项工作不间断地进行,储备若干必需的材料是非常必要的。要储备这些材料,就需要建立存储材料的场所,这就是所谓的仓库。仓库是存储和发放材料的场所,也是供需衔接的窗口,仓库管理工作的效率直接关系到化验室分析检验系统工作的成效,也反映出整个化验室管理工作的水平。

(1)仓库管理工作的基本要求 仓库管理工作要做到对所存储的材料严格验收、妥善保管、厉行节约、保证安全;健全和执行相关的规章制度;实施岗位责任制,提供规范合格的服务。

严格验收就是指在材料入库验收工作中应严格遵循验收程序和要求,即认真审核各材料的单据并进行单据和材料一一核对,要求单据与材料相符;点验材料质量,要求材料的品种、规格、数量无出入,包装完好。对化学试剂类,还要求标签完整、字迹清楚、无泄漏、无水湿现象,所呈性状与规定的吻合。总之,必须坚持以单据为主,以单据逐项核对各材料,保证每样材料过目,做好验收记录,尽快办理入库手续,避免出现差错。

妥善保管就是要根据各类材料不同的性质和储存要求,创造较好的仓储环境;建立和执行材料经常性保管和保养工作规范、材料进出库以及材料报废处理等制度;定期进行库存材料的盘点和核对,及时处理出现的问题。

(2)储备定额的制定 储备定额由经常储备定额和保险储备定额所组成。储备定额的制定方法主要有供应期方法和经济订购批量方法。

经常储备定额是指从上一批材料进库开始,到后一批材料进库之前的储备量。它是储备中的可变部分,又称周转储备;保险储备定额是指在材料供应中,为防止因运输停滞、交货期延误、材料质量不合要求等原因造成材料来源不济而建立的供若干任务需要的储备量。它是储备中的不变部分,又称为固定储备。凡是货源充裕、容易补充、对化验室工作无关紧要和可用代用品解决的材料,不必建立保险储备。

仓库储备都是从进货一天的最大量到最小量的变化过程,其最高储备量应等于经常储备量加保险储备量。在正常供应条件下,当经常储备量接近用完时,恰好是库存的最低储备量,当有保险储备量时,它接近于保险储备量。若因供应误期,就只好动用保险储备。实际上,每一种库存材料的数量都是在最高和最低之间变化着。正常情况下,库存储备量等于经常储备量的一半加保险储备量,这时的库存储备称为平均储备量供应期方法是制定储备定额的基本方法,它以材料及低值易耗品的供应间隔周期和平均每天需用量为基础来确定其储备定额。储备定额的计算公式为:$M = L_t D$。

式中:M——某种材料的储备定额;

L_t——某种材料平均每天需用量;

D——某种材料合理的储备天数。

经济订购批量是指某种材料全年需要的总费用达到最小值时的材料进货量。利用经济订购批量方法制定的储备定额具有最佳的经济效果。使用经济订购批量方法的前提条件是:第一,需求率不变,即需求稳定,订购总是不变;第二,货源充足,不会出现缺货现象;第三,运输方便,可随时送货;第四,仓库存储条件和材料储存寿命不受限制;第五,单价和运输费用率固定,不随订货批量的大小而变化。

经济订购批量的总费用由三部分组成:第一,材料总价,由材料及低值易耗品的单价和订购数量所决定;第二,保管总费用(或称储存总费用),由材料及低值易耗品占用资金利息、维护保管费、仓库管理费、库内搬运费和储存损耗费等构成;第三,订购总费用,由运杂费(包括进货时的运费、装卸费、途耗费、检验费等)和订购费(包括与订购有关的业务手续费、差旅费、行政费等)所构成。

(3)ABC分析法在材料定额管理中的应用 对化验室所需要的各种材料,按其价值高低、用量大小、重要程度和采购难易分为 A、B、C 三类，对占用储备资金多、采购较难且重要的材料定为 A 类材料，在订购批量和存储管理等方面，实行重点控制；对占用资金少采购容易、比较次要的材料定为 C 类材料，采用较为简单的方法加以控制；对处于上述两类之间的材料定为 B 类材料，采用通常的方法进行管理和采购。

一般来说，A 类材料的品种占总数的 15%左右，价值达总价值的 80%左右；B 类材料的品种占总数的 25%左右，价值达总价值的 15%左右；C 类材料的品种占总数的 60%左右，价值只占总价值的 5%左右。

八、化学试剂的管理

化学试剂是化验室检验系统经常性消耗而且使用量较大的材料，化学试剂的物资性管理是化学试剂管理的基本工作。

1. 化学试剂的分类

化学试剂的种类繁多，并且还没有分类方法的统一规定。在不同的分类方法中，使用较多的是按用途和化学组成的分类方法。这种分类方法是将化学试剂先分成大类，在每一大类中又分成若干小类；也有按化学试剂的纯度进行分类的方法。

按用途和化学组成的分类情况见表 2-1。

表 2-1　化学试剂的分类

类别	用途及分类	示例	备注
无机分析试剂	用于化学分析的一般无机化学试剂	金属单质、氧化钠、酸、碱、盐	纯度一般大于 99%
有机分析试剂	用于化学分析的一般有机化学试剂	烃、醛、醇、醚、酸、酯及衍生物	纯度较高，杂质较少
特效试剂	在无机分析中用于测定、分离或富集元素时一些专用的有机试剂	沉淀剂、萃取剂、显色剂、螯合剂、指示剂	
基准试剂	标定标准溶液的浓度，又分为：容量工作基准试剂；pH 工作基准试剂；热值测定用基准试剂	基准试剂，即化学试剂的标准物质 一级有 15 种 二级有 7 种	一级纯度：99.98%～100.02% 二级纯度：99.95%～100.05%
标准物质	用作化学分析或仪器分析的对比标准或用于仪器校准。分为：一级标准物质；二级标准物质	纯净的混合气体、液体或固体	我国自己生产的由原国家技术监督局公布的（1993 年）一级标准物质 683 种，二级 432 种
仪器分析试剂	原子吸收光谱标准品；色谱试剂（固定液、固定相填料）标准品；电子显微镜用试剂；核磁共振用试剂；极谱用试剂；光谱纯试剂；分光纯试剂；闪烁试剂		

续表 2-1

类别	用途及分类	示例	备注
指示剂	用于容量分析滴定终点的指示、检验气体或溶液中某些物质。分为酸碱指示剂;氧化还原指示剂;吸附指示剂;金属指示剂等		
生化试剂	用于生命科学研究。分为生化试剂;生物染色剂;生物缓冲物质;分离工具试剂等	生物碱、氨基酸、核苷酸、抗生素、酶、培养基	也包括临床诊断和医学研究用试剂
高纯试剂	纯度在 99.99%以上,杂质控制在 10^{-6}级或更低		
液晶	在一定温度范围内具有流动性和表面张力并具有各向异性的有机化合物		

按化学试剂的纯度进行分类,我国将化学试剂共分为 7 种,分别为:高纯(又称超纯或特纯);光谱纯;分光纯;基准纯;优级纯;分析纯;化学纯。高纯试剂,纯度要求在 99.99%以上,杂质总含量低于 0.01%。优级纯、分析纯、化学纯试剂统称为通用化学试剂。

国际纯粹与应用化学联合会(IUPAC)将作为标准物质的化学试剂按纯度分为 5 级:

A 级:相对原子质量标准物质;

B 级:和 A 级最接近的标准物质;

C 级:$\omega=(100\pm0.02)\%$的标准试剂;

D 级:$\omega=(100\pm0.05)\%$的标准试剂;

E 级:以 C 级试剂或 D 级试剂为标准进行对比测定所得的纯度相当于 C 级或 D 级,但试剂纯度低于 C、D 级的试剂。

(1)通用化学试剂　国家标准 GB 15346—94《化学试剂的包装及标志》把优级纯、分析纯、化学纯级试剂统称为通用试剂。此外还有基准试剂、生化试剂和生物染色剂等门类。

化学试剂产品,按 GB 15346—2012 的规定,都必须在其包装标签上标明产品的标准号。我国现行的标准号有 GB、HG 及 Q/HG 三种。按照《中华人民共和国标准化法》的规定,标准分强制性和推荐性两种。对于化学试剂的标准,除基准试剂及其标志的标准为强制性标准外,其余的均属于推荐性标准,其符号应在标准号中加字母 T,例如 GB/T、HG/T 等。GB 15346—2012 将化学试剂分为不同门类、等级,并规定了它们的标志和包装单位,见表 2-2 和表 2-3。我国和其他国家的化学试剂在规格、标志等方面有所不同,对照情况见表 2-4。

表 2-2　化学试剂的门类、等级及标志

门类	质量标志（中文标志）	代号（沿用）	标签颜色	备注
通用试剂	优级纯	G. R.	深绿色	主体成分含量高，杂质含量低，主要用于精密的分析研究和测试工作
	分析纯	A. R.	金光红色	主体成分含量略低于优级纯，杂质含量较高，用于一般的分析研究和重要的测试工作
	化学纯	C. P.	中蓝色	品质略低于分析纯，但高于实验试剂（L. R.）用于工厂、教学的一般分析和实验工作
基准试剂			深绿色	用于标定容量分析标准溶液及 pH 计定位的标准物质，纯度高于优级纯，检测的杂质项目多，但总含量低
生化试剂			咖啡色	用于生命科学研究的试剂种类特殊，纯度并非一定很高
生物染色剂			玫瑰红色	用于生物切片、细胞等的染色，以便纤维观测

①其他类别的试剂均不得使用上述颜色标志

②此类试剂及其标签颜色是由 HG3-119—83 规定的，GB 15346 中未单列。

表 2-3　化学试剂的包装单位

类别	固体产品包装单位(m)/g	液体产品包装单位(V)/mL
1	0.1，0.25，0.5，1.0	0.5，1.0
2	5，10，25	5，10，20，25
3	50，100	50，100
4	250，500	250，500
5	1 000，2 500，5 000	1 000，2 500，3 000，5 000

表 2-4　化学试剂的包装单位

国家或厂牌	Ⅰ	Ⅱ	Ⅲ
GB 15346—2012（我国国家标准）	优级纯 G. R.	分析纯 A. R.	化学纯 C. P.
E. MERCK（德国伊默克厂）	G. R.（保证试剂）	LAB（实验用） ORG（有机试剂）	E. P.（特纯） PURE（纯）
DRTHEODCR SCHUGHARAT（德国狄奥多·叔查特公司）	A. R.（分析试剂）	REINST（特纯） C. P.（化学纯）	REIN（纯） L. R.（实验试剂）
RIEDEL DEHAEN (AG)（德国伊地亨公司）	P. A.（分析试剂）		PURE

续表 2-4

国家或厂牌	Ⅰ	Ⅱ	Ⅲ
BRITISH DRUG HOUSE	A. R.		LRLC(实验试剂)
(英国不列颠药品公司)	S. T. R. (点滴试剂)		
HOPKIN & WILLIAMS	A. R.		C. P. R. (一般试剂)
(英荷普金·华列母公司)			PURE
LIGHT	C. R.	C. P.	PURE
(英国赖埃特厂)	A. R.		L. R.
JUDEX	A. R.	C. P.	PURE. E. P.
(英国犹狄克斯厂)			PURIFIED(纯净的)
JAPAN	特级	一级	E. P. PURE
(日本)	G. R. /A. R.		J. P. (日本药局方)
FLUKA	PURISS. PA	PURISS	PRACT(实验纯)
(瑞士费鲁卡厂)	(分析纯)	(高纯)	PURE
			PURUM(纯)
USA	A. R.	C. P.	
(美国)	ACSI(美国化学学会)		
CARLD ERBA	R. P. (分析试剂)	LAB	R
(意大利卡罗·伊巴公司)	R. S. (特殊试剂)		
HUNGARY	G. R.	P. S. S.	E. P.
(匈牙利)	P. A.	(纯标准物质)	

(2)标准物质　标准物质的定义为：具有一种或多种足够均匀和很好地确定了特性值，用以校准设备评价测量方法或给材料赋值的材料或物质。标准物质是一种计量标准，都附有标准物质证书，规定了对其一种或多种特性值可溯源的确定程序，对每个标准值都有给定置信水平的不确定度。标准物质在有效使用期内的特性量值可靠。标准物质种类很多，涉及面也很广。我国把标准物质分为两个级别，分别为：一级标准物质，代号为 GBW，是指采用绝对测量方法或其他准确、可靠的方法测量其特性值，测量准确度达到国内最高水平的有证标准物质，主要用于研究与评价标准方法，对二级标准物质定值；二级标准物质，代号为 GBW(E)，是指采用准确可靠的方法或直接与一级标准物质相比较的方法定值的，也称工作标准物质主要用于评价分析方法以及统一实验室或不同实验室间的质量保证。按照鉴定特性对标准物质进行分类，可分为 3 类，即化学成分标准物质、物理和物理化学特性标准物质、工程技术特性标准物质。我国参照国际常用的分类方法对标准物质进行分类，见表 2-5。

表 2-5　标准物质的分类

标准物质名称	级别(品种数)	示例
钢铁成分分析	一(147) 二(9)	生铁、铸铁、碳素钢、低合金钢、工具钢、不锈钢、中低合金钢等
有色金属及金属中气体分析	一(96)	铁黄铜、铝黄、锌白铜、精铝、合金中气体
建材成分分析	一(26) 二(2)	黏土、石灰岩、石膏、硅质砂岩、钠钙硅玻璃、高岭土、长石
核材料分析与放射性测量	一(92) 二(7)	铀矿石、产铀岩石、八氧化铀、六氟化铀、放射源、氢同位素水样
化工产品成分分析	一(16) 二(66)	基准化学试剂、苯、六六六、DDT、农药、纯化学试剂、空气中气体成分
地质矿产成分分析	一(143) 二(23)	岩石、磷矿石、铜矿石、矿石中金银土样、水系沉积物、土壤成分
环境化学分析	一(81) 二(202)	气体、河流沉积物、污染农田土壤、水、面粉成分、水中各种离子标准溶液
临床化学及药品成分分析	一(15) 二(16)	人发、冻干人尿、牛尿、血清、化妆品、胆红素、氧化铁[Ⅲ]、血红蛋白、牛血清
煤炭、石油成分分析和物理性质测量	一(14)	煤物理性质和化学成分、冶金焦炭
物理和物理化学特性测量	一(53) 二(104)	酸度、电导、燃烧热、滤光片、黏度
工程技术特性测量	二(9)	渗透率、颗粒度、浊度、辛烷值

①标准物质的全名为本栏目名称后加“标准物质”四字。

②括号中的数字为 1993 年公布的标准物质品种数，总计一级 683 种，二级为 432 种。

2. 一般化学试剂的管理

(1)建立健全的化学试剂管理制度，包括请购、审批、采购、验收入库、保管保养、领用、定期盘点、特殊试剂的退库及过期试剂的报废处理等方面的管理制度，防止化学试剂外流。

(2)做好化学试剂的采购、储存量控制

①常用的普通化学试剂通常按季度消耗量采购其中使用量较少的试剂可按年度用量采购，用量特别少的试剂(如指示剂等)则以最小包装单位的数量进行采购。

②容易变质的化学试剂尽量少采购、少储存。

③采购试剂的级别必须符合实验要求不允许将低级别的试剂“升级”使用，为了减少采购品种和数量，可以将高级别的化学试剂少量地用于较低档次的实验。

④尽可能避免使用高毒性、高危险性的化学试剂除非“标准”中有具体的规定，必须使用时也应尽量少采购、少储存。

(3)做好化学试剂的验收入库工作

①化学试剂验收的依据采购计划、采购单、送货单等。

②验收程序审核单据，单货核对，质量点验。验收过程中应坚持“以单为主，以单核货，逐项对列，件件过目”的基本原则，避免出现差错。

③验收要求凡入库的化学试剂必须单、货相符，品种、规格、数量一致，包装完好，标签完整、字迹清楚，无泄漏、水湿现象，液态试剂应无沉淀物并呈现标签所规定的性状的均匀状态，固体试剂应无吸湿、潮解现象；不合要求的化学试剂不得入库，不能退换或移作他用的试剂，应做报废及销账处理。

④定位保管根据试剂的种类和性质，分门别类地放置于指定位置存放保管，基准试剂和标准试样应专柜存放，其余试剂按规定分类存放。

⑤办理入库手续经过验收的化学试剂应及时办理入库手续，登记入账，以便迅速投入使用。

(4)做好化学试剂的经常性的保管保养工作

①经常检查储存中的化学试剂的存放状况，发现试剂超过储存期或变质应及时报告，并按规定妥善处理(降级使用或报废)和销账。在正常储存条件下，一般化学试剂储存不宜超过2年，基准试剂不超过1年。

②避免环境和其他因素的干扰。所有化学试剂一经取出，即不得放回原储存容器；属于必须回收的试剂或指定需要“退库”的试剂，必须另设专用容器回收或储存；具有吸潮性或易氧化、易变质的化学试剂必须密封保存，避免吸湿潮解、氧化或变质。

③定期盘点、核对，发现差错应及时检查原因，并报主管领导或部门处理。

(5)一般化学试剂的分类存放

①无机物按盐类、氧化物(均按元素周期表分类)、碱类、酸类等类别分别存放。

②有机物按官能团如烃、醇、酚、酮等分类存放。

③指示剂按酸碱指示剂、氧化还原指示剂、其他指示剂、染色剂等分类存放。化学试剂种类繁多，要求管理人员必须具备从事化学试剂管理的必要知识，包括常用试剂的性状、用途、一般安全要求、报废试剂的处理及消防知识。

3.危险性化学试剂的管理

危险性化学试剂是指受光、热、空气、水或撞击等外界因素的影响，可能引起燃烧、爆炸的试剂或具有强腐蚀性、剧毒性的试剂。一般包括易爆品、易燃品、强氧化剂、强腐蚀性试剂、剧毒品和液体有机试剂等。

危险性化学试剂管理的基本原则如下：

(1)危险性化学试剂应由经过充分训练的专职人员管理。

(2)危险性化学试剂必须存放于专用的危险试剂仓库里，并分类分别存放在不燃烧材料制作的柜、架上。

(3)易燃易爆化学品应储存于主建筑外的防火库里，并根据储存危险物品的种类配备相应的灭火和自动报警装置。

①爆炸性物品储存温度不宜超过30℃。

②易燃液体储存温度不宜超过28℃。

③低沸点极易燃液体宜于低温下储存(5℃以下，但禁用有电火花产生的普通家用电冰箱

储存)。

④各种气瓶应直立存放于专用独立的“气瓶室”,并按气体种类分隔存放。

⑤爆炸性物品宜另库单独存放,数量很少时,可把瓶子放在装有干砂的开口容器内,再放置于对其他物品干扰最小的地方。

(4)装卸搬运危险性化学试剂时,应轻拿轻放,严禁摔碰、撞击和强烈振动,严禁肩扛背负。

(5)拆卸危险性试剂的外包装时忌用蛮力,以防内包装破裂。

(6)开拆易燃易爆品的包装箱时,应使用不生火花的铍青铜或包铜的钢铁质工具。

(7)凡有隔离剂的试剂(如黄磷、金属钠等),要确保隔离剂质量、数量和隔离效果。

(8)挥发性、腐蚀性试剂应密封保存,有条件时宜另库存放。

(9)爆炸性物品、剧毒性物品和放射性物品,应按规定实行“五双”制度(双人双锁保管、双人收发、双人运输、双账、双人使用)管理。

(10)所有种类的危险性试剂的“物资性”管理(验收、领用、保管保养、盘点检查等)均应从严掌握,以确保安全储存,杜绝危险物品外流。

规模较小的实验室,在储存的危险性化学试剂的数量很少时,允许与普通化学试剂同库储存,但仍须按其特性分类分别存放于不燃烧或难燃烧材料制作的储物柜(或架子)上,特别是遇水放出易燃气体的物质的储放,必须特别防护,防止发生火灾。具有化学危险性的试剂与普通试剂同室储存时,仍须严格按危险性试剂管理要求进行,以免发生反应引发新的危险。

4.化学试剂溶液的管理

分析检验工作中常用各种各样的化学试剂溶液,如常用的酸、碱、盐溶液;标准溶液,包括滴定用标准溶液、杂质标准溶液、pH 标准溶液;指示剂溶液、缓冲溶液和特殊试剂等。由于化学试剂的性质不同,对溶液组成标度的准确度要求不同,所用溶剂不同,所以配制方法、操作要求也各不相同。其管理要点如下:

①化学试剂溶液应放置于牢固的储物架上,以保安全。

②化学试剂溶液的放置应排列整齐有序,并可方便地取用。

③化学试剂溶液应避免受热和避免强光,见光容易分解的试剂应以棕色瓶盛装,最好能再加遮光罩。

④化学试剂溶液储存应注意避免环境因素影响。

⑤所有化学试剂溶液均应粘贴有标签,标明试剂溶液的名称、浓度和配制时间。标签大小应与试剂瓶大小相适应,字迹应清晰,字体书写端正,并粘贴于瓶子中间部位略偏上位置,使其整齐美观,标签上可以使用透明胶布加以保护。

⑥化学试剂溶液浓度应按法定计量单位要求标注。

⑦所有标准溶液均应按照现行国家标准方法制备。滴定分析(容量分析)用标准溶液,杂质测定用标准溶液和试验方法中所用制剂及制品,必须按照 GB 601、GB 602 及 GB 603 等标准规定的方法配制和标定。凡标准中规定用“标定”和“比较”两种方法测定浓度的标准溶液,不得略去其中任何一种,并且两种方法测得的浓度值之偏差不得大于 0.2%,以标定为准。否则应重新测定。

⑧标准溶液必须有标定(或配制)人员签署,标准溶液应在标签上标注标定(或制备)的时间和室温,标准溶液的“有效期(或复核周期)”等,标定(或配制)人员应签署名字以示负责(规

定由二人负责测定或配制者应二人签署)。

⑨所有化学试剂溶液必须在其有效期内使用,GB 601 规定一般滴定分析用标准溶液在常温(15～25℃)下,保存期不宜超过两个月。在其他温度下保存,或使用时的室温与标定时的室温相差超过 5℃时,应根据实验的精度要求考虑重新标定。容易变质的化学试剂溶液(如亚铁盐溶液等),使用期限应适当缩短。

⑩凡变质的化学试剂溶液不得继续使用,并应及时处理。

⑪凡从溶液储存器取出的标准溶液不许倒回原储存器,以免造成污染或干扰。

⑫贵重或有毒害的化学试剂溶液(及废液、废渣)应予以回收。对于需要回收的溶液必须回收,并集中处理。

5.标准溶液配制的管理

①企业(公司)所用的标准溶液统一由质检部进行配制和标定。

②凡使用单位临时需要特殊标准溶液时,应提前三天通知溶液室,以便做好准备。

③领取标准溶液的分析人员,必须按规定填写登记,注明领取日期、溶液名称、溶液浓度、溶液体积以及领取单位和姓名。

④各使用单位盛装标准溶液的容器,领取前必须清洗干净。水洗的容器应用指定的溶液洗三遍,容器上应贴有明显的标签,以便发放时对照。

⑤发放的标准溶液应先摇匀再灌装,灌装后还应在盛装容器上贴上标签注明:溶液名称、浓度、标定日期和有效期以及标定人姓名。

⑥各使用单位若对领用的新标准溶液的浓度有疑问时有权向溶液室提出复查要求,溶液室应积极配合并反馈信息。

⑦标定者应对有效期内原瓶溶液负责,自行调换溶液或保管不当使溶液变质的由使用者负责。

⑧使用单位领用的标准溶液若超过有效期时,应到溶液室更换,特殊情况还需继续使用的也应经溶液室重新标定,按新标定值作为标准溶液浓度值后才能正式使用。

6.其他化学品的管理

这里所述的其他化学品主要包括化验室用清洗剂、浴油类、其他化学材料等。

(1)清洗剂

①酸性化学洗液　a.铬酸洗液:由铬酸酐加浓硫酸组成,具有很强的腐蚀性和很强的氧化性;b.工业盐酸具有强腐蚀性;c.稀释酸洗液:1+1(或 1+2)的盐酸或硝酸,具有强腐蚀性;d.硝酸-氢氟酸洗液:1+2+7 氢氟酸-硝酸水溶液,是有特殊用途的洗液,具有强腐蚀性和氧化性;e.酸性硫酸亚铁洗液:含少量硫酸亚铁的稀硫酸,具有强腐蚀性,用于清除高锰酸钾污迹;f.草酸洗液:100 g/L 草酸溶液,弱酸性洗液,用于清除高锰酸钾之残迹。

②碱性化学洗液　a.氢氧化钠洗液:100 g/L 氢氧化钠水溶液,具有强腐蚀性;b.氢氧化钠-乙醇洗液:120 g 氢氧化钠溶解于 1 L 70%乙醇中,具有强腐蚀性;c.碱性高锰酸钾洗液:40 g 高锰酸钾与 100 g 氢氧化钠加水至 1 L,具有强腐蚀性和强氧化性。

③其他化学洗液　a.碘-碘化钾洗液:10 g 碘与 20 g 碘化钾加水至 1 L,用于清洗硝酸银污迹;b.硫代硫酸钠洗液:100 g/L 硫代硫酸钠溶液,用于清洗碘污迹;c.有机溶剂:汽油、二甲苯、乙醚、丙酮等,用于清洗有机物,具有燃烧性。

④普通清洗剂　包括各种固体(粉状)或液体洗涤剂,常用于较清洁的仪器洗涤。

(2)浴油类　浴油是用于均匀传递热量的物质,要求具有较高的传热能力和热稳定性化验室常用的浴油主要有甘油(丙三醇)、石蜡和润滑油,这些物质虽然具有较高的热稳定性,但均属可以燃烧的物质,不能在过高温度下工作。

(3)其他化学材料

①塑料制品　化验室常用的塑料制品主要有聚氯乙烯、聚乙烯、聚丙烯、聚四氟乙烯、聚甲基丙烯酸酯(有机玻璃)等,具有良好的耐腐蚀性能、电绝缘性能,但耐热性及机械强度较差,使用时必须注意其适用性,常用于制作仪器护罩、支架、容器等。

②橡胶制品　橡胶制品具有较好的弹性、耐腐蚀性,主要用于作防震材料、防腐蚀垫板、软管、手套以及机械传动胶带等辅助用途。

③化学纤维制品　通常化学纤维制品具有耐腐蚀、耐磨损等特性,可以用于防护网、罩等物品或某些试验材料。

使用塑料、橡胶或化学纤维制品时还要注意避免受热、阳光暴晒等不良因素导致的老化,甚至起火燃烧。非直接使用于分析化验的化学物质往往被人们忽视,而其中并不乏危险性物品,其安全性仍然是必须认真对待的,除了在使用中要注意正确使用和做好防护以外,使用后的废液、废渣及其他废弃物等也必须进行处理以消除其危险性,并避免造成环境及其他方面的损害。

7.化验室常用材料的管理

前面所述的化学试剂、标准物质等均属于化验室常用材料,关于它们的计划、采购、保管、效益等意义上的管理,在前面已叙述。下面所述的管理主要是指使用、保管、存放这些材料时的一些注意事项。

在使用化学试剂时,首先要熟悉其性质,如市售强酸和强碱的浓度、化学特性等;有机溶剂的挥发性、可燃性、毒性等。取用时,按相关规定进行。如拆开易燃易爆品外包装时,不能使用钢或铁质工具;打开易挥发试剂的瓶塞,瓶口不要对着脸部或其他人;有毒、有恶臭味的试剂应在通风橱中操作使用,结束后将瓶塞蜡封或用塑料袋封严瓶口。

所有的化学试剂要分类存放,如无机试剂可按酸、碱、盐、氧化物、单质等分类;盐类可按阳离子分类,如钾盐、钠盐、铵盐、钙盐、镁盐等;有机试剂一般按官能团排列,如烃、醇、酸、酯等;指示剂可按用途分类,如酸碱指示剂、氧化还原指示剂和配位滴定的金属指示剂等;专用有机试剂可按测定对象分类。

易燃易爆品应存放于主建筑外的防火库内底下、不易碰撞的地方,库内应配备相应的灭火和自动报警装置。易爆品储存温度一般在 30℃以下,易燃品储存温度一般不宜超过 28℃,并有良好的通风效果,移动时应轻拿轻放。

化验室在使用和临时存放化学危险品时,对于低沸点、易挥发有机溶剂应存放于阴凉、通风处,远离热源,更不得有明火,不要与固体试剂同置一个柜中;燃点低,受热、摩擦撞击或遇氧化剂易引起燃烧、爆炸的固体应存放于阴凉偏低的地方,不要与强氧化剂、腐蚀性试剂、易燃液体试剂同存一处,远离热源,更不得有明火。

遇水燃烧品,如钾、钠等,应保存在煤油中,瓶塞要严密,存放于不会被撞倒、不会遇水的地方。

自燃试剂,如白磷,要保存于水中。

易燃气体，如其钢瓶，不得存放于室内，要存放于室外专设的通风干燥的气瓶室内。

氧化剂、腐蚀性试剂，不得与易燃、易爆品存放在一起。这两类试剂也不要在一起。

剧毒品，应设专人保管，现领现用，用后的剩余品不论是固体还是液体，都要及时交回保管人，做好使用登记记录。

液体有机试剂，一般不要和固体试剂存放于同一柜中，试剂和溶液要分别保存。

化学试剂溶液要装在细口瓶中，滴加使用的溶液应装在滴瓶中，见光易分解的应装在棕色瓶中。所有化学试剂溶液在存放过程中都应避免受热和强光照射。

所有试剂、溶液以及样品的盛装容器上都必须贴上标签，标签的大小与容器相称，标签书写要工整、完整和清晰；试剂最好使用原标签，配制的溶液、制剂包装上的标签，应写明名称、法定计量单位浓度、配制日期；样品包装标签上要有样品名称、采样日期、待检项目、送样单位、送样人、接样人等；长期使用的试剂、溶液以及样品的盛装容器上的标签，可涂蜡保护，以防腐蚀、磨损。

化学试剂溶液只能在其有效期内使用，如 GB 601 规定一般滴定分析用标准溶液在常温（15～25℃）下，使用期限不宜超过两个月，即使用两个月后其浓度须重新标定。一般试剂溶液可按一般分类和浓度大小顺序排列存放，专用试剂溶液可按分析项目分组存放，便于取用。

九、样品管理

为了保证分析数据、样品的准确性和具有可追溯性，便于抽查、复查，满足监督管理要求，分清质量责任，化验室需对采样过程、样品的制备及前处理以及样品的保存做出相关规定。

1. 样品采集

样品采集，又称采样，是从大量的分析对象中抽取有一定代表性的一部分样品作为分析材料的过程。尽管一系列检验工作非常精密、准确，但如果采取的样品不足以代表全部物料的组成成分，则其检验结果也将毫无价值，所以采用正确的采样技术采集样品尤为重要。采样应遵循四个原则，即代表性原则、安全性原则、适时性原则和程序原则。

（1）采样的一般程序分为检样、原始样品制备、平均样品制备

检样——由整批食物的各个部分采取的少量样品，称为检样。检样的量按产品标准的规定。

原始样品——把许多份检样综合在一起称为原始样品。

平均样品——原始样品经过处理后平均分为三份，称为平均样品，分别供检验、复验及备查使用。

（2）采样的一般方法

第一种采集方法是随机多点抽样。均衡地、不加选择地从全部产品的各个部分取样。但随机≠随意，要保证所有物料各个部分被抽到的可能性均等。

第二种采集方法是代表性取样。随机取样可以避免人为倾向，但是，对不均匀样品，仅用随机抽样法是不够的，必须结合代表性取样，从有代表性的各个部分分别取样才能保证样品的代表性。代表性取样可按不同生产日期，也可在流水线上按一定的时间间隔抽样，也可按分析

的目的进行取样。

(3)采样记录　样品采集完毕后应及时做好以下记录(以食品为例)。

食品一般情况:品名、数量、规格、生产日期或批号、加工方法、储运条件等。

食品的整体情况:感官性状、包装、品质等。

采样情况:双方单位的名称及联系方式、采样日期、容器、数量、气象条件、检验项目、标准依据、采样人等。

采样收据:一式两份、双方签字盖章保存。

送检单:样品名称、生产厂名、生产日期、检验项目、采样日期等。

2.样品制备及前处理

为满足检测要求,采集来的样品要进行制备和检验前的处理,包括样本的整理、清洗、匀化、缩分、粉碎、匀浆、提取、净化、浓缩、衍生化等一系列过程,有时为了方便,将样本整理、清洗、匀化、缩分等步骤称为样本制备,而将粉碎、匀浆、消化、提取、净化、浓缩等步骤称为样本前处理。

3.样品的保存

为保证检测结果的准确性及可追溯性,必须尽可能地保持其原有的状态和特性,尽量减少其离开总体以后的变化。

(1)样品保存的原则　防止污染;防止腐败变质;防止病毒死亡;稳定水分;固定待测成分。

(2)样品保存的方法

①净　指采集样品的一切工具、容器必须清洁干净或无菌,并特指不含有待测定目的物质。净也是防止污染和腐败变质的措施。

②密　指样品应密闭保存,它是稳定水分,防止挥发性成分损失以及避免污染的措施。

③冷　指样品应冷藏运送和保存(如果样品为测定病毒用时,则应冷冻或加50%的甘油生理盐水保存运送),目的是降低样品内部的化学反应速度、抑制酶的活性和细菌的生长繁殖,同时也可减少高温和氧化损失。

④快　指快采、快运、快藏、尽快分析,尽量缩短样品在各个环节的停留时间。

4.样品管理制度

(1)原材料检验管理制度

①质检部原材料组负责原材料的检验、辅助原材料的检验以及其他委托的检验项目。

②检验人员必须坚持原则,一丝不苟。对检验数据要坚持复核制度,做到数据准确可靠,对于弄虚作假、以次充好、伪造涂改等恶劣行为,必须严肃处理,对于检验人员明知故犯者,要加重处理。

③原材料的留样不少于20天,其他生产过程委托检验样品不做留样处理。

④检验方法、项目和频率执行公司《原材料内控指标》中有关规定。

⑤需增加内控指标以外的检验项目,或非内控原材料检验,应由申请单位填写“检验委托单”,并由主管部门的领导签批后,交质检部安排检验,检验方法可参照采用国家有关标准或者企业标准《分析方法》。

⑥当原料检验不达内控指标时,应取留样对不合格项目进行再次分析,且以第二次检验结果报出;其他内控原材料应重新取样,按内控指标逐项检验,以第二次检验结果为最终结果。企业(公司)另有规定的,执行企业(公司)规定。

⑦原材料检验报告单，由原材料组长复核后开具，专项检验报告由质检部领导负责，发送单位详见《质检部检验报告单发放表》。

(2)成品检验管理制度

①成品的抽样、留样、检验方法、检验项目、采样单元和技术要求执行相应的产品标准。

②检验人员必须坚持原则，一丝不苟。对检验数据要坚持复核制度，做到数据准确可靠。对于弄虚作假，以次充好，伪造涂改等恶劣行为，必须严肃处理。对于检验人员明知故犯者，要加重处理。

③成品检验执行公司《公司成品检验项目频率控制表》和《集团公司成品检验项目频率控制表》。

④成品的检验委托按公司《产品检验委托制度》执行。

⑤成品的外观、包装、质量、标识应符合相应产品标准要求，包装、版面由质检部领导审核、外观、质量由质检部质量检查员抽查和监督，包装袋检测按《包装成品袋规格表》执行。

⑥如果生产分厂对质检部的检验结果有异议，由质检部与相关单位共同对留样进行复检，以复检的最终结果为准。对于出口产品，按合同协议和上级部门的有关决定执行。

⑦成品检验制度包括对留样的抽查工作，由组长或技术员负责，每月进行一次，具体抽查的产品和项目视情况而定。当抽查结果与当班结果等级品不符合时，要查找原因，并且追究责任者的责任。

⑧倒班分析的成品，要求当班发送报告单，白班分析的成品，要求当天发送报告单，发送单位详见《质检部检验报告单发放表》。

案例：

某食品厂样品管理制度

1.目的

规范本厂样品的管理

2.范围

本规程适用所有化验留样、商检留样及外寄样品的管理。

3.职责

服务中心和化验室负责本规程的实施。

4.程序(内容)

(1)样品瓶的灭菌　玻璃样品瓶在160℃干热灭菌2 h，塑料样品瓶用二氧化氯(150 mg/kg，30 min)灭菌。

(2)样品的采集采样方法　无菌操作法，即将样品袋拿回实验室，在无菌室用75%酒精棉球对样品袋、盖子、启盖器及工作人员的手进行酒精消毒，然后再按需求倒出样品，之后再对盖子和盖口进行消毒，消毒之后，立即盖上盖子将样品放回原处。

①对每生产批次(共 N 桶)的产品，在灌装开始30 min后取第一次样品(2个小无菌袋，采样各2 L)。

②在罐装一半时取第二次样品(6个小无菌袋，每袋采样2 L)，作为本批次产品中间样品。其中，一个作为本批次样品复测用样，标识为批次号，中间样(复测样)，采样序号，采样人，采样

日期，取样结束后，一个作为本批次产品微生物检验用样，表示为批次号，中间样(微生物检验用样)，取样结束后化验员负责取回样品，并交微生物检验员。另一个作为本批次产品理化指标检验用样，标识为批次号，中间样(理化检验用样)，采样序号，采样人，采样日期，取样结束后化验员负责取回样品。另外 3 个作为商检留样，标识为批次号，采样序号，采样人，采样日期。

③在灌完结束前 30 min 采第三次样品(2 个小无菌袋，采样各 2 L)，标识为批次号，采样序号，采样人，采样日期。一个化验室留样；一个商检样。

④所取样品应只与对应批次同类、应置于样品桶内成品包装袋上方，顶部加盖，桶外加贴“留样桶(商检样)”或“留样桶”。

(3)标识桶的贮存服务中心负责将样品桶按对应批次放置于成品垛的前面，存放条件为采样员易采样为宜。

(4)已售成品样品的管理　发货前，服务中心应及时通知质检部发货的批次及发货的时间，样品管理员于发货前将该批次样品从样品桶中取出，存放于冷库样品柜上，并对该样品进行登记。对于存放在样品柜上的样品，再按生产时间或发货时间的顺序，整齐地存放好，做好标识，并对样品柜每隔一周进行打扫，做到干净、卫生。由样品管理员定期检查捕鼠装置并做记录。样品柜每一个季度开始，都要清理、整理一次，做到新旧样品分明，并根据实际情况对已发过货所留的样品进行处理。

(5)外寄样品的管理

①质检部在接到贸易部备样通知单后，根据要求及时准备所需样品，对有特殊要求的备样通知单和给重要客户的备样，需经质检部领导审核后方可备样，具体步骤如下：用已灭好菌的 250 mL 样品瓶从外寄样品袋中(2 L)分装所需数量的样品，并根据要求贴上标签。根据要求进行检测，结果记录于《成品复测记录》中，并对所备样品出具检验证书，同样品放在一起(同时给市场部 E-Mail)。

②样品的领取手续　质检部及时备好样后(对有特殊要求的备样和给重要客户的备样，传递前须经部门领导审核批准)，通知市场二部从质检部领取，领取时在《样品领用登记表》中签字，注明领用日期、领取人姓名，由样品管理员在《样品领用登记表》中注明领用样品的批次、数量、包装形式。

③样品复测制度　根据需要，管理员对外采样、库存样及时进行复测，复测结果记录在(成品检验记录)中，必要时，每隔一个月对库存所有批次样品进行复测，复测样品为样品桶中的复测样样品袋，直到本批次货发完为止。

(6)样品的标识　所有样品均应进行正式标识，标识应按具体要求执行。

(7)样品瓶的使用　化验室的留样及国内外市场所寄样品除非特别指明，均用灭好菌的塑料样品瓶盛装。

(8)样品的保留期限与销毁　已售完货的样品，自售出之日起 10 个月后样品管理员向部长报告申请销毁，根据样品的实际情况销毁，也可以收集用于生产回收，也可以当垃圾处理；外来样品的保留期限为 6 个月，6 个月后样品管理员向部长申请销毁样品，销毁程序同上。

第四节　化验室管理信息和文件资料的构建与管理

一、化验室管理信息的管理

在人类社会的各种活动中，总是伴随着各种相互间有形或无形的作用，这种作用实际上是信息传递的表现。所以，人们把能够产生相互间的作用且代表一定含义的信号、情报、消息及密码等统称为信息。信息是对客观世界中事物性状的反映，人们通常用语言、文字、图形等来反映各种事物，这些用语言、文字、图形等表达的资料经过解释，就是一般概念上的信息。化验室作为组织生产、科研等活动的组织系统，对作用于化验室并影响化验室目标任务完成的各种信息的管理是非常重要的。

1.化验室管理信息的特性

(1)社会性　由于化验室的各项工作和社会大环境是密不可分的，反映化验室各种活动的管理信息也是在一定的社会背景下产生的，不能脱离社会而独立存在，因而具有社会可比性。这就要求管理信息标准化、规范化，以便于相互比较和借鉴。

(2)有效性　化验室管理信息能帮助管理者正确决策和有效管理，从而使化验室各种活动有效进行。所以，要求信息具有科学性和实用性，即要有实用价值。

(3)连续性和流动性　化验室组织管理过程始终处于动态之中，化验室管理信息也是在动态中产生的，具有连续性和流动性。管理者将根据不断出现的新信息，对原有的措施、规章、制度等做出新的修改或调整，以便实施新情况下的有效管理。

(4)与信息载体不可分性　化验室管理信息是由信息的内容(实体)和反映这些内容的语言、文字、图形(载体)构成的整体，信息不能脱离载体而独立存在。因此，管理者要研究对不同的信息内容采用不同的载体进行传输，使信息能快速、准确、可靠地发送和传达。

2.化验室管理信息的分类

对于化验室来讲，能否及时获取有用的信息，直接关系到管理效率的高低。又因为各级单位的地位和职能不同，对信息的需求也不同。所以，对管理信息进行分类，有助于提取或提供所需的适当信息。管理信息按不同情况可分为 8 类，其中较具代表性的有信息来源和管理层次两类。

(1)按信息来源可分为化验室外部信息流和化验室内部信息流　化验室外部信息流包括从外部环境流向化验室的内向流和从化验室流向其外部环境的外向流两类；化验室内部信息流是指当外部信息流入化验室后，与化验室内部信息作用而产生新的信息流，这些新的信息流分为纵向的化验室信息流(向上传递的和向下传递的)和横向的化验室信息流(化验室内部平级部门之间传递的)，应及时地传递到有关部门。

(2)按管理层次可分为上层、中层、基层所需的 3 类信息　上层所需的信息是重要和起决定性作用的信息，是企业最高领导层进行重大规划和决策所需的信息。如产品未来市场的前景、新的投资项目、重大技术改造项目等。一般这类信息的需要量较小，但要求信息综合、概括、抽象，且具有灵活性。中层所需的信息是控制性信息，是中层管理人员充分利用各种资源完成任务、实现目标所需要的信息。如部门人员岗位责任制、人员培训方案、奖惩激励办法等。基层所需的信息是业务性信息，是基层管理人员进行各项业务活动需要的信息。它是在活动过程中产生的，一般由基层管理人员负责收集和传递并据以处理经常性的业务问题。一般来讲，这类信息的需求量较大，且要求信息详尽具体、精确。

3.化验室管理信息的处理

(1)信息处理的特点和要求　信息处理的特点是原始数据量大，归纳整理烦琐，查找频率较高，要求时间性强，但计算本身的数学问题简单，用一般的数学运算和必要的逻辑判断就可以解决。在处理信息的过程中必须符合准确、及时和适用的要求。准确，就是信息要如实地反映化验室的实际情况；及时，就是信息传递的速度要快；适用，就是信息要符合实际需要。这样，就能使管理信息有效地发挥其作用。

(2)管理信息处理的内容　管理信息处理的内容包括收集、加工、传递、存储、检索和输出6个环节。

收集是指做好收集原始数据这一重要基础工作。收集时要有针对性，采集时间、数量和次数都要有明确规定，要保证原始资料的全面性和可靠性。

加工是指完成信息处理的基本内容。包括对信息进行分类、排序、计算选择等工作，这些工作都要服从化验室管理某项任务的要求，各项目的内容要有明确的内涵。

传递是指传递的信息在化验室组织中传递形成信息流。信息流具有周密的顺序和传递路线，为保证信息流的畅通，必须明确规定信息传递的责任制度，包括时间、地点、发信人、收信人等。信息传递分为向上传递与向下传递(称为纵向传递)和化验室内部平级部门之间传递(称为横向传递)。

存储是指将经过处理后的信息暂时存储起来，以便调用。经过处理后的信息，有时并非立即就使用，有时虽然立即使用，但日后还需用作参考，因此就需存储起来，建立档案，妥善保管。信息库存储的信息，必须经常更新。有的信息随着新信息的输入自动消除，存储新信息。有的信息随着新信息的输入，既保留旧信息，同时存储新信息。凡是需要的信息，必须存储起来，以保证各级管理人员充分了解和掌握职能范围内的信息情况，以便进行正确的决策和有效的组织与管理，促进化验室目标任务的完成。

检索是指迅速查找所需信息的方法和手段。为了方便地使用化验室信息系统中大量的信息资源，必须建立一套科学和快速查找信息的方法和手段。

输出是化验室信息系统将处理好的信息，按要求或需要，编印成各级管理人员或管理部门所需的各种报告、报表、文件等。例如，各种统计报表、报告、计划、总结、规章制度、人员培训计划、人员考核结果、仪器设备购置计划、大型精密仪器操作规程等都是信息输出的形式。

二、化验室文件资料的分类

化验室文件资料一般分为管理性文件资料、工作过程性文件资料和技术性文件资料3大类。

1.管理性文件资料

管理性文件资料是指导化验室开展各方面工作的法律法规、上级组织和相关管理机构的文件、化验室自身的管理性文件等。常见的管理性文件资料有：

①国家和地方各级人民政府的质量管理法律、法规文件及附属资料；

②行业管理机构的质量管理文件及附属资料；

③上级质量监督仲裁机构的监督检验、仲裁通告文件；

④用户质量投诉资料；

⑤企业的生产调度指令和质量管理制度；

⑥化验室质量管理手册，其中包括日常工作制度、各类人员岗位职责、仪器设备和分析检验工作质量控制等；

⑦化验室其他规章制度。

2.工作过程性文件资料

工作过程性文件资料是指化验室及其管理部门在开展各项工作中的报告、讲稿、记录、总结以及各种工作处理材料等文件。常见的工作过程性文件资料有：

①化验室年度工作计划和总结；

②化验室年度仪器设备、相关材料购置计划；

③化验室人员培训和考核记录；

④化验室各类人员的年度工作考核结论；

⑤计量仪器、设备的性能检定证书；

⑥企业内部常规送检通知文本；

⑦企业有关管理部门的临时性工艺抽样检验指令；

⑧生产车间或班组及有关业务部门临时性抽检申请；

⑨各种分析检验的原始记录；

⑩日常检验和监督检验的分析检验报告书；

⑪上级技术监督检验机构对企业产品的抽样监督检验项目检验结果的通知文本；

⑫质量管理台账和其他与分析检验工作相关的报表等。

3.技术性文件资料

技术性文件资料是指分析检验技术工作应遵循的技术指导文件或与分析检验工作技术相关的文件资料。常见的技术性文件资料如下：

①原辅材料、产品执行的国家技术标准或行业技术标准或地方技术标准；

②企业化验室分析检验规程，包括原辅材料、中控分析、产品检验等分析方法；

③大型精密仪器设备操作规程、使用或对外服务记录；

④仪器设备技术档案、账卡和定期检查核对记录；

⑤仪器设备的维护保养和修理记录；

⑥科技信息、论文、书籍、书刊；

⑦其他技术资料或文件，包括国内外用户或单位、部门的产品质量以及其他与质量有关的咨询函件或文本；国内外同行业或相关行业质量管理、产品质量标准或质量改进等方面的交流资料。

三、化验室文件资料的构建与管理

1. 化验室文件资料的制定

在化验室的管理工作中，由于国家质量管理政策的调整、质量标准的变化等外部因素的影响和企业内部管理及化验室自身的运行与发展，适时地制定相应的文件资料是必需的。化验室制定文件资料的过程可分为3个阶段，即准备阶段、形成文字阶段和修改阶段。

(1)准备阶段　主要包括认真领会国家的方针政策和上级的指示精神，收集相关的材料，研究化验室自身的实际和文件资料应起到的作用，确定基本观点，选择文体类别。

(2)形成文字阶段　主要包括合理安排结构、掌握规范格式、灵活熟练地运用语言。

(3)修改阶段主要　包括观点的订正、材料的增删、结构的调整、语言的锤炼和格式的审定。

2. 常用文体类别及要求

化验室文件资料的文体类别按组织系统和网络，分为上级行于下级的下行文、下级行于上级的上行文和同级之间的平行文。依据不同的行文关系，确定不同的文体类别、称谓、词语和语气，它们之间不能错用或混用。如下级可向上级用“请示”“报告”“函”等，但绝不能发“通报”“指示”等；平级之间行文可用“函”“通知”等，绝不能用“请示”“报告”等。

(1)通告是在一定范围内公布应当遵守或周知的事项时使用的一种文种，它具有公开性、告知性、限制性、强制性和广泛性的特点。通告一般分为法规政策类和具体事物类。

(2)通知是发布行政法规和规章、转发上级或同级的公文、批转下级的公文、要求下级办理和需要周知或共同执行的事项时使用的一种文种。通知具有使用频率高、种类多、灵活、简便等特点。按形式可分为联合通知、紧急通知、补充通知等；按内容可分为发布性通知、指示性通知、批转性通知、告知性通知和会议通知等。

(3)通报是上级将有关重要情况、先进经验、严重问题等告知下级时使用的文种。通报具有时效性、典型性和真实性特点，主要起到沟通情况、传达信息、交流经验、弘扬先进、批评错误、纠正问题，从而进一步推动工作的作用。通报一般分为情况性通报、表扬性通报和批评性通报。

(4)报告、请示报告是下级向上级汇报工作、反映情况、提出建议时使用的文种。根据报告的内容、作用，可分为工作汇报性报告、请示批转性报告、情况反馈性报告和转报性报告。

请示是下级向上级请示指示、批准时使用的文种。根据请示的内容、作用，可分为请求批转性请示和请求批复性请示。

(5)批复是上级答复下级请示事项时使用的文种。批复具有针对性、决定性、指示性特点。

(6)函是同级之间相互商洽工作、询问和答复问题，或由下级向有关部门请示批准事项时使用的文种。函具有行文的广泛性、使用的多样性和写法的简便性特点。

(7)纪要是根据会议的宗旨和目的将会议的基本情况、主要精神和议定事项，经过综合整理而形成的文种。纪要具有客观性、提要性特点，一般用于比较重要的会议，如办公会、工作例会、座谈会等。

(8)规定(暂行规定)是指对某一方面工作或某类社会关系做出部分规定的规范时使用的

文种。规定的特点是:所规定的事项涉及一方面或某类社会关系;规定的内容较灵活、直接、明确、具体;具有对现行法律、法规、规章制度的补充、完善、变通的功能。

(9)办法(实施办法)是对某一种特定的条例、事项,确定其具体做法和实施方法的文种。办法具有直接、具体、明确、操作性强等特点,常常是某一条例、事项实施的具体化。

(10)细则(实施细则)是指为贯彻实施法律、条例、规定、制度等而对某一方面的问题或某项工作做出具体、详细规定的文种。细则的特点是具有从属性,即为具体实施某法、某条例或某规定或某项制度而制定的;细则的内容可以是某一法规全部内容的具体化,也可以是部分内容的具体化,还可以是专门依据某一"条"而引申制定的实施细则;具有针对主体法规进行延伸、补充、深化、完善的作用;具有较强的可操作性。

3.化验室各类文件资料的建档

(1)化验室档案材料的分类 化验室档案材料是指在化验室建设、管理、分析检验、技术改造、新产品试验以及对外服务等活动中形成的具有保存价值的管理性文件、工作过程性文件和技术性文件。化验室档案应对档案材料按性质、内容、特点、相互之间的联系和差异进行分类。其类别应根据化验室的规模、任务量、工作水准等情况确定。常规的分类见表2-6。

(2)化验室建档材料的要求 第一,建档材料要具有完整性、准确性和系统性,首先做好材料的收集、整理和筛选,然后按科学方法进行分类归档,并根据需要合理地确定建档材料的保存期限。对于保密文件应单独建档,同时写明保密级别。第二,建档材料要符合标准化、规范化的要求,建档的文件材料一般情况下应为原件,并要做到质地优良、格式统一、书写工整、装订整洁,不能用铅笔、圆珠笔书写。第三,建档手续要完备,建立必要的档案材料审查手续和档案管理移交手续。第四,建档材料要适合计算机管理,便于录入、统计检索、打印和传输等。

表2-6 化验室档案材料的分类

一级分类	二级分类	三级分类
化验室人力资源建设与管理材料	化验室人员情况表	化验室人员汇总表;个人履历表
	化验室人员的变动	化验室人员考核管理和职务聘任;化验室人员岗位培训计划与实施情况;化验室人员的奖惩材料
化验室建设文件和材料	化验室规划、计划和总结	化验室建设规划与执行检查、总结;化验室年度工作计划、总结
	化验室建立和撤销	新建、改建化验室的材料;化验室撤销的材料
	化验室基础设施	化验室建筑平面图,改造记录;水、电、气布置图及技术资料;防火、毒污染及防盗等安全资料
	化验室仪器设备及材料	固定资产,纸质品,材料的账、卡;仪器设备的订货合同、使用说明书、合格证、装箱单;仪器设备验收、索赔记录;仪器设备的使用、借用、维修记录;仪器设备的技术改造、功能开发记录;仪器设备技术性能检定记录;自制仪器设备资料

续表 2-6

一级分类	二级分类	三级分类
化验室管理文件资料	上级文件、实施细则	有关行政法律法规、管理条例、规定、办法、实施细则
	各项规章制度	物资管理制度、经费使用制度、安全环保制度
	化验室信息统计资料	大型精密仪器设备使用效益统计表;管理系统框图及一览表
	化验室质量管理手册	组织结构框图;人员岗位责任制;分析检验工作质量控制及保证体系;日常工作制度
完成目标任务的文件和材料	技术文件资料	技术标准;分析检验规程;分析检验项目;大型精密仪器设备操作规程;仪器设备技术档案
	分析检验、科研和对外服务的文件和资料	分析检验原始记录、检验报告书;技术改造、新产品试验及成果鉴定材料;对外服务议定书和结果材料

4.化验室文件资料的管理制度

(1)文件资料主要包括以下几种：

①《质量手册》和《质量管理体系控制程序》;

②企业(公司)发放的标准、通知、规定和制度;

③部门的管理制度、执行通知、检验规定和专项报告;

④产品和原材料执行的相关标准以及其他外来标准;

⑤技术书籍和工具书等资料。

(2)《质量手册》和《质量管理体系控制程序》由持有者按规定使用和保管,资料室存档的由资料保管员负责,具体执行《质量管理体系控制程序》的《文件控制程序》。

(3)文件资料由资料保管员负责收集、发放、存档和日常管理,部门领导负责使用或组织执行。

(4)部门的管理制度、执行通知、检验规定按部门文件编号,由部门负责人审核批准(签章),同时加盖质检部印章方为有效,资料保管员负责分发(有分发记录)和存档(有存档记录)。需要更改时,由原起草人更改,并须经原审批人审批。更改审批后一般以新的文件重新分发,资料保管员同时回收旧的文件(有回收记录和发放记录)。

(5)部门的专项报告包括质检工作报告、工作汇报等,由部门负责人或其授权人撰写,负责人审核后,加盖质检部印章方为有效,此项报告一般由部门负责人送发企业(公司)领导、管理者代表和各相关单位。资料室同时留有备份归档保存。

(6)产品和原材料执行的相关标准以及其他外来标准由资料保管员负责日常管理,标准的来源主要通过技术发展部发放而得。

(7)有效版本的标准最终须经主管领导签字批准,并由资料管理员加盖蓝色“有效版本”印章做标识,发至各相关检验组,各组长负责组织执行和保管,资料室应同时留有备份归档保存。

(8)收到标准的新版后,由资料保管员回收旧版,加盖红色“作废”印章做标识,同时发放盖有蓝色“有效版本”印章的新版本,回收和发放均须做好记录。

(9)回收的文件资料不能与执行的文件资料同置一处,要分开存放,并做好标识,需要处理时应有部门领导签名认可,同时做好处理记录。

(10)技术书籍和工具书等资料应长期保存,借阅应有记录,时间不得超过一周。

拓展学习

实验室信息管理系统(LIMS)

实验室信息管理系统(laboratory information management system,LIMS)。是由计算机硬件和应用软件组成,能够完成实验室数据和信息的收集、分析、报告和管理。LIMS基于计算机局域网,专门针对一个实验室的整体环境而设计,是一个包括了信号采集设备、数据通信软件、数据库管理软件在内的高效集成系统。以实验室为中心,将实验室的业务流程、环境、人员、仪器设备、标物标液、化学试剂、标准方法、图书资料、文件记录、科研管理、项目管理、客户管理等因素有机结合。

它以实验室为中心,将实验室的业务流程、环境、人员、仪器设备、标物标液、化学试剂、标准方法、图书资料、文件记录、科研管理、项目管理、客户管理等影响分析数据的因素有机结合起来,采用先进的计算机网络技术、数据库技术和标准化的实验室管理思想,组成一个全面、规范的管理体系,为实现分析数据网上调度、分析数据自动采集、快速分布、信息共享、分析报告无纸化、质量保证体系顺利实施、成本严格控制、人员量化考核、实验室管理水平整体提高等各方面提供技术支持,是连接实验室、生产车间、质管部门及客户的信息平台,同时引入先进的数理统计技术,如方差分析、相关和回归分析、显著性检验、累积和控制图、抽样检验等,协助职能部门发现和控制影响产品质量的关键因素。

一、LIMS系统应用领域分类

根据实验室的业务特点不同,可将LIMS系统分为以下几类:

①生产过程质量检测类LIMS　石油、石化、化工、制药等使用的LIMS系统,为生产服务;

②环境保护安全健康类LIMS　环境监测中心、核辐射监测中心、水文监测站、疾病预防控制中心、动物疫病预防控制中心等;

③试验研究检测分析类LIMS　钢铁研究院、矿业研究院等。

二、LIMS系统的作用

①改进质量管理手段;

②提高样品测试效率;

③提高分析结果的可靠性;

④提高对复杂分析问题的处理能力;

⑤协调实验室各类资源;

⑥规范实验室内部管理,实现量化管理。

三、LIMS系统的特点

1. 完整的质量保证体系

对于影响实验室质量的诸多要素进行全面管理和控制,形成人、机、料、法、环、测、抽样的闭环控制。对实验室整体环境、仪器设备、标物标液、人员、方法标准、图书资料、文件管理、科研管理、项目管理、客户管理等实验室的各种资源进行全面、翔实的管理。

2. 支持质量体系的持续性改进，有利于投资保护

采用最先进的开发技术，使项目的升级改进非常方便地进行。

3. 仪器信号的自动采集——提高实验室自动化能力

通过对仪器信号的自动采集，提高实验室的自动化能力，提高工作效率，同时确保数据的真实有效。

4. 方便

任务的友好输入、自动和快速的分工、批次样品的登记、批次数据的友好输入、一个按钮实现自动采集等为使用者着想的方便功能，让工作更加轻松和愉快。

5. 成熟的接口，开放的平台

实验室电子检验审批平台对所有实验室的各项业务进行信息化改造，使得业务流程、现场数据采集与处理、实验室资源管理、项目管理、文件与档案管理、订单和样品管理得以整合起来，最大限度地提高实验室的工作效率，并快捷地获取和管理高可用性的各类数据。另外，管理层人员、客户以及普通员工均可通过该系统的查询/统计模块对该系统中的相关信息进行查询，而接口模块则使得本系统可以与外部系统进行数据交换以实现系统间的无缝连接。

若用16个字来概括LIMS系统的特点，如下：

(1)全面细致　它所涵盖的内容几乎包括所有实验室的管理。

(2)实用方便　它的所有功能几乎都是每个实验室必不可少的，同时也提供了各种查询的方式，可以方便地为您服务。

(3)易学易用　只需有初步的WINDOWS的操作知识，即可轻松学会LIMS的操作。

(4)低价高效　LIMS所需要的硬软件很有限，因此，用户的投入很低。

四、LIMS系统介绍

1. 检验事务逻辑流程

样品工作是从用户交接样品清单到把样品检测报告送到用户手中整个过程，通过样品的登记、调度、审核系统、组织和规范实验室的工作程序，确保实验在最优化的方式下运行。提供各种样品的测试标准、方法和处理技术。

样品管理模块对样品的整个生命周期进行全程管理。根据不同部门的人员，由其访问权限获得样品的信息，如试验状态、测试的信息以及结果等。（注：具体的管理方案要结合实际情况进行设计）

(1)业务流程库　业务流程库是不同检品审批实验环节的业务集中处理核心库。功能包括：

①检品信息的登记与打印登记单、检品卡、回执、交费通知单、留样标签。

检品信息可以通过以下三种方法进行输入：手工输入检品信息；激光扫描输入检品信息和模板输入检品信息。

②与检品相关的科室主任签收并为相应的检验人员分配检验任务。

③检验人员在实验过程中的检验原始数据的登记，根据各种不同的检验项目所涉及的仪器的使用记录、操作过程仪器的状态、实验室的温度湿度记录、检验员的信息等以及实验结果的登记。

④复核人员对检验结果的审核。

⑤主任对检验结果的修改意见及所改痕迹保留、终止审批申请、打印底稿、检查结果。

⑥技术室对检验结果的再次审核，中止审批申请。

⑦所长对检验结果的审批，并可以看到前一天的检品结果汇总，可以通过系统设置对所长的修改权限的控制。

在此库中根据不同用户操作的权限出现对应的功能按钮，操作用户只能看到他所在权限级别的文档。

(2)检品留样库　检品留样库是在登记检品信息时所做的检品留样信息库。功能包括：①留样库的信息按不同标准的查看；②使用留样库的申请流程；③调用留样库的申请历史记录；④留样库的销毁期限、转待销毁日期；⑤历史留样库；⑥留样处置。

(3)报告书库　所长审批结束后的检品报告存于此库中，由具有角色为“打印员”的操作人员进行报告书和报告书底稿的打印。

(4)统计查询库　通过添翼数据接口(DDI)进行报告书统计，主任要清楚本科室的实验人员完成情况、检品的分工情况、进度情况、费用情况。

抽样同品种查询，避免有同样的检品，不同的检验结果。

(5)当年归档库　将当年不同状态的检品审批文档，包括已审批结束、已中断等非正式报告书文档。

(6)终极归档库　历年的检品审批文档的仓储库。

(7)系统中心配置库　不同操作人员的权限分配等。

2.仪器、设备跟踪监控与数据采集

(1)工作站模式仪器监控及采集　工作站模式是指检验仪器及设备与PC化学工作站相连接，PC化学工作站安装有控制和操作检仪器及设备的软件，LIMS AnyControl可以对工作站模式进行控制与采集试验数据，当科室主任签收后并把检验任务下达到实验人员时，AnyControl Gatherer可以根据系统数据设定的情况是否自动弹出原始记录的采集输入，并能自动把检验后的结果数据进行64位的电子签名加密，再传送到服务器上，保证了数据的唯一性和安全性。

(2)非工作站模式仪器监控及采集　非工作站模式是指检验仪器及设备本身孤立，不与任何设备或PC工作站相连也可以完成正常的工作任务，但同时也可以与有关设备及PC工作站相连，类似这样的仪器及设备应该具有RS-232C接口和相关的操控命令集合，我们的LIMS AnyControl的成员之一AnyControl Manipulator就可以完全地对这样符合条件的仪器进行控制，包括自动检测、启动、锁定、读取检验结果数据、复位等。然后把数据采集的结果，填到原始记录登记卡及传送服务器上，保证原始数据的不可变更性和安全性。

3.资源管理

资源管理是对实验室的现有资源进行有效的管理，使其更能有效节约实验室不必要的开支。

(1)人员管理　记录了实验室的组成结构，人员的档案基本信息，培训考核记录，资质，工作情况，奖惩，薪金记录和人员的现行工作状态。

(2)设备仪器管理　仪器、设备、计量器具是实验室的固定资产，其投资大，在使用上易磨损，消耗。如果没有一套有效的管理体制，会造成严重后果。本系统对仪器、设备、计量器具进行了有效的管理。包括了设备、仪器、计量器具的购买、审批、验收、检定、保管、标准操作、校正、校验、保养、维护、使用状况、降级、报废规定等记录并对记录产量和故障统计等措施，加强其管理。减少人为和其他因素造成的影响。

(3)客户管理　从最初的开始接触,到签订合同以及后续的服务支持,在这中间涉及的每一个人、每一件事都有详细的记录管理。系统还能根据你的商业计划,自动做出智能判断,灵活决策,保证不遗漏一个客户。事实上,这个模块也可以作为一个独立的软件使用。

客户管理包括了用户基本信息(单位,联系方式等),用户的反馈意见,用户抱怨处理,用户送样的历史信息,用户样品测试信息等管理,及时的和用户沟通,挖掘潜力客户扩大实验室业务量。客户的基本信息,客户提交的样品信息,客户的意见反馈。与客户的自动联系,客户与本实验室业务来往统计,费用统计,用户信誉度等信息。

(4)标物管理　标准物质(标准溶液等)的使用、购买、保存的管理。包括购买申请、申请审核、费用验收、使用记录、存放要求、报废处理(详细信息记录)。

(5)计量器具管理　计量器具的购买、审批、检定、保管、标准操作、校正、校验、保养、维护、数据查询、使用状况。

4.查询统计模块

信息查询是信息系统必需的功能,信息查询的性能在某种程度上决定了系统的整体性能。查询模块提供了对LIMS系统内所有信息的查询,并且按照各类信息的特点进行了分类,每一类形成一个独立的模块,便于迅速从系统中找到所需信息,避免多余信息的出现。同时还提供一个通用查询模块,方便用户进行特定的自定义查找。所有查询结果都可以进行排序、分类、统计。注意:您所能查到的信息是与您在系统中的权限相关的,具体说明如下:

实验室主任所有信息均可查询,样品信息、状态、人员信息、人员工作状态、人员工作量、科研项目信息、进度、设备状态等。调度员负责样品各类信息;组长负责组内工作状态、人员状态、工作量等;分析员负责与他有关的样品分析项目信息;科研项目负责人负责科研项目信息、进度、参与人信息和各类科研文档。

(1)数据查询　用户最关心的是数据的准确性、数据的精度及数据报告。综合查询根据使用者的权限级别能很快地反映从原始数据到加工处理数据及人员情况、项目进行情况、历史数据、客户、标准资料、实验室各种文件规定、各种报表及各种技术资料的搜索。浏览当前或一段时间范围的历史分析数据,符合指定查询条件的分析数据,样品或项目对应的图谱数据。同一个项目一段时间内的变化趋势,超标数据,加样数据,复测数据,分析数据对应的原始记录,修改记录,审核记录,人工判定记录及其他信息。

(2)样品查询　对样品的信息进行查询,包括:样品的历史记录、样品统计信息、样品的分类浏览和样品的进展情况等信息的查询。

(3)标准、方法查询　提供各种相关的分析标准、分析方法的查询。

(4)设备仪器查询　用户所有的仪器设备均在系统中建档,随时提供查询。

(5)文件管理　文件管理是文件的制订者根据实验室相关规定,灵活地提供各种文件的编辑、审批、发布。如实验室的规章制度、各种报表、工作流程完善了文件的管理、保存、修改、销毁、归档处理、备份等文件的历史记录。

5.办公自动化模块

LIMS特别关注对实验室日常管理的系统实现,对办公自动化的支持就是一个很有特色的方面。事实上,不仅仅是一个实验室,任何单位的日常办公事物都是很琐碎、很繁杂的。通过软件系统的支持,无疑将会带来办公效率的极大提高,同时各种文档的管理、记录等也得以走上一个新的台阶。LIMS的办公自动化包括如下几个方面：

杂务、内部通告、人员去向、工作安排、文档处理、奖金分配、公共信息、人事管理和经费管理等。

6. 系统管理

系统管理模块对保证LIMS系统的正常运行具有重要的意义。实际运行的系统必须专设一位系统管理员来对系统做维护工作，那么系统管理员的管理行为就是通过系统管理模块来实施的。系统管理包括系统初始化、设定用户权限、系统设定、日志管理、论坛管理和数据维护。其中系统初始化在系统启动时执行；设定用户权限一般在系统安装后一次设定，不必经常变动（人员变动情况除外）；系统设定一般也是在安装结束后一次设定完毕，除非系统有较大的改动；日志管理主要是定期对系统日志进行备份，确保系统日志的正确记录；论坛管理不定期察看系统论坛，删除过期、陈旧的信息。数据维护是系统维护工作量最大的部分。因为系统每天运行都要产生大量数据，这些数据的有效存储、备份都是很重要的。当出现争议时历史数据就显得尤其重要，而进行科研有时也要查阅、统计历史数据。更重要的是，大量数据也必须及时备份以减轻系统负担，确保系统运行。

系统维护包括了系统用户、操作权限的设置维护、系统数据库维护、系统访问日志维护、标准数据维护及系统的初始化。提供严格又细致的用户权限设置功能，用户权限分为模块访问权限和数据访问权限两个部分，模块访问权限决定用户可以使用哪些系统模块和对数据的读写性，数据访问模块决定用户可以访问的数据范围，经由系统设置，可以构造一个完全等同于实际物理组织的网上虚拟实验室，系统管理员先行登录，修正实验室相关信息。

案例：

广东省兽药与饲料监察总所

广东省兽药与饲料监察总所（下称：总所）是广东省负责兽药、饲料质量检验与监管的法定技术服务机构。面对不断增加的检验任务和日益严峻的监管形势，总所的检验和监管工作面临挑战，主要存在以下问题：

①检验工作慢；

②缺乏也难以应付与客户的沟通和交流；

③咨询报告书的电话不断，报告书发放不到位；

④客户不能跟踪了解送检样品检验过程；

⑤统计、分析工作难、慢。

因此，总所希望建设一个平台来替代人工统计分析实验室数据，同时客户可以在平台上进行检验进度查询及了解其他信息，提高工作效率和服务质量。所以早在2003年总所便委托广州市健坤网络科技发展有限公司开发了《广东省兽药与饲料产品质量安全检测管理系统》，但由于没有相应的实施制度规定，员工又懒于把检验数据输入系统，所以系统一直没有得到全面应用，总所存在的问题自然也没有得到解决。2008年，总所领导狠下决心，再次启动LIMS的建设与实施，在系统中重新对检验流程进行梳理和对检验任务进行分解，并融入评估标准和自动控制。2009年3月1日，总所重新启动了健坤LIMS的使用。为了配合系统的使用，总所进行了相应的管理制度改革，引入量化管理，进行KPI绩效考核，一切以系统数据为依据，并召开了多次关于系统实施的会议。领导重视，员工思想统一，配之制度规范和薪酬激励，健坤LIMS终于在总所得以成功应用。

总所首先把检验流程业务分成六类，包括残留、兽药、饲料、后勤类、特殊培训类、特殊类，界定了各类工作难度系数，比如内部对比系数等于1，外部对比系数等于3；再把类分成387项子工作，规定了每项子工作应该完成的时间及对应的分值，比如检测氟喹诺酮类1项（液相法）残留的分值为30，检验兽药的氯化物成分含量的分值为5，未按时完成工作按延迟每天5%折扣分值；规定了一次性不同数量相同项目的折扣方案，比如1～3个相同项目分值＝项目分值×1，30～40个相同项目分值＝项目分值×0.65；最终按形成的每个职工的总分值报表进行薪酬奖惩和工作表现考核。

健坤LIMS包括六大功能模块：检验业务处理管理、检验监控管理、检验原始记录管理、检验数据汇总统计报表、日常办公管理、系统与安全设置管理，对样品检测从收样、分样到生成检测报告进行全程化管理，有备忘、报错提示，自动生成检测任务全过程的行为、效果与分值的对应表以及各种统计、分析报告。健坤LIMS提高了总所的工作效率，出现了检测速度快、质量高、争取检验任务的良好局面和氛围；为客户提供了良好的服务，客户随时能通过平台了解相关信息，查询送检样品的检验进度，同时还能收到系统及时的短信通知；系统自动生成相应的统计、分析报告更是为领导决策提供了科学参考；平台作为工作平台、知识平台、交流平台，实现了总所的办公自动化、电子化、一体化；系统实施效果显著，大大提高了总所的检验质量和监管水平，辅助总所很好地完成了各种检验任务，因此2009年度被评为全国兽药、饲料质量执法先进集体，受到农业部嘉奖。

总结上述案例，我们认为：

①实验室信息化建设是大势所趋，LIMS能显著提高实验室管理水平；

②LIMS是信息技术与先进管理理论融合的产物，因此LIMS的实施不但是系统的使用，而且是先进管理理论的实践。所以，只有配之以相应的管理制度建设，才能成功实施LIMS；

③LIMS和量化管理是现代实验室管理的标志，LIMS能实现实验室的量化管理，能提高实验室的信息化水平，而量化管理能提高实验室的管理效率和水平，所以LIMS是基础，量化管理是支撑，LIMS与量化管理相辅相成，共同推进实验室的现代化管理。

练习题

1. 化验室检验系统的构成要素及依据是什么？
2. 简述化验室的三级检验系统。
3. 简述化验室的地位及权力范围。
4. 简述化验室检验系统人力资源的组成及如何构建化验室检验系统的人力资源。
5. 中心化验室的职责有哪些？
6. 简述检验人员的职责。
7. 制定岗位职责应遵守哪些原则？
8. 简述权力委派的特征及过程。
9. 仪器设备管理的基本要求是什么？
10. 仪器设备的计划管理包括哪几方面的工作？
11. 仪器设备的技术管理包括哪些工作？

12. 仪器设备的经济管理包括哪些工作？

13. 什么是材料及低值易耗品的定额管理？有何作用？

14. 简述 ABC 分析法在材料定额管理中的应用。

15. 危险性化学试剂的管理应注意哪些问题？

16. 化验室样品保存的原则及方法是什么？

17. 化验室管理信息管理的作用是什么？

18. 以食品工厂为例，设计完整的化验室组织机构图并描述各岗位的职责。

19. 设计和建立仪器设备账卡。

第三章

化验室建筑与设施建设管理

学习目标

1. 了解化验室设计的内容和建筑设计的过程。

2. 理解化验室设计对建筑、环境、防振和布局的基本要求。

3. 掌握基本化验室、精密仪器室和辅助室对基础设施建设的要求。

4. 根据化验室建筑设计基本要求，能够设计“化学分析化验室”的排风系统方案。

5. 根据化验室建筑设计和基础设施建设要求，能够设计食品理化检验实验室平面图，并用文字加以说明。

第一节　化验室设计的内容和过程

建造化验室，从拟订计划到建成使用，一般有编制计划任务书、选择和勘探基地、设计、施工以及交付使用后的回访等几个阶段。设计工作是其中比较重要的过程，它必须严格执行国家基本建设计划，并且具体贯彻建设方针和政策。通过设计这个环节，把计划中有关设计任务的文字资料内容编制成可以代替化验室的整套图纸。

一、化验室设计的主要内容

化验室的设计，一般包括化验室的建筑设计、结构设计和设备设计等几部分，它们之间既有分工，又相互密切结合。由于建筑设计是建筑功能、工程技术和建筑艺术的综合，因此它必须综合考虑建筑、结构、设备等工种的要求，以及这些工种的相互联系和制约。

建筑设计依据的文件有：

①主管部门有关建设任务使用要求、建筑面积、单方造价和总投资的批文以及国家有关部、委或各省、市、地区规定的有关设定额和指标。

②工程设计任务书。由建设单位根据使用要求，提出各个化验室的用途、面积大小以及其他的一些要求，化验室工程设计的具体内容、面积、建筑标准等都需要和主管部门的批文相符合。

③城建部门同意设计的批文。内容包括用地范围以及有关规划、环境等建设部门对拟建化验室的要求。

④委托设计工程项目。建设单位根据有关批文向设计单位正式办理委托设计的手续，规模较大的工程还常采用投标方式，委托中标单位进行设计。

设计人员根据上述设计的有关文件，通过调查研究，收集必要的原始数据和勘探设计资料，综合考虑总体规划、基地环境、功能要求、结构施工、材料设备、建筑经济以及建筑艺术等多方面的问题，进行设计并绘制成化验室的建筑图纸，编写主要意图的说明书与图纸，编写各化验室的计算书、说明书以及概算和预算书。

二、化验室建筑设计的过程和设计阶段

在具体进行化验室建筑平、立、剖面的设计前，需要有一个准备过程，以做好熟悉任务书、调查研究等一系列必要的准备工作。

化验室建筑设计一般分为初步设计、技术设计和施工设计 3 个阶段。

由于化验室建筑的建造是一个较为复杂的过程，影响设计和建造的因素又很多，因此必须在施工前有一个完整的设计方案，综合考虑多种因素，编制出一整套设计施工图纸和文件。实践证明，遵循必要的设计程序，充分做好设计前的准备工作，划分必要的设计阶段，对提高化验室的建筑质量是极为重要的。

化验室设计过程和各个设计阶段具体分述如下。

1.设计前的准备工作

(1)熟悉设计任务书　具体着手设计前，首先需要熟悉设计任务书，以明确化验室建设项目的设计要求。设计任务书的内容有：

①化验室建设项目总的要求和建造目的的说明；

②各化验室的具体使用要求、建筑面积以及各类化验室之间的面积分配；

③化验室建筑的总投资和单方造价，并说明土建费用、房屋设备费用以及道路等室外设施的费用情况；

④化验室基地范围、大小，周围原有建筑、道路、地段环境的描述，并附有地形测量图；

⑤供电、供水和采暖、空调等设备的要求，并附有水源、电源接用许可文件；

⑥公害处理要求，即对废气、废水、废物、噪声、辐射、振动等的技术处理要求；

⑦设计期限和化验室项目的建设进程要求。

设计人员应对照有关定额指标，校核任务书中单方造价、房间使用面积等内容，在设计过程中必须严格掌握建筑标准、用地范围、面积指标等有关限额。同时设计人员在深入调查和分析设计任务以后，从合理解决使用面积、满足技术要求、节约投资等方面考虑，或从建设基地的具体条件出发，也可对任务书中一些内容提出补充或修改，但必须征得建设单位的同意；设计用地、造价、使用面积等，还须经城建或主管部门批准。

(2)收集必要的设计原始数据　通常化验室建设单位提出的设计任务，主要是从自身要

求、建筑规模、造价和建设进度方面考虑的，化验室的设计和建造还需要收集下列有关原始数据和设计资料。

①气象资料　所在地区的温度、湿度、日照、雨雪、风向和风速以及冻土深度等；

②基地地形及地质水文资料　基地地形标高、土壤种类及承载力，地下水位以及地震烈度；

③水电等设备管线资料　基地地下的给水、排水、电缆等管线布置以及基地上的架空线路情况；

④设计项目的有关定额指标　国家或所在省市地区有关化验室设计项目的定额指标，如化验室的面积定额、建筑用地、用材等指标。

(3)设计前的调查研究　设计前的调查研究的主要内容如下。

①各化验室的使用要求　深入访问有实践经验的人员，认真调查同类已建化验室的实际使用情况，通过分析和总结，对所设计房屋的使用要求做到"心中有数"。

②建筑材料供应和结构施工等技术条件　了解设计化验室所在地区建筑材料供应的品种、规格、价格等情况，预制混凝土制品以及门窗的种类和规格，新型建筑材料的性能、价格以及采用的可能性。结合化验室的使用要求和建筑空间组合的特点，了解并分析不同结构方案的选型，当地施工技术和起重、运输等设备条件。

③基地勘探　根据城建部门所划定的设计化验室基地的图纸，进行现场勘探，深入了解基地和周围环境的现状及历史，核对已有资料与基地现状是否符合，如有出入给予补充或修正。从基地的地形、方位、面积和形状等条件以及基地周围原有建筑、道路、绿化等多方面的因素，考虑拟建化验室的位置和总平面布局的可能性。

④当地经验和生活习惯　传统建筑中有许多结合当地地理、气候条件的设计布局和创作经验，根据拟建化验室的具体情况，可以"取其精华"，以资借鉴。同时在建筑设计中，也要考虑到当地人们的生活习惯以及人们乐于接受的建筑形象。

(4)学习有关方针政策以及同类型设计的文件、图纸说明。

2.初步设计阶段

初步设计是化验室建筑设计的第一阶段，它的主要任务是提出设计方案，即在已定的基地范围，按照设计任务书所拟定的化验室的使用要求，综合考虑技术、经济条件和建筑艺术方面的要求，提出设计方案。

初步设计的内容包括确定化验室的组合方式，选定所用建筑材料和结构方案，确定化验室在基地的位置，说明设计意图，分析设计方案在技术上、经济上的合理性，并提出概算书。

初步设计的图纸和设计文件如下。

①建筑面积平面　比例尺为(1∶500)～(1∶2 000)(化验室在基地上的位置、标高，以及基地上设施的布置和说明)。

②各层平面及主要剖面、立面　比例尺为(1∶100)～(1∶200)(标出各化验室的主要尺寸，化验室的面积、高度以及门窗位置，部分化验室室内用具和设备的布置)。

③说明书　设计方案的主要意图、主要结构方案及构造特点，以及主要技术经济指标等。

④建筑概算书。

⑤根据设计任务的需要，可以附上建筑透视图或建筑模型。

建筑初步设计有时可有几个方案进行比较，审核后经有关部门协议并确定方案批准下达后，这一方案便是二级阶段设计时的施工准备、材料设备订货、施工图编制以及基建拨款等依据文件。

3. 技术设计阶段

技术设计是三阶段建筑设计时的中间阶段。它的主要任务是在初步设计的基础上，进一步确定各化验室之间的技术问题。

技术设计的内容为各化验室相互提供资料、提出要求，并共同研究和协调编制拟建各化验室的图纸和说明书，为各化验室编制施工图打下基础。在三阶段设计中，经过送审并批准的技术设计图纸和说明书等，是施工图编制、主要材料设备订货以及基建拨款的依据文件。

技术设计的图纸和设计文件，要求化验室建筑的图纸标明与技术工种有关的详细尺寸，并编制化验室建筑部分的技术说明书，结构工种应有化验室结构布置方案图，并附初步计算说明，仪器设备也应提供相应的设备图纸及说明书。

对于不太复杂的化验室工程，技术设计阶段可以省略，把这个阶段的一部分工作纳入初步设计阶段，称为“扩大初步设计”，另一部分工作则留待施工图设计阶段进行。

4. 施工图设计阶段

施工图设计是化验室建筑设计的最后阶段。它的主要任务是满足施工要求，即在初步设计或技术设计的基础上，综合建筑、结构、设备各工种，相互交底、核实核对，深入了解处理供应、施工技术、设备等条件，把满足化验室工程施工的各项具体要求反映在图纸中，做到整套图纸齐全统一、明确无误。

施工图设计的内容包括：确定全部工程尺寸和用料，绘制化验室建筑、结构、设备等全部施工图纸，编制化验室工程说明书、结构计算书和预算书。

施工图设计的图纸及设计文件如下。

①建筑总面积，比例尺为 1∶500（化验室建筑基地范围较大时，也可用 1∶1 000、1∶2 000，应详细标明基地上化验室建筑物、道路、设施等所在位置的尺寸、标高，并附说明）；

②各层化验室建筑平面、各个立面及必要的剖面。比例尺为（1∶100）～（1∶200）；

③化验室建筑结构节点详图，根据需要可采用 1∶1、1∶5、1∶10、1∶20 等比例尺（主要为檐口、墙身和各构件的连接点，楼梯、门窗以及各部分的装饰大样等）；

④各化验室工种相应配套的施工图，如基础平面图和基础详图、楼板及屋顶平面图和详图、结构构造节点详图等结构施工图，给排水、电器照明及暖气或空气调节等设备施工图；

⑤化验室建筑、结构及设备等说明书；

⑥结构及设备的计算书；

⑦化验室工程的预算书。

第二节　化验室建筑设计的基本要求

满足化验室的各种功能要求，为化验创造良好的环境，是化验室建筑设计的首要任务。针对各化验室提出的具体方案要求，再对化验室进行设计和施工。我们也可以自行设计一个表格，提出具体要求，最后将方案确定下来。对化验室设计的要求分述如下。

一、化验室设计方案要求

1. 化验室名称

(1)化验室房间名称　如无机化学化验室、有机化学化验室、分析化学化验室、物理化学化验室、精密仪器化验室、电子计算机实验室、储存室等。

(2)需要间数　同一类的化验室需要几间,如无机化学化验室需要5间,就标明“5”。

(3)每间使用面积　每间使用面积的大小往往与建筑模数联系起来,应根据当地的施工条件,确定采用何种模数及何种结构、形式比较符合实际。如采用模数为6 m×7 m的柱网,则每间使用面积可填40 m^2。

2. 化验室建筑要求

(1)化验室房间位置要求

①底层　化验室设备重量较大或要求防震的房间,可设置在底层。

②楼层。

③朝向　有些辅助化验室房间或化验室本身要求朝北,多数化验室要求朝南,这就需要具体研究,综合平衡。

(2)化验室房间要求　指化验室本身的要求。

①一般清洁。

②洁净　进行化验或实验时要求房间内达到一定的洁净要求。

③耐火。

④安静　如消声室等。

(3)化验室房间尺寸要求　如按建筑模数排列各化验室,就按模数的倍数填写长、宽、高。如化验室要求空气调节必须吊顶,则层高相应地要增加。有些化验室属于特殊类型的,则采用单独的尺寸。

(4)门的要求　化验室的门有以下各种要求。

①门的开向　内开,门向房间内开;外开,主要设置在有爆炸危险的房间内。

②隔声　有的化验室需要安静,要求设置。

③保温　如冷藏室要求采用保温门。

④屏蔽　防止电磁场的干扰而设置的屏蔽门。

⑤自动门。

(5)窗的要求　化验室的窗有各种要求。

①开启　指向外开启的窗扇。

②固定　有洁净要求的化验室可以采用固定窗,以防止灰尘进入室内。

③部分开启　在一般情况下窗扇是关闭的,用空气调节系统进行换气,当停电时,则可以开启部分窗扇进行自然通风。

④双层窗　在寒冷地区或空调要求的房间采用。

⑤遮阳　根据化验室的要求而定,有时需用水平遮阳,有时需用垂直遮阳;也可以采用窗帘、百叶窗等遮阳。

⑥屏蔽窗。

⑦隔声窗。

(6)墙面要求　墙面根据化验室的要求各有不同。

①一般要求。

②可以冲洗　有的墙面要求清洁,可以冲洗。

③墙裙高度　离地面 1.2～1.5 m 的墙面做墙裙,便于清洁。

④保温　冷藏室墙面要求隔热。

⑤耐酸碱　有的化验室在实验时有酸碱气体逸出,要求设计耐酸碱的油漆墙面。

⑥吸声　实验时产生噪声,影响周围环境,墙面要用吸声材料。

⑦消声　实验时避免声音反射或外界的声音对实验有影响,墙面要进行消音设计。

⑧屏蔽　外界各种电磁波对化验室内部实验有影响或化验室内部发出各种电磁波对外界有影响。

⑨色彩　根据化验室的要求和舒适的室内环境选用墙面色彩,墙面色彩的选用应该与地面、顶板、化验台色彩相协调。

(7)地面要求

①一般要求。

②清洁、防滑、干燥等。

③防振　一种是实验本身所产生的振动,要求设置防振措施以免影响其他房间;另一种是实验本身或精密仪器本身所提出的防振要求。

④放射性污染。

⑤防静电。

⑥隔声。

⑦架空　由于管线太多或架空的空间作为静压箱,设置架空地板,并提出架空高度。

(8)吊顶要求

①不吊顶　一般化验室大多数不吊顶。

②吊顶　在化验室的顶板下再吊顶,一般用于要求较高的化验室。

(9)通风柜要求　化验室常利用通风柜进行各种化学实验,根据实验要求提出通风柜的长度、宽度和高度。

(10)实验台要求　实验台分岛式实验台(实验台四边可用)、半岛式实验台(实验台三边可用)、靠墙式实验台和靠窗式实验台。提出实验台的长、宽、高的要求。

(11)定壁柜　一般设置在墙与墙之间、不能移动的柜子。

3.结构

根据荷载性质分为恒载荷活荷载两类。恒载是作用在结构上的不变的荷载,如结构自重、土重等;活荷载是作用在结构上的可变荷载,各楼面活荷载、屋面活荷载、屋面积灰荷载、雪荷载及风荷载等。

(1)地面荷载　指底层地面荷载,即每平方米的面积内平均有多少千克的物体。

(2)楼面荷载　指二层及二层以上的各层楼面地活荷载。

(3)屋面荷载　屋面上是否要上人,雪荷载有多少等。

(4)特殊设备附加荷载　有的化验室内如果有特别重的设备,必须注明设备的重量、尺寸大小以及标明设备轴心线距离墙的尺寸。

(5)防护墙密度　有γ射线实验装置的建筑物,防护墙材料的选择以及其墙厚度的尺寸均应根据化验室的不同要求进行仔细考虑。防护墙厚度是某种材料的密度,如采用普通混凝土,其密度为2.3 t/m^3。

(6)地基钻探资料　在设计阶段,必须提供地基钻探资料,以便根据钻探资料进行基础设计。

(7)抗震要求　拟建化验室的地区是否属于抗震区,抗震的等级。

4.采暖通风

(1)采暖

①蒸汽系统　采用蒸汽供暖的系统。

②热水系统　采用热水供暖的系统。

③温度　房间采暖的温度为多少摄氏度。

(2)通风

①自然通风　不设置机械通风系统。

②单通风　靠机械排风。

③局部排风　如某一化验室产生有害气体或气味等需要局部排风。在有机械排风要求时,最好能提出每小时换气次数。

④空调　有些化验室要求恒温恒湿,采用空气调节系统可以保证化验室内的温度和湿度。给出温度是多少摄氏度,允许温度为正负多少摄氏度;相对湿度为多少百分数。

⑤洁净要求　有些化验室的空气要求保持在一定的洁净度时,则需要提出洁净等级。

5.气体管道

根据需要选用气体管道,有些化验室需要量特别大的必须注明。气体管道分为氧气、真空、压缩空气及城市煤气等。

6.给排水

(1)给水

①冷水　城市中的自来水或采用地下水。

②热水　根据实验要求采用。

③去离子水　有些化验室需要去离子水。

④水温　要求多少摄氏度。

⑤屋顶水箱　设置水箱,有些实验要求较高,要有一定的水压。有的城市水压不够,要设置水箱。

(2)排水

①水温　实验时排出的水的温度为多少摄氏度。

②酸碱性物质　排水中若有酸性物质,应说明其浓度为多少,数量为多少;若排水中有碱性物质,其浓度为多少,数量为多少。

③放射性物质　排水中有放射性物质,要注明有多少种放射性物质,其浓度为多少。

④设置地漏　为方便,可以在化验室地面上设置一个排水口。

⑤屋顶水箱　设置水箱,有些实验要求较高,要有一定的水压。有的城市水压不够,要设置水箱。

7.电

(1)照明用电

①日光灯。

②白炽灯。

③要求工作面上的照度有多少勒克斯(lx)。

④安全照明。

⑤事故照明 指万一发生危险情况时需要的照明。

⑥明线 电线用外露形式的。

⑦暗线 电线采用暗装形式的。

(2)设备用电

①工艺设备用电量(kW) 按每台设备的容量提出数据。

②供电电压 标明电压是多少伏特(V)。

③单向插座 标明插座的电流是多少安培(A)。

④三项插座 标明插座的电流是多少安培(A)。

⑤特殊设备 大型设备的用电要求。

⑥供电路数 根据化验室的重要性,提出供电要求(指不能停电、要求电压稳定、频率稳定等)。

8.防雷

化验室建设地点的雷击情况要调查清楚,提出防雷要求。

二、各主要化验室对环境的基本要求

一般地说,任何化验室都应该使化验室内各种仪器设备、装置、化学试剂等免受环境如阳光、温度、湿度、粉尘、振动、磁场等的影响及有害气体的侵入,不同功能的化验室由于实验性质不同,各化验室对环境有其特殊的要求。

1.天平室

(1)天平室的温度、湿度要求

①1、2级精度天平,应工作在(20±2)℃,温度波动不大于0.5℃/h,相对湿度50%~60%的环境中;

②分度值在0.001 mg的3、4级天平,工作温度为18~26℃,温度波动不大于0.5℃/h,相对湿度50%~75%;

③一般生产企业化验室常用的3~5级天平,在称量精度要求不高的情况下,工作温度可以放宽到17~33℃,但温度波动仍不大于0.5℃/h,相对湿度可以放宽到50%~90%;

④天平室安置在底层时应注意做好防潮工作;

⑤使用"电子天平"的化验室,天平室的温度应控制在(20±1)℃,且温度波动不大于0.5℃/h,以避免温度变化对电子元件和仪器灵敏度的影响,保证称量的精确度。

(2)天平室设置应避免阳光直射,不宜靠近窗户安放天平,也不宜在室内安装暖气片及大功率的灯泡(天平室采用"冷光源"照明),以避免局部温度的不均匀影响称量精确度。

(3)有无法避免的振动时安装专用天平防振台 当环境振动影响较大的时候,天平宜安装在底层，以便于采取防振措施。

(4)天平室只能使用抽排气装置进行通风。

(5)天平室应专室专用　即使是其他精密仪器，安装时也须用玻璃屏墙分隔，以减少干扰。

2. 精密仪器室

(1)精密仪器室尽可能保持温度、湿度恒定，一般温度在 15～30℃，有条件的最好控制在 18～25℃，湿度在 60%～70%，需要恒温的仪器可装双层门窗及空调装置。

(2)大型精密仪器应安装在专用化验室，一般有独立平台(可另行加玻璃屏分隔)。

(3)精密电子仪器以及对电磁场敏感的仪器，应远离强磁场，必要时可加装电磁屏蔽。

(4)化验室地板应致密及防静电，一般不要使用地毯。

(5)大型精密仪器室的供电电压应稳定，并应设计有专用地线。

(6)精密仪器室应具有防火、防噪声、防潮、防腐蚀、防尘、防有害气体侵入的功能。

3. 化学分析实验室

(1)室内的温度、湿度要求较精密仪器室略宽松(可放宽至 35℃)，但温度波动不能过大(≤2℃/h)。

(2)室内照明宜用柔和自然光，要避免直射阳光。

(3)室内应配备专用的给水和排水系统。

(4)分析室的建筑应耐火或用不易燃烧的材料建成；门应向外开，以利于发生意外时人员的撤离。

(5)由于化验过程中产生有毒或易燃的气体，因此化验室要有良好的通风条件。

4. 加热室

(1)加热操作台应使用防火、耐热的防火材料，以保证安全。

(2)当有可能因热量散发而影响其他化验室工作时，应注意采用防热或隔热措施。

(3)设置专用排气系统，以排除试样加热、灼烧过程中排放的废气。

5. 通风柜室

(1)室内应有机械通风装置，以排除有害气体，并有新的空气供给操作空间。

(2)通风柜室的门窗不宜靠近天平室及精密仪器室的门窗。

(3)通风柜室内应配备专用的给水、排水设施，以便操作人员接触有害物质时能够及时清洗。

(4)本室也可以附设于加热室或化学分析室，但排气系统应加强，以免废气干扰其他化验工作的进行。

6. 电子计算机室

(1)配备电子计算机的化验室或仪器，除了指明特殊要求的以外，一般使用温度可以控制在 15～25℃，波动应小于 2℃/h，湿度 50%～60%为宜。

(2)杜绝灰尘和有害气体，避免电场、磁场干扰和振动。

(3)计算机室对供电电压和频率有一定要求，可根据需要，选用不间断电源。

7. 试样制备室

(1)保证通风，避免热源、潮湿和杂物对试样的干扰。

(2)设置粉尘、废气的收集和排除装置，避免制样过程中的粉尘、废气等有害物质对其他试样的干扰。

8. 化学试剂溶液的配制储存室

参照化学分析室条件，但需注意阳光曝晒，防止受阳光照射使试样变质或受热蒸发，规模较小的化验室也可以附设在化学分析室。

9. 数据处理室

按一般办公室要求，但不要靠近加热室、通风柜室。

10. 储存室

分析试剂储存室和仪器储存室，供存放非危险性化学药品和仪器，要求阴凉通风、避免阳光曝晒，且不要靠近加热室、通风柜室。

11. 危险物品储存室

(1)通常应设置在远离主建筑物、结构坚固并符合防火规范的专用库房内。有防火门窗，通风良好，远离火源、热源，避免阳光曝晒。

(2)室内温度宜在 30℃以下，相对湿度不超过 85%。

(3)采用防爆型照明灯具，备有消防器材。

(4)库房内应使用防火材料制作的防火间隔、储物架，储存腐蚀性物品的柜、架，应进行防腐蚀处理。

(5)危险试验应分类分别存放，挥发性试剂存放时，应避免相互干扰。

(6)门窗应设遮阳板，并且朝外开。

在实际工作中，应根据化验室工作的需要考虑各种类型的专业化验室的设置，尽可能做到资源的合理应用。

三、化验室对建筑布局的要求

1. 化验室的尺寸要求

(1)平面尺寸要求 化验室的平面尺寸主要取决于化验工作的要求，并考虑安全和发展的需要。例如实验台、仪器设备的放置和运行空间。通常情况下，岛式实验台宽度为 1.2～1.8 m(带工程网时不小于 1.4 m)；靠墙的实验台宽度为 0.75～0.9 m(带工程网时不小于 1.4 m)；靠墙的储物架宽度为 0.3～0.5 m。实验台的长度一般是宽度的 1.5～2.1 倍，岛式实验台与外墙窗户的距离一般为 0.8 m。

(2)化验室的高度尺寸

①化验室的一般功能实验室 操作空间高度不应小于 2.5 m，考虑到建筑结构、通风设备、照明设施及工程管网等因素，新建的化验室，建筑楼层高度采用 3.6 m 或 3.9 m。

②专用电子计算机室 工作空间净高一般要求为 2.6～3 m，加上架空地板(高约 0.4 m，用于安装通风管道、电缆等用途)以及装修等因素，建筑高度高于一般化验室。

2. 走廊要求

(1)单面走廊 单面走廊净宽 1.5 m 左右。

(2)双面走廊 适用于长而宽的建筑物，中间为走廊，净宽 1.82 m，当走廊上空布置有通风管道或其他管道时，应加宽为 2.4～3.0 m，以保证各个化验室的通风要求。

(3)检修走廊 宽度一般为 1.5～2.0 m。

(4)安全走廊 安全要求较高的化验室需设置安全走廊，一般在建筑物外侧建安全走廊，以便于紧急疏散。宽度一般为 1.2 m。

3.建筑模数要求

(1)开间模数要求　化验室的开间模数主要取决于化验人员活动空间以及工程管网合理布置的必需尺度。对于目前常用的框架结构,开间尺寸比较灵活,常用的"柱距"有 4.0 m、4.5 m、6.0 m、6.5 m、7.2 m 等。一般旧式的混合结构为 3.0 m、3.3 m、3.6 m。

(2)进深模数要求　化验室的进深模数取决于实验台的长度和其布置形式,即采用岛式还是半岛式实验台,还取决于通风柜的布置形式。目前采用的进深模数有 6.0 m、6.7 m、7.2 m、8.4 m 等。

(3)层高模数要求　化验室层高指相邻两楼板之间的高度,净高是指楼板底面至楼板面的距离。一般层高为 3.6～4.2 m。化验室开间与建筑模数如图 3-1 所示。

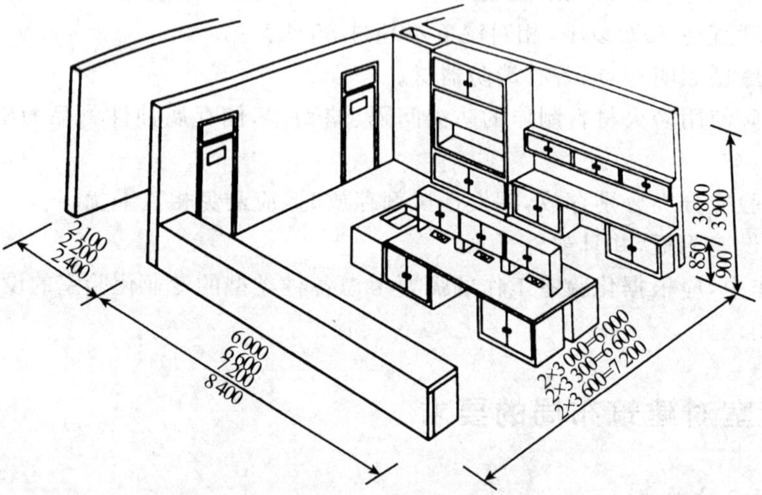

图 3-1　化验室开间与建筑模数(单位:mm)

4.化验室的朝向

化验室一般应取南北朝向,并避免在东西向(尤其是西向)的墙上开门窗,防止阳光直射化验室仪器、试剂,影响化验工作的进行。若条件不允许,或取南北朝向后仍有阳光直射室内,则应设计局部"遮阳"或采取其他补救措施。

在室内布局设计的时候,也要考虑朝向的影响。

5.建筑结构和楼面载荷

(1)化验室宜采用钢筋混凝土框架结构,可以方便地调整房间间隔及安装设备,并具有较高的载荷能力。

(2)一般办公大楼的楼板载荷为 200 kg/m^2,当实际载荷需要超过此数值时,应按实际载荷数进行设计。

(3)当需要载荷量较大时,应安置在底层。

(4)在非专门设计的楼房内,化验室宜安排在较低的楼层。

(5)化验室应使用"不脱落"的墙壁涂料,也可以镶嵌瓷片(或墙砖),以避免墙灰掉落。

(6)化验室的操作台及地面应做防腐处理。对于旧有楼房改建的化验室,必须注意楼板的承载能力，必要时应采取加强措施。

6.化验室建筑的防火

(1)化验室建筑的耐火等级　应取一、二级，吊顶、隔墙及装修材料应采用防火材料。

(2)疏散楼梯　位于两个楼梯之间的实验室的门至楼梯间的最大距离为 30 m，走廊末端的化验室的门至楼梯间的最大距离为 15 m。

(3)走廊净宽　走廊净宽要满足安全疏散要求，单面走廊净宽最小为 1.3 m，中间走廊净宽最小为 1.4 m。不允许在化验室走廊上堆放药品柜及其他实验设施。

(4)安全走廊　为确保人员安全疏散，专用的安全走廊净宽应达到 1.2 m。

(5)化验室的出入口　单开间化验室的门可以设置一个，双开间以上的化验室的门应设置两个出入口，如不能全部走向走廊，其中之一可以通向邻室，或在隔墙上留有安全出入的通道。

7.采光和照明

精密化验室的工作室，采光系数应取 0.2～0.25(或更大)，当采用电气照明时，其照度应达到 150～200 lx(勒克斯)。

一般工作室采光系数可取 0.1～0.12，电气照明的照度为 80～100 lx(勒克斯)。

存有感光性试剂的化验室，在采光和照明设计时可以加滤光装置以削弱紫外线的影响。

凡可能由于照明系统引发危险性，或有强腐蚀性气体的环境的照明系统，在设计时应采取相应的防护措施，如使用防爆灯具等。

四、化验室的防振

1.环境振源

(1)环境振源的分类

①自然振源　由于大自然中的各种变化引起的地表振动，如风、海浪和地壳内部变动等因素引起的振动。自然振动的振幅一般情况下对化验室的仪器设备基本不发生影响。

②人工振源　由人为因素引起的地表振动称为“人工振源”，振动常由地表传播，振幅也较大，对仪器的影响情况各不相同。

人们把自然振源与人工振源合称为“环境振源”，在实际工作中对化验影响最大的还是人工振源。

(2)实验室仪器和设备的“容许振动”　在保证仪器设备能够正常工作并达到规定的测量精度的情况下，加上安全系数的考虑后，在其支承结构表面上所容许的最大振动值，称为“容许振动”。

2.化验室设计时应考虑的问题

由于不同的环境振源对化验室仪器设备的影响各不相同，因此在进行化验室设计的时候，必须根据振源的性质采取不同的防振措施。

(1)在选择化验室的建设基地时，应注意尽量远离振源较大的交通干线，以便减少或避免振动对化验室的干扰。

(2)在总体布置中，应将所在区域内振源较大的车间(空气压缩站、锻工车间等)合理地布置在远离化验室的地方。

(3)在总体布置中，应尽可能利用自然地形，以减少振动的影响。

(4)在总体布置及进行化验室单体建筑的初步设计时，应先考察所在区域内的振源特点，经全面考虑，采取适当“隔振措施”减小振源的不良影响。

3. 化验楼和化验室的隔振

(1)化验楼的整体隔振措施

①当附近的振动较大时，做防振沟有一定的效果。其应用见图 3-2。

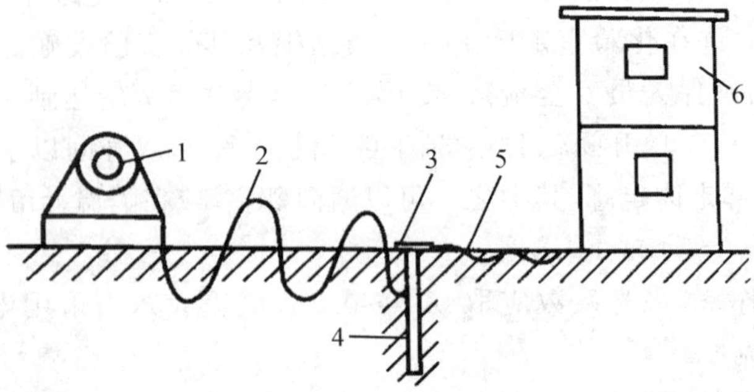

图 3-2　防振沟的应用

②在总体设计中遇到振动问题时，可采取下列做法：建筑物四周用玻璃棉作为隔振材料，使化验室与室外地表面隔绝，以阻止地面波的影响。这种做法比人工防振沟或防振河道简单、卫生，同时也较经济。

③化验楼内的动力设备房间与化验室相邻时，可设置伸缩或沉降缝，也可用抗振缝将动力设备房间与化验室隔开，这样对振动有一定的隔振效果。

(2)化验楼内的隔振措施 包括消极隔振措施和积极隔振措施。消极隔振就是为了减少支承结构的振动对精密仪器和设备的影响，而对精密设备采取的隔振措施。消极隔振设计是根据精密仪器的允许振动限值以及动力设备的干扰力，通过计算而选择的隔振措施。而对于无法确定的随机干扰，只能通过现场实测结果来选择隔振措施，以满足精密仪器的正常使用。

①消极隔振一般可采用下面两种措施。

a. 支承式隔振措施　这种形式构造较简单，自振频率最低可设计成 3～4 Hz(赫兹)，一般适用于外界干扰频率较高的场合，这是使用较多的一种措施。

b. 悬吊式隔振措施　这种形式构造较复杂，自振频率最低可达 1～2 Hz，适用于对水平振动要求较高、仪器设备本身没有干扰振动、外界干扰频率又较低的场合。

②积极隔振是为了减少设备产生的振动对支承结构和化验人员造成的影响，而对动力设备所采取的隔振措施。对化验楼内产生较大振动的设备采取积极的隔振措施，可从以下 3 个方面进行处理。

a. 一般采用放宽基础底面积或加深基础，或用人工地基的方法来加强地基刚度。

b. 设备基础里加上隔振装置。

c. 建造“隔振地坪”，在建筑物底层的精密仪器化验室及其他防振要求较高的房间里，构筑质量较大的整体地坪，其下垫粗沙及适当的隔振材料，周围再用泡沫塑料等具有减振和缓冲性的物质使地坪与墙体隔开，作用相当于“室内防振沟”。

五、化验室的平面系数

在设计过程中经常碰到总建筑面积、建筑面积、辅助面积及平面系数(K 值)等指标。总建筑面积是指几幢化验楼建筑面积之和;建筑面积为一幢化验楼各层外墙外围的水平面积之和(包括地下室、技术层、屋顶通风机房、电梯间等);使用面积是指实际有效的面积;辅助面积是指大厅、走廊、楼梯、电梯、卫生间、管道竖井、墙厚、柱子等面积之和。平面系数=使用面积/建筑面积,其中,使用面积=建筑面积-辅助面积。

第三节　化验室的基础设施建设

化验室的基础设施建设主要内容是基本化验室的基础设施建设、精密仪器室的基础设施建设和辅助室的基础设施建设三部分。

一、基本化验室的室内布置

基本化验室内的基础设施有:实验台与洗涤池;通风柜与管道检修井;带试剂架的工作台或辅助工作台;药品橱以及仪器设备等。

1. 实验台的布置方式

化验室一般采用岛式、半岛式实验台。

岛式实验台,实验人员可以在四周自由行动,在使用中是比较理想的一种布置形式。其缺点是占地面积比半岛式实验台大,另外实验台上配管的引入比较麻烦。

半岛式实验台有两种:一种为靠外墙设置;另外一种为靠内墙设置。半岛式实验台的配管可直接从管道检修井或从靠墙立管直接引入,这样不但避免了岛式的不利因素,又省去一些走道面积。靠外墙半岛式实验台的配管可通过水平管接到靠外墙立管或管道井内。靠内墙半岛式实验台的缺点是自然采光较差。为了在工作发生危险时易于疏散,实验台间的走道应全部通向走廊。

从以上分析可知,岛式实验台虽在使用上比半岛式实验台理想,但从总的方面看,半岛式在设计上比较有利。

2. 化学实验台的设计

化学实验台有两种:单面实验台(或称靠墙实验台)和双面实验台(包括岛式实验台和半岛式实验台)。在化验中双面实验台的应用比较广泛。

(1)化学实验台的尺度　一般有如下要求。

①长度　化验人员所需用的实验台长度,由于实验性质的不同,其差别很大,一般根据实际需要进行选择合适的尺寸。

②台面高度　一般选取 850 mm 高。

③宽度　实验台的每面净宽一般考虑 650 mm,最小不应少于 600 mm,台上如有复杂的

实验装置也可取 700 mm,台面上药品架部分可考虑宽 200～300 mm。一般双面实验台采用 1 500 mm,单面实验台为 650～850 mm。

(2)化学实验台　主要由台面和台下的支座或器皿构成。为了实验的操作方便,在台上往往设有药品架、管线盒或洗涤池等装置。

①管线通道、管线架与管线盒　实验台上的设施通常从地面以下或由管道井引入实验室中部的管线通道,然后再引出台面以供使用。管线通道的宽度通常为 300～400 mm,靠墙实验台为 200 mm。

②药品架　药品架的宽度不宜过宽,一般能并列两个中型试剂瓶(500 mL)为宜,通常的宽度为 200～300 mm,靠墙药品架宜取 200 mm。

③实验台下的器皿柜　实验台下空间通常设有器皿柜,既可放置实验用品,又可满足化验人员坐在实验台边进行记录的需要。

④实验台的排水设备　通常包括洗涤池、台面排水槽。

(3)台面　通常为木结构或钢筋混凝土结构。台面应比下面的器皿柜宽,台面四周可设有小凸缘,以防止台面冲洗时或台面上药液的外溢。常见的台面有以下几种:

①木台面　通常采用实心木台面,它具有外表感觉暖和、容易修复、玻璃器皿不易碰坏等优点;

②瓷砖台面　其底层以钢筋混凝土结构为好。木结构台面上虽可铺贴瓷砖,但如果木材发生变形,就难以保证瓷砖的拼缝处不开裂;

③不锈钢面层　耐热、耐冲击性能良好,沾污物容易去除,适用于放射化学实验、有菌的生物化学实验和油料化验等;

④塑料台面　它具有耐酸、耐碱以及刚度好等优点。

(4)实验台的结构形式　实验台的结构形式很多,归纳起来可以划分为两大类:一类是固定式实验台;另一类是组合式实验台。

①固定式实验台　岛式实验台,实验台的长度为 2.7 m,宽度为 1.2 m,高度为 0.85 m。实验台与洗涤池之间设计管道壁,外用白色瓷砖贴面,把所有管道,如热水、冷水、煤气、压缩空气管、污水管等都设置在里面,是实验台上没有管子的露出,便于实验台清洗剂铺设聚氯乙烯薄膜。

②组合式实验台　木制组合实验台由带台面的器皿柜、管线架和药品架 3 个构件组成。钢制组合式实验台由钢支架、器皿柜、台面和药品架 4 个构件组成,可以组合成岛式实验台、半岛式实验台和靠墙实验台 3 种形式,夹板组合式实验台由夹板支架、移动式器皿柜、药品架 3 个构件组成,可以组合成岛式实验台、半岛式实验台和靠墙实验台 3 种形式。

3.基本化验室的通风系统

在化验室过程中,经常会产生各种难闻的、有腐蚀性的、有毒的或易爆的气体。这些有害气体如不及时排出室外,就会造成室内空气污染,影响化验人员的健康与安全;影响仪器设备的精确和使用寿命。

化验室的通风方式有两种,即局部排风和全室通风。局部排风是有害物质产生后立即就近排出,这种方式能以较少的风量排走大量的有害物,效果比较理想,所以在化验室中广泛地被采用。对于有些实验不能使用局部排风,或者局部排风满足不了要求时,应该采用全室通风。

(1)通风柜 通风柜是化验室中最常用的一种局部排风设备,种类繁多,由于其结构不同,使用的条件不同,其排风效果也各不相同。

①通风柜的种类

a.顶抽式通风柜 这种通风柜的特点是结构简单、制造方便,因此是在过去用的通风柜中是最常见的一种。

b.狭缝式通风柜 狭缝式通风柜是在其顶部和后侧设有排风狭缝,后侧部分的狭缝,有的设置一条(在下部),有的设置两条(在中部和下部)。

c.供气式通风柜 这种通风柜是把占总排风量70%左右的空气送到操作口,或送到通风柜内,专供排风使用,其余30%左右的空气由室内空气补充。供给的空气可根据实验要求来决定是否需要处理(如净化、加热等)。由于供气式通风柜排走的室内空气很少,因此对于有空调系统的化验室或洁净化验室,采用这种通风柜是很理想的。

d.自然通风式通风柜 这种通风柜是利用热压原理进行排风的,其排气效果主要取决于通风柜内与室外空气的温差、排风管的高度和系统的阻力等。为此,这种通风柜一般都用于加热的场合。

e.活动式通风柜 其化验工作台、洗涤池、通风柜设备都可随时移动,不用时也可推入邻近的储藏室。

②化验室内通风柜的平面布置 通风柜在化验室内的位置,对通风效果、室内的气流方向都有很大的影响,下面介绍几种通风柜的布置方案。

a.靠墙布置 这是最为常用的一种布置方式。通风柜通常与管道井或走廊侧墙相接,这样可以减少排风管的长度,而且便于隐蔽管道,使室内整洁。

b.嵌墙布置 两个相邻的房间内,通风柜可分别嵌在隔墙内,排风管道也可布置在墙内,这种布置方式有利于室内整洁。

c.独立布置 在大型实验室内,可设置四面均可观看的通风柜。

此外,对于有空调的化学室或洁净室,通风柜宜布置在气流的下风向,这样既不干扰室内气流,又有利于室内被污染的空气被排走。

③排风系统的划分 通风柜的排风系统可分为集中式和分散式两种。集中式排风系统是把一层楼面或基层楼面的通风柜组成一个系统,或者整个化验楼分成一两个系统。它的特点是通风机少,设备投资省。

分散式排风系统是把一个通风柜或同一化验室的几个通风柜组成一个排风系统。它的优点是可根据通风柜的工作需要来开关通风机,互相不受干扰,容易达到预定的效果,而且比集中式节省能源。缺点是通风机的数量少、系统多。

排风系统的通风机一般都装在屋顶上或顶层的通风机房内,这样可不占用使用面积,而且使室内的排风管道处于负压状态,以免有害物质由于管道的腐蚀或损坏,或者由于管道不严密而渗入室内。此外,也有利于检修方便,易于消声或减振。

排风系统的有害物质排放高度,在一般情况下,如果附近50 m以内没有较高建筑物,则排放高度应超过建筑物最高处2 m以上。排风系统的管道安装如图3-3所示。

(2)排气罩 在化验室内,由于实验室设备装置较大,或者化验操作上的要求无法在通风柜中进行,但又要排走实验过程中散发的有害物质时,可采用排气罩。化验室常用的排气罩,大致有围挡式排气罩、侧吸罩和伞形罩3种形式。

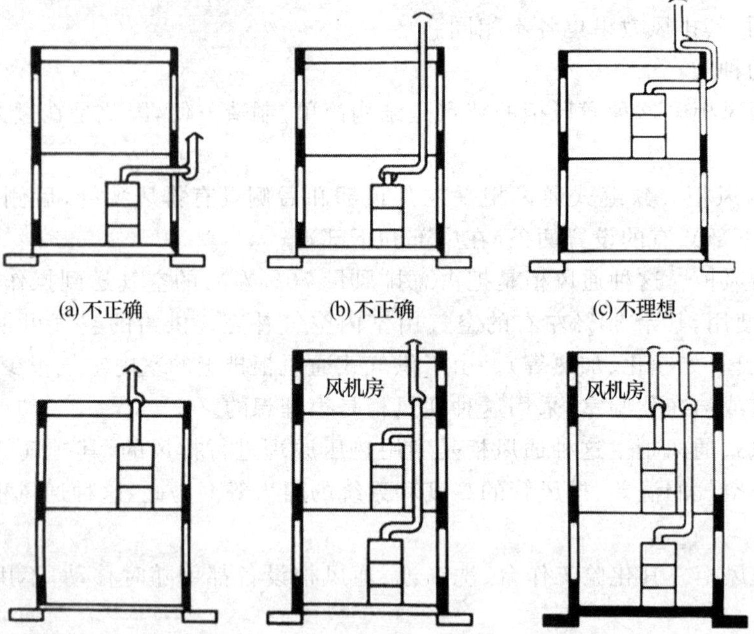

图 3-3　通风柜排气管道的布置

排气罩的布置应注意以下几点：

①尽量靠近产生有害物的发源地。用同样的排风量，距离近的比距离远的排除有害物的效果好。

②对于有害物不同的散发情况应采用不同的排气罩。如对于色谱仪，一般采用围挡的排气罩；对于化验台面排风或槽口排风，可采用侧吸罩；对于加热槽，宜采用伞形罩。

③排气罩要便于实验操作和设备的维护检修。否则，尽管排气罩设计效果很好，但由于影响化验操作，或者维护检修麻烦，还是不会受到使用者的欢迎，甚至被拆除不用。

(3)全室通风　化验室及有关辅助化验室（如药品库、暗室及储藏室等），由于经常散发有害物，需要及时排除。当化验室内设有通风柜时，因为通风柜的排风量大，往往超过室内换气要求，可不再设置通风设备。当室内不设通风柜而且又须排除有害物时，应进行全室通风。全室通风的方式有自然通风和机械通风。

①自然通风　主要是利用室内外的温度差，把室内有害气体排至室外。当依靠门窗让空气任意流动时，称为无组织自然通风；当依靠一定的进风口和出风竖井，让空气按所要求的方向流动时，称为有组织的自然通风。

②机械通风　当使用自然通风满足不了室内换气要求时，应采用机械通风。尤其是危险品库、药品库等，尽管有了自然通风，为了防止事故进行通风，也必须采用机械通风。

二、精密仪器室的基础设施建设

精密仪器室主要设置有各种现代化的精密仪器。这类化验室由于仪器设备的性能和型号不同，故进行设计时应满足仪器设备说明书提出的要求。

精密仪器室通常可与基本化验室一样沿外墙布置，并可将它们集中在某一区域内，这样有利于各化验室之间的联系，并可统一考虑如空调、防护等方面的布置。

化验室设计时，都应考虑仪器设备对温度、湿度、防尘、防振和噪声等的要求。

1. 天平室

(1)天平室的设计　天平是化验室必备的常用仪器。高精度天平对环境有一定要求：防振、防尘、防风、防阳光直射、防腐蚀性气体侵蚀以及较恒定的气温，因而通常将天平设置在专用的天平室里，以满足这些要求。

天平室应靠近基本化验室，以方便使用，如基本化验室为多层建筑，应每层都设有天平室。天平室以北向为宜，还应远离振源，并不应与高温室和有较强电磁干扰的化验室相邻，高精度微量天平应安装在底层。

天平室应采用双层窗，以利于隔热防尘，高精度微量天平室应考虑有空调，但风速应小。天平室一般不设置洗涤池或有任何管道穿过室内，以免管道渗漏、结露或在管道检修时影响天平的使用和维护。天平室内尽量不要放置不必要的设备，以减少积灰。天平室应有一般照明和天平台上的局部照明。局部照明可设在墙上或防尘罩内。

(2)天平台的设计　化验室里常用的天平大都为台式。一般精度天平可以设在稳固的木台上；半微量天平可设在稳定的不固定的防振工作台上，亦可设在固定的防振工作台上；高精度天平的天平台对防振的要求较高。

在设计天平室时虽然已经考虑了尽量使其远离振源，并对可能产生的振源采取了积极的隔振措施，但是环境的振动影响或多或少是存在的，如人的走动、门的开关等，故天平台必须有一定的防振措施。

单面天平台的宽度一般采用 600 mm，高度一般采用 850 mm，天平台长度可按每台天平占 800～1 200 mm 考虑。天平台可由台面、台座、台基等多个部分组成，有时在台面上还附加抗振座。

一般精密天平可采用 50～60 mm 厚的混凝土台板，台面与台座(支座)间设置隔振材料，如隔振材料采用 50 mm 厚的硬橡皮。高精度天平的部分台面可以考虑与台面的其余部分脱离，以消除台面上可能产生的振动对天平的影响，这样，天平的台座相对独立，台座与台面间设置减震器或隔振材料。减震器的选用应根据天平与台面的质量通过计算确定。

天平台建成后，经试用或测试尚不能完全符合化验要求时，可在台上附加减震座，也可采用特别的弹簧减振盒。

2. 高温室

高温炉与恒温箱是化验室的必备设备，一般设在工作台上，特大型的恒温箱则需落地设置。高温炉与恒温箱的工作台分开较好，因恒温箱大都较高大，工作台应较低，可取 700 mm 高，而高温炉可采用通常的 850 mm 高的工作台。另外，恒温箱的型号较多，工作台的宽度应根据设备尺寸确定，通常取 800～1 000 mm 宽；而高温炉的尺度一般较小，可取 600～700 mm 宽。

3. 低温室

低温室墙面、顶部、地面都采取隔热措施，室内可设置冷冻设备。房间温度如保持在 4℃，则人可在里面进行短时间的工作，如温度很低(－20℃)时，则这种房间仅适宜于储藏。

4. 防火室

防火室有两个主要用途。

凡连续长时间(超过 12 h)使用燃烧炉或恒温箱的实验工作都应在防火室内进行,以防自动控制仪出毛病,导致恒温箱爆炸、火灾等情况的发生。

凡大量使用易燃液体或溶剂,如乙醚等的实验,以及连续长时间的蒸馏工作,也应在防火室内进行。

防火室除了首先应满足实验的工艺要求外,与其他化验室房间的不同之处在于房间的结构考虑了防火。如采用实体楼板与顶棚;房间应靠外墙,所有隔墙应通道到顶部结构层,并由砖或混凝土预制块砌筑,设置能自闭的防火门;房间要有第二安全出口;根据实验内容,应考虑烟、热检测装置及自动灭火装置;通风柜及其排风道应由耐火材料制成,而且风机在火警发生时能自动断路。房间里如有冷冻设备,应采用不产生火花的类型。高压电泳作业使用大量易燃液体时,应遵守防火规定中有关使用易燃液体的规定。

5. 离心机室

大型离心机会产生热量,同时也产生一定程度的噪声,它们不宜直接安装在一般的化验室里,常采取将化验室里较大的离心机集中在单独的房间里。墙上根据离心机的数量按一定间距设置电源插座。室内应有机械通风,以排除离心机产生的热量。墙与门要有隔声措施。门的净宽应考虑到离心机的尺度。室内可按需要设有工作台及洗涤池等设备。

6. 滴定室

滴定室是专门进行滴定操作的化验室,室内设有专用的滴定台,台长可按每种滴定液 0.5 m 计算。例如,工厂的中心化验室的滴定液大都在 10 种以上,那么滴定室内就会有 5 m 以上的滴定台。

三、辅助室的建筑设计

辅助室直接为基本化验室与精密仪器化验室服务。它主要包括以下各室。

1. 中心(器皿)洗涤室

这是作为化验室里集中洗涤化验用品的房间。房间的尺度应根据日常工作量决定,但一般不应小于一个单间(如 24 m^2)。洗涤室的位置应靠近基本化验室,室内通常设有洗涤台,其水池上有冷热水龙头,以及干燥炉、干燥箱和干燥架等。如采用自动化洗涤机,则应考虑在其周围留有足够空间,以便检修和装卸器皿。工作台面需要耐热、耐酸。房间应有良好的排风设备。

2. 中心准备室与溶液配制室

中心准备室一般设有实验台,台上有管线设施、洗涤池和储藏空间。溶液配制室用来配制标准溶液和各种不同浓度的溶液。

溶液配制室一般可由两个房间组成。其中一间放置天平台,天平可按两人一台考虑。另一间作存放试剂和配制试剂之用,室内应有通风柜、滴定台、辅助工作台、写字台、物品柜等。

3. 普通储藏室

普通储藏室是指供某一层或化验室专用的一般储藏室,不作为供有特殊毒性或易燃性化学品或大型仪器设备储藏的房间。室内可按实际需要设置300～600 mm宽的柜子，要求有良好的通风，避免阳光直射，应干燥、清洁。

4.试样制备室

待分析测试的坚实食品试样如坚果、中药等必须先进行粉碎、切片、研磨等处理，如有必要应采取防振与隔声措施。

5.放射性物品储藏室

有些化验楼中设置有放射性化验室，故同位素等放射性物质大都在衬铅的容器里存放，并放置在专门的储藏室里，同时放射性废物也必须保存在单独的储藏室里进行处理。

6.危险药品储藏室

带有危险性的物品，通常储存于主体建筑物以外的独立小建筑物内。这种储藏室的入口应方便运输车辆的出入，门口最好与车辆尾部同高，这样室内地面也就与车辆尾部同高。此外，要另设坡道通到一般道路平面，以便化验室人员平时用手推车来取货。

储藏室应结构坚固，有防火门，保证常年保持良好通风，屋面能防爆，有足够的泄压面积，所有柜子均应由防火材料制作，设计时应参照有关消防安全规定。

7.蒸馏水配置室

化验室中溶液的配制、器皿的洗涤都要用蒸馏水，蒸馏水可在专门的设备中制取。蒸馏水室的面积一般为一间24 m^2，可设在顶层，由管道送往各化验室，也可按层设立小蒸馏水室，也可采用小型蒸馏水设备直接设在化验室里面。

四、化验室的工程管网布置与公用设施

1.化验室的工程管网布置

(1)在满足化验要求的前提下，应尽量使各种管道的线路最短，弯头最少，以利于节约材料和减少阻力损失。

(2)各种管道应按一定的间距和次序排列，以符合安全要求。

(3)管道应便于施工、安装、检修、改装。

2.工程网的布置方式

各种管网都由总管、干管和支管三部分组成。总管是指从室外管网到化验室内的一段管道；干管是指从总管分送到各单元的侧面管道；支管是指从干管连接到化验台和化验设备的一段管道。各种管道一般总是以水平和垂直两种方式布置。

(1)干管与总管的布置

①干管垂直布置　指总管水平铺设，由总管分出的干管都是垂直布置。水平总管可铺设在建筑物的底层，也可铺设在建筑物的顶层。对于高层建筑物，水平总管不仅铺设在底层或顶层，有的还铺设在中间的技术层。

②干管水平布置　指总管垂直铺设，在各层由总管分出水平干管。通常把垂直总管设置在建筑物的一端，水平干管由一端通到另一端。

(2)支管的布置

①沿墙布置　无论干管是垂直布置还是水平布置，如果化验台的一面靠墙，那么，从干管引出的支管可沿墙铺设到化验台。

②沿楼板布置　如果化验台采用岛式布置，由于管到化验台的支管一般都沿楼板下面铺设，有的支管穿过楼板，向上连到化验台，化验室管道系统布置如图 3-4 所示。

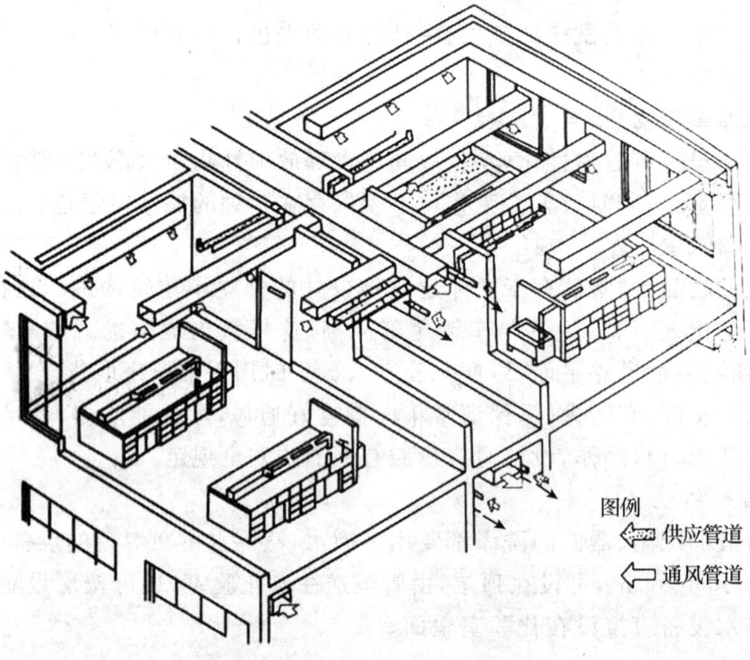

图 3-4　化验室管道系统布置

3. 采暖

有的地区由于冬季气温较低，化验室必须加装暖气系统以维持适当的室温。但无论是电热还是蒸汽，均应注意合理布置，避免局部过热。

天平室、精密仪器室和计算机房不宜直接加温，可以通过由其他房间的暖气自然扩散的方法采暖。

4. 空调

对精度要求较高的化验室，尤其是精密计量、化验仪器或其他精密化验器械及电子计算机，它们对化验室的温度、湿度有较高的要求，这时需要考虑安装"空调"装置，进行空气调节。空调布置一般有 3 种方式。

(1)单独空调　在个别有特殊需要的化验室安装窗式空调机，空气调节效果好，可以随意调节，能耗较少，但噪声较大。

(2)部分空调　部分需要空调的化验室，在进行设计的时候把它们集中布置，然后安装适当功率的大型空调机，进行局部的"集中空调"，实现既可部分空调又可降低噪声的目的。

(3)中央空调　当全部化验室都需要空调的时候，可以建立全部集中空调系统，即"中央空调"。集中空调可以使各个化验室处于同一温度，有利于提高检验及测量精度，而且集中空调的运行噪声极低，可以保持化验室环境安静。缺点是能量消耗较大，且不一定能满足个别要求高的特殊化验室的需要。

5.化验室供电系统

化验室的多数仪器设备在一般情况下是间歇工作的，也就是说是多属于间歇用电设备，但实验一旦开始便不宜频繁断电，否则可能使化验中断，影响化验的精确度，甚至导致试样损失、仪器装置破坏以致无法完成实验。因此，化验室的供电线路宜直接由总配电室引出，并避免与大功率用电设备共线，以减少线路电压波动。

化验室供电系统设计的时候，要注意下列8个方面。

(1)化验室的供电线路应给出较大宽余量 输电线路应采用较小的载流量，并预留一定的备用容量(通常可按预计用电量增加30%左右)。

(2)各个化验室均应配备三相和单相供电线路，以满足不同用电器的需要。

(3)每个化验室均应设置电源开关，以方便控制各化验室的供电线路(对于某些必须长期运用的用电设备，如冰箱、冷柜、老化试验箱等，则应专线供电而不应受各室总开关控制)。

(4)化验室供电线缆应有良好的安全保障系统 化验室供电线路应配备安全接地系统，总线路及各化验室的总开关上均应安装漏电保护开关，所有线路均应符合供电安装规范，确保用电安全。

(5)要有稳定的供电电压 在线路电压不够稳定的时候，可以通过交流稳压器向精密仪器化验室输送电能，对特别要求的用电器，可以在用电器前再加二级稳压装置，以确保仪器稳定工作。

(6)避免外电线路电场干扰 必要时可以加装滤波设备排除。

(7)配备足够的供电电源插座 为保证实验仪器设备的用电需要，应在化验室的四周墙壁、化验台旁的适当位置配备必要的三相和单相电源插座。

(8)化验室内供电线路应采用护套(管)暗铺。

在使用易燃易爆物品较多的化验室，还要注意供电线路和用电器运行中可能引发的危险，并根据实际需要配制必要的附加安全设施(如防爆开关、防爆灯具及其他防爆安全电器等)。

6.化验室的给水和排水系统

(1)化验室的给水 在保证水质、水量和供水压力的前提下，从室外的供水管网引入进水，并输送到各个用水设备、配水龙头和消防设施，以满足化验、日常生活和消防用水的需要。

①直接供水 在外界管网供水压力及水量能够满足使用要求的时候，一般是采用直接供水方式，这是最简单、最节约的供水方法。

②高位水箱供水 属于“间接供水”，当外部供水管网系统压力不能满足要求或者供水压力不稳定的时候，各种用水设施将不能正常工作，此时就要考虑采用“高位储水槽(罐)”即常见的水塔或楼顶水箱等进行储水，再利用输水管道送往用水设施。

③混合供水 通常的做法是对高楼层采用高位水箱间接供水，而对低楼层采用直接供水，这样可以降低供水成本。

④加压泵供水 由于“高位水箱”供水普遍存在“二次污染”问题，对于高层楼房使用“加压供水”已经逐渐普及。此法也可用于化验室，但在单独设置时运行费用较高。

(2)化验室的排水 由于实验的不同要求，化验室需要在不同的实验位置安装排水设施。

①排水管道应尽可能少拐弯，并具有一定的倾斜度，以利于废水排放。

②当排放的废水中含有较多的杂物时，管道的拐弯处应预留"清理孔"，以备必要之需。

③排水干管应尽量靠近排水量最大、杂质较多的排水点设置。

④注意排水管道的腐蚀，最好采用耐腐蚀的塑料管道。

⑤为避免化验室废水污染环境，应在化验室排水总管设置废水处理装置，对可能影响环境的废水进行必要的处理。

拓展学习

建立感官分析实验室的一般导则

一、范围

建立感官分析实验室的一般条件，实验室区域(检验区、准备区和办公室等)的布局，以及不同区域的建设要求和应达到的效果。

不专门针对某种产品检验类型。

感官分析实验室既适用于食品的感官评价，也适用于非食品的感官评价，然而针对特定的用途，实验室需要进行调整。对于特定的检验产品或检验类型，尤其是非食品的感官评价，实验室设计需要进行修改。虽然许多基本原理是类似的，但本标准未涉及产品检验中的专项检查或企业内部品质控制等对检验设施的要求。

二、原则

实验室的设计应：保证感官评价在已知和最小干扰的可控条件下进行；减少生理因素和心理因素对评价判断的影响。

三、实验室的建立

感官分析实验室的建立应根据是否为新建实验室或是利用已有设施改造而有所不同。典型的实验室设施一般包括：

供个人或小组进行感官评价工作的检验区；

样品准备区；

办公室；

更衣室和盥洗室；

供给品贮藏室；

评价员休息室；

实验室至少应具备：

供个人或小组进行感官评价工作的检验区；

样品准备区。

感官分析实验室建立在评价员易于到达的地方，且除非采取了减少噪声和干扰的措施，应避免建在交通量大的地段(如餐厅附近)。应考虑采取合理措施以使残疾人易于到达。

评价员在进入评价间之前，实验室最后能有一个集合或等待的区域。此区域应易于清洁以保证良好的卫生状况。

感官分析实验室的设计图如图 3-5 至 3-15 所示。

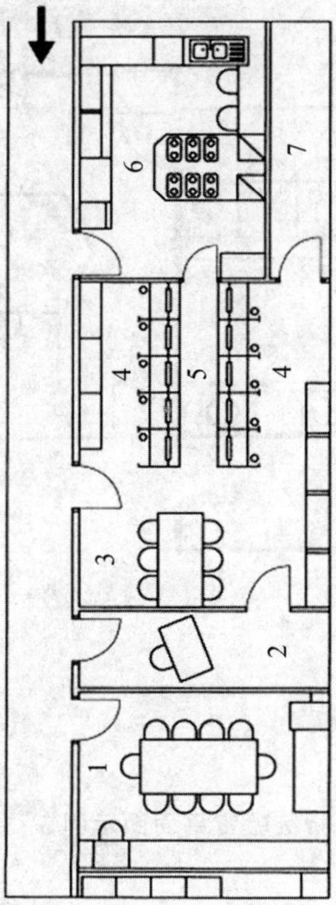

1—会议室；
2—办公室；
3—集体工作区；
4—评价小间；
5—样品分发区；
6—样品制备区；
7—储藏室。

图 3-5 感官分析实验室平面图示例 1

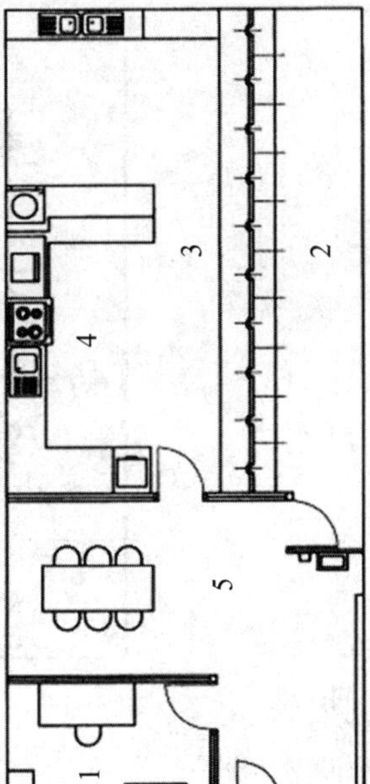

1—办公室；
2—评价小间；
3—样品分发区；
4—样品准备区；
5—会议室和集体工作区。

图 3-6 感官分析实验室平面图示例 2

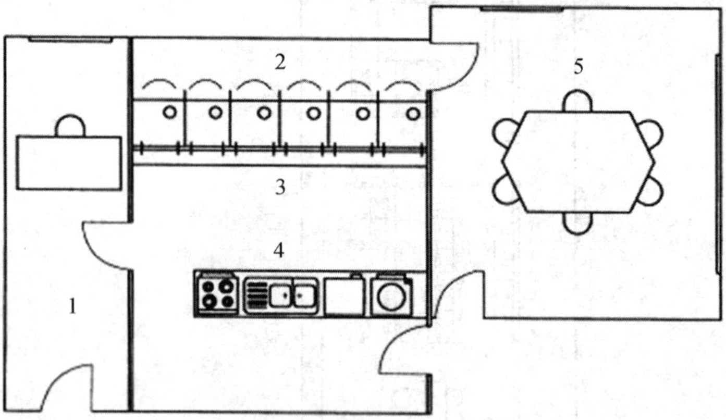

1—办公室；
2—评价小间；
3—样品分发区；
4—样品准备区；
5—会议室和集体工作区。

图 3-7　感官分析实验室平面图示例 3

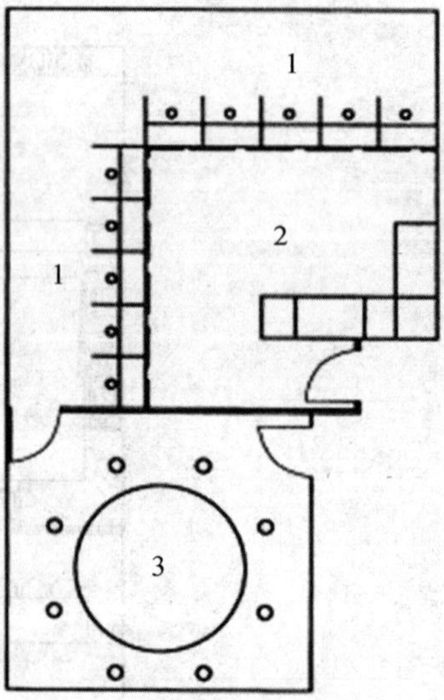

1—评价小间；
2—样品准备区；
3—会议室和集体工作区。

图 3-8　感官分析实验室平面图示例 4

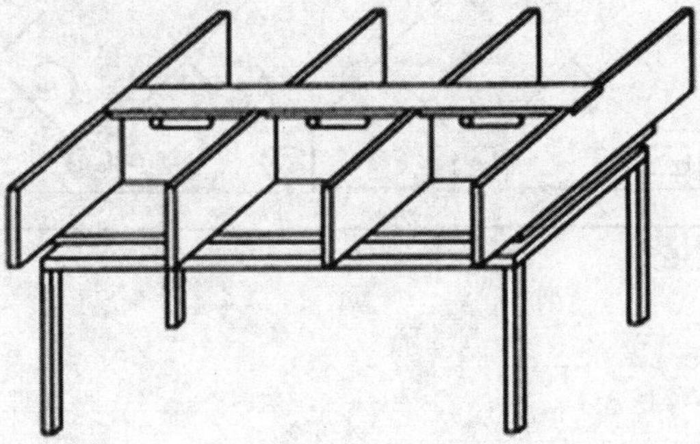

图 3-9　带有可拆卸隔板的桌子

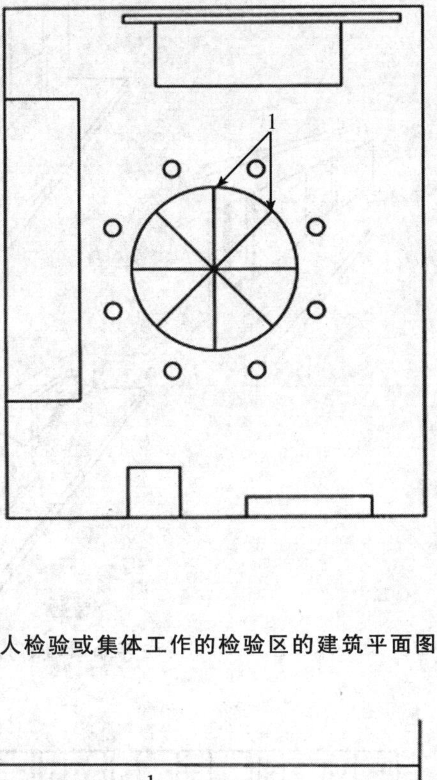

1—可拆卸的隔板。

图 3-10　用于个人检验或集体工作的检验区的建筑平面图

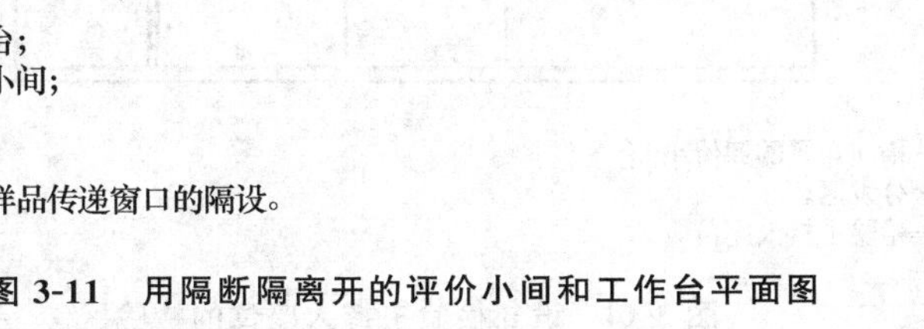

1—工作台；
2—评价小间；
3—隔板；
4—小窗；
5—开有样品传递窗口的隔设。

图 3-11　用隔断隔离开的评价小间和工作台平面图

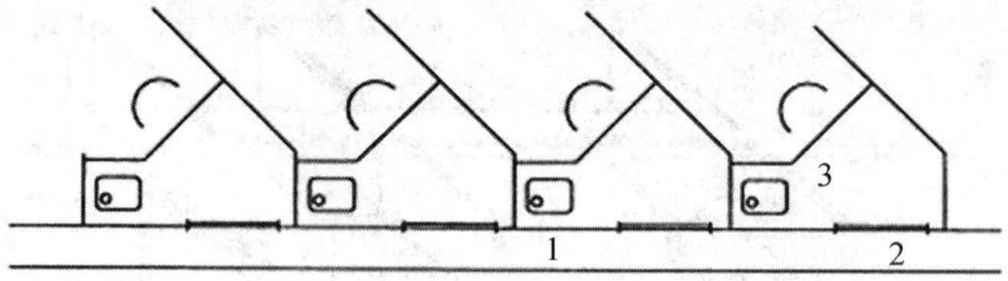

1—工作台；
2—窗口；
3—水池。

图 3-12 “人”字形评价小间

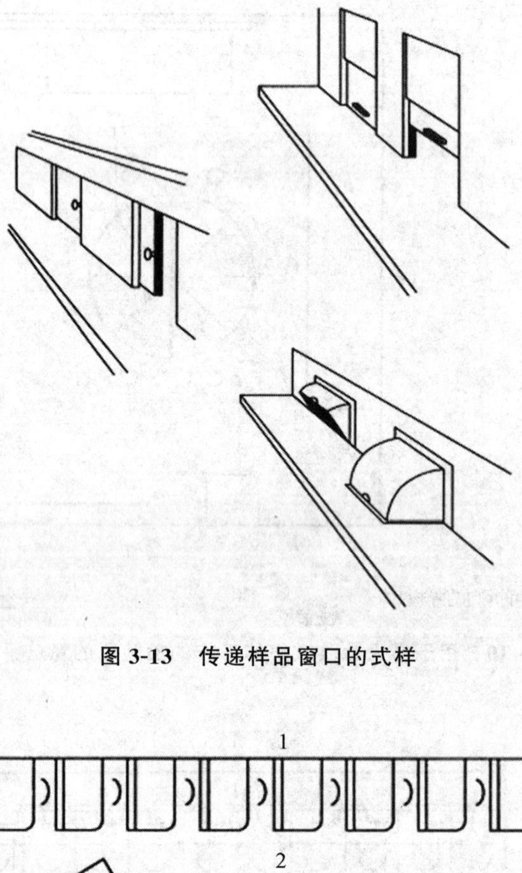

图 3-13 传递样品窗口的式样

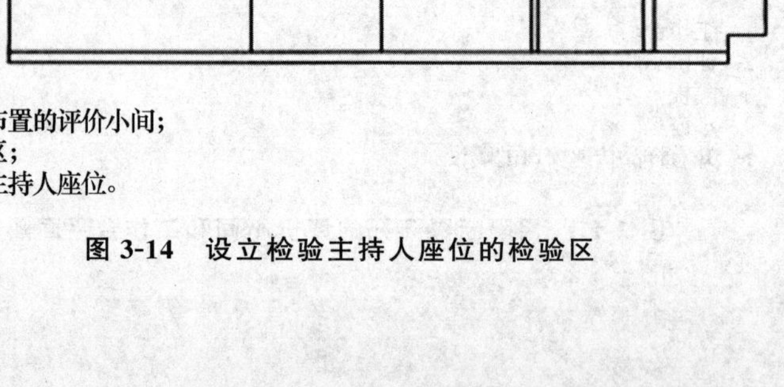

1—横向布置的评价小间；
2—分发区；
3—检验主持人座位。

图 3-14 设立检验主持人座位的检验区

注：评价小间包括的设施如下：
——可滑动的键盘托架1个；
——位于显示器支架下的开口1个；
——带小脚轮的机箱底座1个；
——镜子1面；
——带开关的日光灯2支；
——毛巾杆1根；
——白色水池1个；
——红外感应水龙头1个。

图 3-15 评价小间实例

四、检验区

1. 一般要求

(1)位置 检验区应紧邻样品准备区，以便于提供样品。但两个区域应隔开，以减少气味和噪声等干扰。为避免对检验结果带来偏差，不允许评价员进入或离开检验区时穿过准备区。

(2)温度和相对湿度 检验区的温度可控。如果相对湿度影响样品的评价时，检验区的相对湿度也应可控。除非样品评价有特殊条件的要求，检验区的温度和相对湿度都应尽量让评价员感到舒适。

(3)噪声 检验期间应控制噪声。宜使用降噪地板，最大限度地降低因步行或移动物体等产生的噪声。

(4)气味 检验区应尽量保持无气味。一种方式是安装带有活性炭过滤器的换气系统，需要时，也可利用形成正压的方式减少外界气味的侵入。

检验区的建筑材料应易于清洁，不吸附和不散发气味。检验区内的设施和装置(如地毯、椅子等)也不应散发气味干扰评价。根据实验室用途,应尽量减少使用织物,因其易吸附气味且难以清洗。

使用的清洁剂在检验区内不应留下气味。

(5)装饰　检验区墙壁和内部设施的颜色应为中性色,以免影响对被检样品颜色的评价。宜使用乳白色或中性浅灰色(地板和椅子可适当使用暗色)。

(6)照明　感官评价中照明的来源、类型和强度非常重要。应注意所有房间的普通照明及评价小间的特殊照明。检验区应具备均匀、无影、可调控的照明设施。

尽管不要求,但光源应是可选择的,以产生特定照明条件。

例如,色温为 6 500 K 的灯能提供良好的、中性的照明,类似于“北方的日光”;色温为 5 000～5 500 K 的灯具有较高的显色指数,能模仿“中午的日光”。

进行产品或材料的颜色评价时,特殊照明尤其重要。为掩蔽样品不必要的、非检验变量的颜色或视觉差异,可能需要特殊照明设施。可使用的照明设施包括:调光器;彩色光源;滤光器;黑光灯;单色光源,如钠光灯。

在消费者检验中,通常选用日常使用产品时类似的照明。检验中所需照明的类型应根据具体检验的类型而定。

(7)安全措施　应考虑建立与实验室类型相适应的特殊安全措施。若检验有气味的样品,应配置特殊的通风橱;若使用化学药品,应建立化学药品清洗点;若使用烹调设备,应配备专门的防火设施。

无论何种类型的实验室,应适当设置安全出口标志。

2. 评价小间

(1)一般要求　许多感官检验要求评价员独立进行评价。当需要评价员独立评价时,通常使用独立评价小间以在评价过程中减少干扰和避免相互交流。

(2)数量　根据检验区时间空间大小和通常的检验类型确定评价小间的数量,并保证检验区内有足够的活动空间和提供样品的空间。

(3)设置　推荐使用固定的评价小间,也可使用临时的、移动的评价小间。若评价小间时沿着检验区和准备区的隔墙设立的,则宜在评价小间的墙上开一窗口以传递样品。

窗口应装有静音的滑动门或上下翻转门等。窗口的设计应便于样品的传递并保证评价员看不到样品准备和样品编号的过程。为方便使用,应在准备区沿着评价小间外壁安装工作台。

需要时应在合适的位置安装电器插座,以供特定检验条件下需要的电器设备方便使用。

若评价员使用计算机输入数据,要合理配置计算机组件,使评价员集中精力于感官评价工作。例如,屏幕高度应适合观看,屏幕设置应使用眩光最小,一般不设置屏幕保护。在令人感觉舒适的位置,安置键盘和其他输入设备,且不影响评价操作。

评价小间内宜设有信号系统,以使评价员准备就绪时通知检验主持人,特别是准备区与检验墙分开时尤为重要。可通过开关打开准备区一侧的指示灯或者在送样窗口下移动卡片。样品按照特定的时间间隔提供给评价小组时例外。

评价小间可标有数字或符号,以便评价员对号入座。

(4)布局和大小　评价小间内的工作台应足够大以容纳以下物品:样品;器皿;漱口杯;水池(若必要);清洗剂;问答表、笔或计算机输入设备。

同时工作台也应有足够的空间,能使评价员填写问答表或操作计算机输入结果。

工作台长最少为 0.9 m,宽 0.6 m。若评价小间内需增加其他设备时,工作台尺寸应相应加大。工作台要高度合适,以使评价员可舒适地进行样品评价。

评价小间侧面隔板高度至少应超过工作台表面 0.3 m,以部分隔开评价员,使其中心评价。隔板也可从地面一直延伸至天花板,从而使评价员完全隔开,但同时要保证空气流通和清洁。也可采用固定于墙上的隔板围住就座的评价员。

评价小间内应设一舒适的座位,高度与工作台表面相协调,供评价员就座。若座位不能调整或移动,座位与工作台间的距离至少为 0.35 m。可移动的座位应尽可能安静地移动。

评价小间内可配备水池,但要在卫生和气味得以控制的条件下才能使用。若评价过程中需要用水,水的质量和温度应是可控的。抽水型水池可处理废水,但也会产生噪声。

如果相关法律法规有要求,应至少设计一个高度和宽度适合坐轮椅的残疾评价员使用的专用评价小间。

(5)颜色　评价的小间的内部应涂成无光泽的、亮度因数为 15%左右的中性灰色(如孟塞尔色卡 N4 至 N5)。当被检样品为浅色和近似白色时,评价小间内部的亮度因数可为 30%或更高(如孟塞尔色卡 N6),以降低待测样品颜色与评价小间之间的亮度对比。

(6)照明　感官评价中照明的来源、类型和强度非常重要。应注意所有房间的普通照明及评价小间的特殊照明。检验区应具备均匀、无影、可调控的照明设施。

尽管不要求,但光源应是可选择的,以产生特定照明条件。

例如,色温为 6 500 K 的灯能提供良好的、中性的照明,类似于“北方的日光”;色温为 5 000～5 500 K 的灯具有较高的显色指数,能模仿“中午的日光”。

进行产品或材料的颜色评价时,特殊照明尤其重要。为掩蔽样品不必要的、非检验变量的颜色或视觉差异,可能需要特殊照明设施。可使用的照明设施包括:调光器;彩色光源;滤光器;黑光灯;单色光源,如钠光灯。

在消费者检验中,通常选用日常使用产品时类似的照明。检验中所需照明的类型应根据具体检验的类型而定。

3.集体工作区

(1)一般要求　感官分析实验室常设有一个集体工作区,用于评价员之间以及检验主持人之间的讨论,也用于评价初始阶段的培训以及任何需要讨论时使用。

集体工作区应足够宽大,能摆放一张桌子及配置舒适的椅子,供参加检验的所有评价员同时使用,参见附图示例。桌子应较宽大,以能放置以下物品:供每位评价员使用的盛放答题卡和样品的托盘或其他用具;其他的物品,如用到的参比样品、钢笔、铅笔和水杯等;计算机工作站(必要时)。

桌子中心可配置活动的部分,以有助于传递样品。也可配置可拆卸的隔板,以使评价员相互隔开,进行独立评价。最好配备图表或较大的写字板,以记录讨论的要点。

(2)照明　感官评价中照明的来源、类型和强度非常重要。应注意所有房间的普通照明及评价小间的特殊照明。检验区应具备均匀、无影、可调控的照明设施。

尽管不要求,但光源应是可选择的,以产生特定照明条件。

例如,色温为 6 500 K 的灯能提供良好的、中性的照明,类似于“北方的日光”;色温为 5 000～5 500 K 的灯具有较高的显色指数,能模仿“中午的日光”。

进行产品或材料的颜色评价时,特殊照明尤其重要。为掩蔽样品不必要的、非检验变量的颜色或视觉差异，可能需要特殊照明设施。可使用的照明设施包括：调光器；彩色光源；滤光器；黑光灯；单色光源，如钠光灯。

在消费者检验中，通常选用日常使用产品时类似的照明。检验中所需照明的类型应根据具体检验的类型而定。

五、准备区

1. 一般要求

准备样品的区域（或厨房）要紧邻检验区，避免评价员进入检验区时穿过样品准备区而对检验结果造成偏差。

各功能区内及各功能区之间布局合理，使样品准备的工作流程便捷高效。

准备区内应保证空气流通，以利于排除样品准备时的气味及来自外部的异味。

地板、墙壁、天花板和其他设施所用材料应易于维护、无味、无吸附性。

准备区建立时，水、电、气装置的放置空间要有一定余地，以备将来位置的调整。

2. 设施

准备区需配备的设施取决于要准备的产品类型。通常主要有：工作台；洗涤用水池和其他供应洗涤用水的设施；必要设备，包括用于样品的贮存、样品的准备和准备过程中可控的电器设备，以及用于提供样品的用具（如容器、器皿、器具等）。设备应合理摆放，需校准的设备应于检验前校准；清洗设施；收集废物的容器；贮藏设施；其他必需的设施。

用于准备和贮存样品的容器以及使用的烹饪器具和餐具，应采用不会给样品带来任何气味或滋味的材料制成，以避免沾染样品。

六、办公室

1. 一般要求

办公室是感官评价中从事文案工作的场所，应靠近检验区并与之隔开。

2. 大小

办公室应有适当的空间，以能进行检验方案的设计、问答表的设计、问答表的处理、数据的统计分析、检验报告的撰写等工作，需要时也能用于与客户讨论检验方案和检验结论。

3. 设施

根据办公内需进行的具体工作，可配置以下设施：办公桌或工作台、档案柜、书架、椅子、电话、用于数据统计分析的计算器和计算机等。也可配置复印机和文件柜，但不一定放置在办公室中。

七、辅助区

若有条件，可在检验区附近建立更衣室和盥洗室等，但应建立在不影响感官评价的地方。设置用于存放清洁和卫生用具的区域非常重要。

八、附件信息

新建或改建实验区之前，应对区域依次编码，并在有所改变时进行标注。

练习题

问答题

1. 建造化验室的一般过程是什么？

2. 化验室建筑设计有几个过程？具体要求是什么？

3. 化验室防振的主要途径是什么？常用哪些方法？

4. 化验室通风有几种方式？设计时要注意什么问题？

5. 化验室仪器设备对电源有什么要求？为什么？

第四章

化验室质量与标准化管理

学习目标

1. 了解质量管理的发展过程和质量管理体系的内容。

2. 了解化验室在生产中的质量职能，掌握质量检验在质量管理中的作用。

3. 了解化工标准化的特点及体系，理解标准分类的内容，掌握标准的概念、标准代号与编号的意义和标准化的基本原理。

4. 了解“认证和认可”制度的发展过程、含义及质量管理体系认证工作程序，理解“认证和认可”的意义。

5. 掌握实验室认可的基本条件和基本程序。

6. 根据化验室质量检验在质量管理中的作用要求，结合下厂实习的实践，能够设计产品质量的信息反馈系统方案。

7. 根据实验室认可的基本条件和基本程序，结合对已取得 CNACL 机构认可的实验室的参观或实习情况，能够制订本校化验室认可的实施计划。

第一节　质量管理的发展阶段

随着现代科学技术的飞速发展，生产和贸易都已跨越了国界，形成了经济全球化的格局。世界各国之间在加强技术和信息交流的同时，也对产品质量不断提出更新更高的要求。人们为了能持续稳定地获得高质量的产品，不仅更注重产品的自身质量，而且越来越关注产品生产组织的质量管理。

质量管理在现代社会中的地位和作用，随着现代社会生产力和国际贸易的发展而日益重要，世界各国对质量管理理论的探索也日益深化。在管理学领域中，“质量管理”已成为一枝独秀、方兴未艾的一门软科学。

一、质量管理的3个发展阶段

1.质量检验阶段(1920—1940年)

“质量管理”作为20世纪的一门新兴科学,从现实需要到理论提高再到实践运用,其发展历程大体上经历了质量检验、统计质量控制、全面质量管理3个阶段。

在这段时期内,世界各国,尤其是经济发展活跃的一些国家,随着工业化的到来,普遍建立了产品质量检验制度,也形成了一支专门从事检验工作的人员队伍,在产品加工过程中和出厂交付前进行质量检验把关。当时的专职检验工作主要是按照各企业或行业编制的文件规定要求,采取有效的检验方法,对产品进行检验和试验,从而做出合格或不合格的判定,这对保证产品质量,维护工厂信誉起了不小作用。但是,这些专职检验工作只是使产品的废品次品没有流向社会,却给工厂造成了损失。所以,在这段时期的发展过程中,人们渴望有种方法可以科学预防不合格产品的形成,以减少经济损失。因此,质量管理就从质量检验阶段逐步发展到了统计质量控制阶段。

2.统计质量控制阶段(1940—1960年)

世界各国之所以把统计质量控制阶段的时期划分在1940—1960年,是因为在这一时期,世界各国广泛运用了统计质量控制的主要方法——数理统计。

早在1931年,美国休哈特、戴明等人已提供出了抽样检验的概念,他们首先把数理统计方法引入了质量管理领域。第二次世界大战期间,军事工业得到了迅猛发展,各参战国均认识到武器质量对于战争胜败而言是至关重要的,因而把更多的精力投入了对武器生产厂商质量管理的研究上。美国国防部组织了统计质量控制的专门研究,明确规定了各种抽样检验的方案,对生产过程中的质量进行控制。控制图也可称为管理图,是统计过程控制(SPC)的重要工具之一,其最大的好处是及时发现过程中的反常现象和缓慢变异等系统误差,预防不合格的发生,这些统计质量控制主要是运用数理统计方法,根据生产过程中质量波动的规律性,及时采取措施,消除产生波动的异常因素,使整个生产过程处于正常的受控状态下,从而以较低的质量成本生产出较高质量的产品。美国国防工业运用统计质量控制的成功经验,不仅使其本身获利,并且带动了各国的民用工业而风靡全球。因此,质量管理就从统计质量控制阶段逐步向全面质量管理阶段发展。

3.全面质量管理阶段(1960年至今)

如果说在质量检验阶段,专职检验员的数据为杜绝废品次品出厂起了重要作用的话,那么在统计质量控制阶段,数理统计方法的运用可使整个生产过程处于受控制状态之下,从而对减少成批废品次品的产生起到了一定的预防作用。

但是,随着现代科学技术日新月异的发展,数以亿万计的高科技新产品相继问世,许多投资金额可观、规模特大、涉及人身安全的产品和项目纷纷在20世纪下半叶登场亮相,从而促使人们对质量管理概念的不断更新和更持续的发展。随着现代化系统工程科学地应用于管理领域,同时也赋予了质量更新更深刻的内涵,质量管理的活动也从单纯重视生产现场的加工过程向产品形成的前后,采购、销售、服务等全过程延伸;人类工效学的问世,也使人们对质量管理中全员参与、人员素质的重要作用有了更现代化的观念更新。以上各种关于质量管理概念和观念的更新,使得质量管理的发展从20世纪60年代起进入了第三个阶段——全面质量管理阶段。在全面质量管理过程中，现在应用最广泛的是 ISO 9000 标准。

二、2000 版 ISO 9000 族标准

为提升世界各国企业（组织）全面质量管理的规范化、标准化水平，促进世界经济和贸易的繁荣发展，国际标准化组织（ISO）自 1987 年 3 月起陆续颁布了一系列全面质量管理标准，主要包括 ISO 9000 系列标准、ISO 14000 环境管理系列标准、ISO 18000 职业安全卫生管理系列标准等。

1. 2000 版 ISO 9000 族标准的构成及特点

1999 年 9 月，ISO/TC176 在第 17 届年会上，提出了 2000 版 ISO 族标准的文件结构，2000 年 12 月 15 日正式发布了最新标准——ISO 9000:2000 版国际标准，该标准和文件由 4 个部分构成：

第一部分为核心标准，包括 ISO 9000:2000《质量管理体系——基础和术语》、ISO 9001:2000《质量管理体系——要求》、ISO 9004:2000《质量体系——业绩改进指南》、ISO 19011:2000《质量和（或）环境管理体系指南》。

第二部分为其他标准，如 ISO 10012:2001《测量控制系统》等。

第三部分为技术报告，如 ISO/TR 10006《项目管理指南》、ISO/TR 100007《技术状态管理指南》、ISO/TR 10013《质量管理体系文件指南》、ISO/TR 10014《质量经济性指南》ISO/TR 10015《教育和培训指南》、ISO/TR 10017《统计技术在 ISO 9001 中的应用指南》等。

第四部分为小册子，如《质量管理原理》《选择和使用指南》《ISO 9001 在小型企业中的应用指南》等。

2000 版 ISO 9000 族标准的特点：2000 版 ISO 90000 族标准的特点是：面向所有组织；文字通俗易懂，结构简明；明确八项质量管理原则与质量管理的基础理念；提倡用过程方法来识别和建立体系，操作性强；以顾客满意和持续改进为目的；强化最高管理者的领导作用；考虑所有相关方的互惠互利；增强与环境管理等其他管理体系的相容性。

2. 2000 版 ISO 9000 族标准的主要内容介绍

（1）ISO 9000:2000 标准《质量管理体系——基础和术语》 该标准阐述了质量管理体系的理论基础和指导思想，确定和统一了术语概念，并简述了 8 项质量管理原则和 12 项质量管理体系的基础知识，在此标准中还规定了质量管理体系的 80 个术语，可以帮助各种类型与规模的组织实施和运作有效的质量管理体系的标准。

（2）ISO 9001:2000 标准《质量管理体系——要求》 标准分“引言”和“范围引用标准”“术语和定义”“质量管理体系”“管理职责”“资源管理”“产品实现”“测量、分析和改进”等八章。从过去的对产品形成各阶段实施控制的方法，转变为以顾客为关注焦点的过程导向方法。

（3）ISO 9004:2000 标准《质量管理体系——业绩改进指南》 ISO 9004:2000 标准向组织提供了对质量管理体系业绩改进的指南，并以质量管理体系的有效性和效率作为评价目标，给出了质量改进中的自我评价方法。

（4）ISO 19011 标准《审核指南》 审核指南标准对质量管理体系审核和环境管理体系审核提供如何管理和实施的指南。对于化验室的质量管理，我们将重点学习其中与质量管理体系有关的内容。

三、质量管理体系

1.总要求

组织应按该国际标准的要求建立质量管理体系，形成文件，加以实施和保持，并持续改进其有效性。

①识别质量管理体系所需的过程及其在组织中的应用；

②确定这些过程的顺序和相互作用；

③确定为确保这些过程有效运作和控制所要求的准则和方法；

④确保可获得必要的资源和信息，以支持这些过程的有效运作和监视；

⑤监视、测量和分析这些过程；

⑥实施必要的措施，以实现对这些过程所策划的结果和对这些过程的持续改进。

组织应按照该国际标准的要求管理这些过程。

质量管理体系就是在质量方面指挥和控制组织的管理体系，它通过一组相互关联或相互作用的要素的应用，达到建立质量方针和质量目标，并实现质量目标的目的。因此，组织在按照标准的要求建立管理体系时，应综合考虑影响管理、技术、资源、过程、供方等因素，使之达到最佳的组成，构成协调一致的整体，最终达到不断满足顾客要求、持续改进质量管理体系的有效性、实现质量目标的目的。

2.质量管理体系及其特征

质量管理体系是组织为了确保其产品(或服务)达到使用户满意的接受和放心地使用，在质量方面指挥和控制组织的管理体系。该体系是由组织结构、职责、程序、过程和资源构成的有机整体。图4-1为质量体系结构之一。由于质量管理体系的管理目的是对外的“保证”，所以又有人把它称为“质量保证体系”。

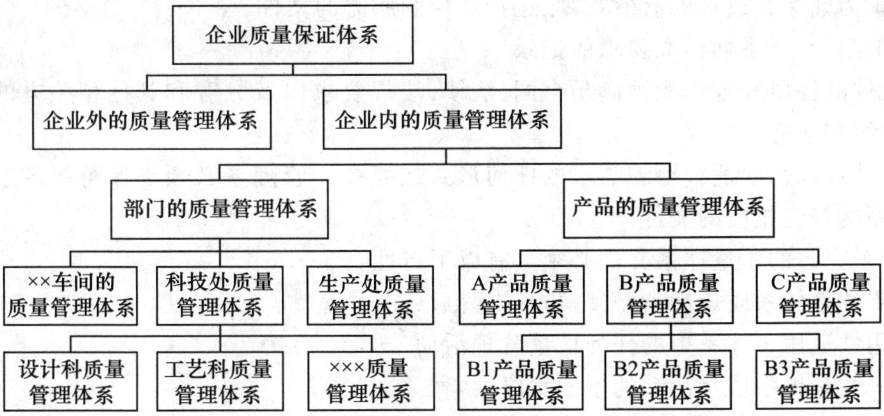

图4-1　质量体系结构之一

一个完善的质量体系，必须具有以下特征。

(1)整体性　构成质量体系的各要素不是简单的集合，而是按一定规划行动的有机整体。

(2)唯一性　质量体系各要素对体系内的所有工作均适用。

(3)全面性　质量体系内的所有与质量有关的活动，都应该进行全过程、全要素、全方位的控制。

(4)相关性　质量体系内的所有要素都互相相关又互相作用。

(5)有效性　质量体系的运行对质量活动的控制必须是有效的。

(6)适应性　质量体系必须具有对内外环境的变化有足够的适应能力。

由于产品(或服务)与组织的所有职能机构及所有工作人员都有密切联系,因此体系需要把组织的所有职能机构和工作人员都包括在内,有必要时还要外延到组织以外的有关单位。

3.质量管理体系的构建

按照ISO 9000系列标准的要求构建质量管理体系,形成文件,加以实施和保持,并持续改进其有效性。

1)组建质量管理体系　作为产品或服务的提供者所在组织中的最高管理者应当通过如下途径建立一个以顾客为导向的组织——具有完善的质量管理体系的生产(或服务)机构,并按照ISO 9000系列标准的要求去管理产品的生产(或服务的形成)过程,使这些过程产生"质优"而"价廉"的产品(或服务),从而最大限度地满足用户的需要。为此,必须做到以下几方面。

①确定体系和过程,并使之能得到准确的理解以及有效和高效的管理和改进;

②确保过程有效和高效地运行并受控,并确保具有用于确定组织良好业绩的测量方法和数据。

2)建立质量体系文件　建立质量管理体系文件,以指导和确保体系的建立和投入运行,并持续改进,保证其有效性。

(1)质量体系文件包括以下内容。

①形成文件的质量方针和质量目标。

②质量手册。

③按ISO 9000系列标准要求的形成文件的程序。

④组织为确保其过程的有效策划、运行和控制所需的文件。

⑤按ISO 9000系列标准要求的记录。

(2)文件的性质和范围应当满足合同、法律、法规要求以及顾客和其他相关方的需求和期望,并与组织相适应。

(3)文件可以采取适合组织需求的任何形式或媒体。管理者必须确保组织内的人员和具体相关方面能得到相应的文件。

(4)一个完善的质量体系文件必须具有以下特性:

①法规性是体系质量活动必须执行的规范。

②适用性适用于体系中的任何质量管理活动。

③唯一性是体系质量活动的唯一程序。

④见证性是质量体系运行的见证。

3)编制质量手册　质量手册是"规定组织质量管理体系的文件"。因此,需要编制质量手册。

(1)成立以最高管理者为负责人的质量手册编写领导小组和编写办公室,组织质量手册编写工作。其间,必须明确以下内容。

①编写的指导思想、质量方针、目标。

②手册的整体框架，编写进度要求。

③编写过程中重大事项的确定及协调。

④编写人员的职责和具体安排。

(2)组织质量体系人员认真学习 GB/T 19000—ISO 9000 族标准。

①组织的管理者、质量手册编写领导小组及编写办公室人员要求深入学习，并较系统、全面地掌握“标准族”。

②其他人员要求对“标准族”有所了解，认识实行“标准族”的意义。

(3)编写《质量手册》草案是提供质量体系试运行，并通过运行考察其适用性的初始文稿。根据 ISO 9000 系列标准的要求，“质量手册”应包括以下内容：

①质量管理体系的范围，包括任何删减的细节与合理性；

②为质量管理体系编制的形成文件的程序或对其引用；

③质量管理体系过程之间的相互作用的表述；

④《质量手册》草案的试用和修正《质量手册》必须经过试运行，以验证其可行性、适应性和运行效率，并根据实践结果进行必要的修正。

(4)质量手册的管理。

①质量手册的内容应具有科学性和先进性，且切实可行。

②文字简单明了，并尽可能通俗易懂。

③妥为保管，注意保密(在需要保密的时候)。

④适时评审，及时修订。

4)建立形成文件的程序。

(1)为了使质量管理体系文件充分发挥作用，并“与时俱进”，在建立质量管理体系文件的同时，必须编制形成文件的程序，对体系文件进行必要的管理(予以“控制”)。

(2)体系文件的形成程序包括以下内容。

①文件发布前应得到批准，以确保文件是充分与适宜的。

②必要时对文件进行评审与更新，并再次批准。

③确保文件的更改和现行修订状态得到识别。

④确保在使用处可获得适用文件的有关版本。

⑤确保外来文件得到识别，并控制其分发。

⑥防止作废文件的非预期使用，若因任何原因而保留作废文件时，对这些文件进行适当的标识。

⑦建立并保持记录(一种特殊类型的文件)，以提供符合要求和质量管理体系有效运行的证据。

⑧记录的标识、储存、保护、检索、保存期限和处置必须符合规定并受到控制。

⑨确保所有文件保持清晰、易于识别和检索。

5)适时地对质量管理体系和文件进行检讨和评价。

(1)检讨和评价　在组织文件编制或体系运行的适当时候，管理者应当考虑：顾客和相关方的合同要求；产品(或服务)所采用的国际、国家、区域和行业标准；相关的法律法规要求；组织的决定；与组织能力发展相关的外部信息来源；与相关方的需求和期望有关的信息。并对照下面的准则，就组织的有效性和效率对文件的制定、使用和控制进行评价。评价包括以下内容。

①功能性，如处理速度。

②便于使用。

③所需的资源。

④方针和目标。

⑤与管理知识相关的当前和未来的要求。

⑥文件体系的水平对比。

⑦组织的顾客、供方和其他相关方所使用的接口。

(2)适时修订为确保“文件编制”发挥作用，推动质量管理体系的正常运作和不断进步，组织应根据评价结果及时对文件予以修订，以适应社会和生产发展的要求，达到预期的组织目标。

6)编制质量计划　质量计划是“对特定的项目、产品、过程或合同，规定由谁及何时应使用哪些程序和相关资源的文件”。是质量体系为了专项或特殊工作规定的专门质量措施、资源和活动顺序而制订的文件。

(1)质量计划的主要内容

①质量目标。

②实现质量目标各阶段有关部门的职责。

③特殊程序和方法。

④重要阶段验证和审核大纲。

⑤计划修订和完善。

(2)质量计划的编制要求

①要针对体系的特殊性和单一性制订明确的质量目标。

②围绕质量目标制订实用、有效的措施。

③要参照质量手册有关内容编制，可以高于体系的相应的规定，但不应相互矛盾。

④要对质量计划的内容及格式做出统一的规定。

4.质量管理体系的实施与保持

质量管理体系的建立仅仅是从形式上“实施”质量管理，而要从根本上实现产品(或服务)上的“优质”，必须使体系投入运作，持久保持并不断进步。如图4-2所示为技术标准配套示意图。

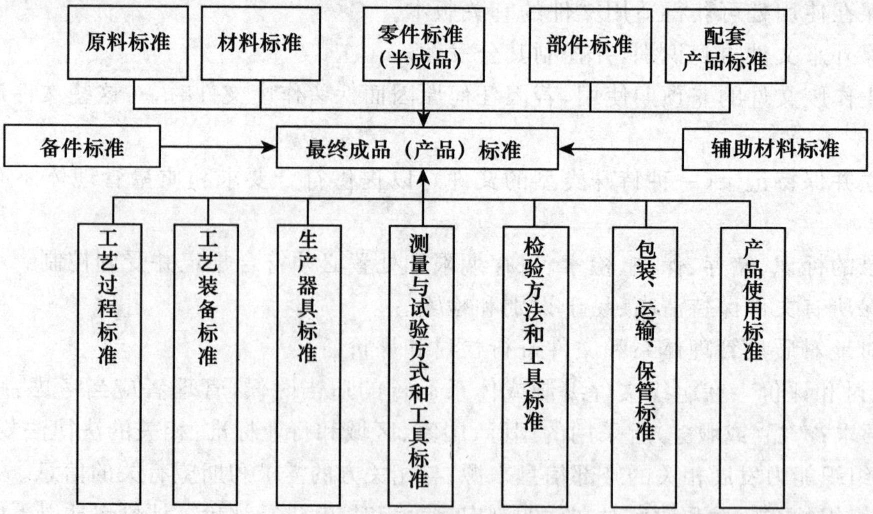

图4-2　技术标准配套示意图

在全面质量管理时期，群众性的质量管理活动通常是以群众自发开展的“QC小组活动”的形式出现，并且取得可喜成果。但是由于人们思想认识水平的差异，坚持活动的程度和持久性各有参差，收效也各不相同。

1)开展群众性的质量管理活动　群众性的质量管理活动是现代质量管理的重要内容。ISO 9000系列标准把全面质量管理的核心内容标准化，“QC活动”自然而然地成为现代质量管理的基本活动，即成为“质量管理体系”的日常工作内容，更有力地促进了“QC活动”的深入开展，把群众性的质量管理活动推向新的高度，使以全面质量管理为基础的现代质量管理的群众性更加落实，从而取得更大成效。

2)现代质量管理的基本特征

(1)高度科学性的管理

①有符合产品(或服务)质量形成规律和市场竞争规律的指导思想。

a.用户第一思想(下一道工序也是“用户”)。

b.质量第一思想，质量与产量，永远是质量第一。

c.预防第一思想，预防重于检验。

d.长远第一思想，长远利益重于短期利益。

②有一套简单且科学有效的质量改进工作方法——以“不断进步”而著称的“PDCA循环”工作法，显示了现代质量管理的不断改进性和改进没有止境的思想。

③用数据说话，用事实说话，注重科学依据。

④有系统的数理统计工具，结合广泛应用新技术、新成果和先进科学管理方法进行管理。

(2)全方位的质量管理

①全员参加的管理。

②对产品(或服务)形成的全过程的管理。

③对全面质量的管理，包括产品从设计到制造(或服务的策划和实施)等质量形成的工作人员的工作质量的管理。

(3)卓有成效的管理　现代质量管理实际上包含了全面质量管理的精髓，理所当然地具有全面质量管理的成效显著的特征。日本在20世纪60年代从美国引进全面质量管理模式以后，发生了产品(或服务)质量大飞跃并且不断地得到巩固和提高的效果。其他国家(包括中国)的产业(或服务)部门，在运用了全面质量管理模式以后也取得很好的成绩。这些成就，也必然会在现代质量管理当中得到体现。

(4)依靠群众的管理

①全员参加本身就是群众参与。

②克服了统计质量管理的“见‘数’(数理统计)不见人”的缺点，强调“人”的作用，注重调动人的积极性，以人为本的管理，从而发挥了群众的力量。

(5)系统性的管理

①“预防为主”，管“原因”保“结果”。

②强调质量形成过程的复杂性及错综关系，必须实施系统的管理。

3)现代质量管理的基本工作方法

曾经是“全面质量管理”的行之有效的基本工作方法的“PDCA(Plan-Do-Check-Action；计划—执行—检查—处理)循环”，理所当然地成为现代质量管理的基本工作方法。如表4-1所示。

表 4-1 “PDCA 循环”与标准

代号	阶段	质量管理内容
P(Plan)	计划阶段	按用户要求和市场信息制订出符合用户需要的产品质量标准，或者根据生产需要制定出操作、作业指导书等标准
D(Do)	执行阶段	按上述标准认真贯彻执行
C(Check)	检查阶段	检查标准执行情况，从中找出差距，分析原因
A(Action)	处理阶段	对成功的经验和失败的教训都加以总结，纳入新的标准，即以标准的形式固定下来，指导下一循环的质量管理

(1)“PDCA 循环”的构成

①分析现状，找出存在的主要问题。

②诊断分析产生问题的原因(因素)：从人、机器、物料、方法、检测、环境(men，machine，material，method，measure，environment)六大因素，即通常说的“5ME”入手逐项分析，要求分析到可以找出对策为止。

③找出主要因素，一般为一到两个。

④针对主要因素，制订对策计划，要求具体、切实可行。并明确：为什么？干到什么程度？在哪里干？谁来干？何时完成？怎么干？(即 why，what，where，who，when，how)通常称之为“5W1H”。

以上 4 个步骤是计划“P”阶段的具体化。

⑤实施计划，即执行“D”阶段。

⑥按计划的要求检查实施效果，即检查“C”阶段。

⑦总结经验，巩固成果。把成功的经验和失败的教训纳入有关标准、制度中。巩固成绩，并防止错误的再发生。

⑧对本循环未解决的遗留问题，转入下一个循环。

⑦和⑧是总结“A”阶段的具体化。

(2)“PDCA 循环”工作法的特点

①循环接循环不停地转动，每个循环都有新的目标和内容，每转动一周提高一步也就解决一批问题。

②循环具有综合性，需要灵活运用就像日常工作一样，问题之间有相互的联系，也有交叉，循环也可以有相互的交叉、重叠和并列等错综复杂的运用。

③“PDCA 循环”工作法重在实效不要摆花架子，也不要生搬硬套，而要灵活运用，才能充分发挥其科学有效的特征。

4)质量管理体系中有关质量和质量管理的术语

(1)与质量和质量管理有关的主要术语

质量(quality)：一组固有特性满足要求的程度。

特性(characteristic)：可区分的特征。

要求(requirement)：明示的、通常隐含的或必须履行的需求或期望。

质量方针(quality policy)：由组织的最高管理者正式发布的该组织总的质量宗旨和方向。

组织(organization)：职责、职权和相互关系得到安排的一组人员及设施。

组织机构(organizational structure)：人员的职责、权限和相互关系的安排。

质量管理(quality management)：在质量方面指挥和控制组织的协调的活动。

体系(system):相互关联或相互作用的一组要素。

质量管理体系(quality management system):在质量方面指挥和控制组织的管理体系。

质量策划(quality planning):质量管理的一部分,致力于制定质量目标并确定必要的运行过程和相关资源以实现质量目标。

质量控制(quality control):质量管理的一部分,致力于满足质量要求。

质量保证(quality assurance):质量管理的一部分,致力于提供质量要求会得到满足的信任。

质量改进(quality improvement):质量管理的一部分,致力于增强满足质量要求的能力。

持续改进(continual improvement):增强满足要求的能力的循环活动。

质量计划(quality plan):对特定的项目、产品、过程或合同,规定由谁及何时应使用哪些程序和相关资源的文件。

过程(process):一组将输入转化为输出的相互关联或相互作用的活动。

产品(product):过程的结果。

质量特性(quality characteristic):产品、过程或体系与要求有关的固有特性。

质量手册(quality manual):规定组织质量管理体系的文件。

信息(information):有意义的数据。

检验(inspection):通过观察和判断,适当时结合测量、试验所进行的符合性评价。

试验(test):按照程序确定一个或多个特性。

验证(verification):通过提供客观证据对规定要求已得到满足的认定。

审核(audit):获得审核证据并对其进行客观的评价,以确定满足审核准则(用作依据的一组方针、程序或要求)的程度所进行的系统的、独立的并形成文件的过程。

(2)产品质量与工作质量

①产品质量。产品可以分为两大类,即有具体实物产物的有形产品[包括硬件(如发动机机械零件)]、流程性材料(如润滑油)和没有具体实物产物的无形产品[包括服务(如运输)、软件(如计算机程序、字典)]。前者又常被称为"货物"。

现实生活中,人们所接收的商品往往是由不同类别的产品构成的如在购买仪器设备时,除了获得仪器本身外,还同时获得该仪器设备的使用方法和维修保养承诺等。

产品质量通常以质量特性来表达,包括各种固有的或赋予的、定性的或定量的、各种类别的特性,具体表现为各种物理的(如机械的、电的、化学的或生物的特性)、感官的(如嗅觉、触觉、味觉、视觉、听觉)、行为的(如礼貌、诚实、正直)、时间的(如准时性、可靠性、可用性)、人体工效的(如生理的特性或有助于人身安全的特性)、功能的(如飞机的最高速度)特性。在日常工作和日常生活中人们又往往把产品的质量特性归纳为如下8个方面:

a.性能:产品为满足使用目的所具备的技术特性。

b.安全性:产品在制造、储存和使用过程中,保证人员与环境免遭危害的程度。

c.使用寿命:产品能够正常使用的期限。

d.可靠性:产品在规定的条件下和规定的时间内,完成规定功能的能力。

e.维修性:产品寿命周期内的故障能方便地修复。

f.经济性:产品从设计、制造到整个使用寿命周期的成本大小。

g.节能性:产品在制造到使用过程中的能量消耗。

h.环保性:产品从制造、使用到失效并成为废物及其最后处置对环境的损害程度。

在具体管理上，往往是把产品的质量特性（或“代用”质量特性）用技术指标加以量化，以衡量产品的优劣。各种检验室对产品进行的质量检验，基本依据也是这些技术指标。

②工作质量。产品（或服务）是人们劳动的结果，因此产品（或服务）质量的优劣与从事该项生产（或服务）工作的人的工作好坏有密切关系。

人们经常以工作质量来评价人的工作的好坏，由于所有的人都是围绕着产品的生产（或服务）而工作，因而可以把它视为与产品（或服务）质量有关的工作对产品（或服务）质量的保证程度。

具体的人，其工作质量又与其个人的素质密切相关，企业的产品（或服务）的质量受制于企业各部门成员的素质，更具关键意义的是起主导作用的企业领导层的素质。

直接从事生产的部门和人员，工作质量通常以产品合格率、废品率、返修率及优质品率等技术指标进行衡量。

非直接生产部门及人员，则以其在产品从设计、试验开始到售后服务的全过程中，旨在使产品具有一定的质量特征而进行的全部活动，即质量职能的执行程度为考核。

一般地说，部门的质量职能完成程度是部门人员工作质量的综合反映。

按照现代的质量观点，产品（或服务）质量是组织（企业）各部门及人员工作质量的反映。因此，只有抓好各个部门、各个相关环节的人员工作质量，产品（或服务）的质量才能够得到保证。或者说，只有部门和人员的工作质量有了提高，产品（或服务）的质量才可能得到提高。现代质量观是把对产品（或服务）质量的管理重点转移到产品（或服务）的质量的形成过程之中，甚至提前到策划、设计阶段，实施“预防”的管理，从而使产品（或服务）质量产生飞跃。

第二节　化验室在质量管理中的作用

化验室是企业的专职质量检验机构，一方面对企业产品的生产进行质量检验，为企业的生产服务；另一方面产品质量检验是具有法律意义的技术工作，客观上发挥了代表用户对企业生产的监督和对企业产品检查验收的作用。化验室在企业质量管理工作中是一个独立的工作机构，直属企业负责人领导。

由于产品质量检验工作的意义，无论是传统的质量管理还是当今社会流行的现代质量管理，化验室在企业质量管理工作中都有举足轻重的地位。

一、化验室在生产中的质量职能

(1)认真贯彻国家关于产品（或服务）质量的法律、法规和政策，制定和健全本企业有关质量管理、质量检验的工作制度。

(2)确立质量第一和为用户服务的思想，充分发挥质量检验对产品质量的保证、预防和报告职能，以保证进入市场的产品符合质量标准，满足用户需要。

(3)参与新产品开发过程的审查和鉴定工作。

(4)严格执行产品技术标准、合同和有关技术文件，负责对产品生产的原材料进货验收、工序和成品检验，并按规定签发检验报告。

(5)发现生产过程中出现或将要出现大量废品，而尚无技术组织措施的时候，应立即报告企业负责人，并通知质量管理部门。

(6)指导、检查生产过程的自检、互检工作，并监督其实施对违反工艺规程的现象和忽视产品质量的倾向，有权提出批评、制止并要求迅速改正，不听规劝者有权拒检其产品，并通知其领导和有关管理部门。

(7)认真做好质量检验原始记录和分析工作并按日、周、旬、月、季、年编写质量动态报告，向企业负责人和有关管理部门反馈，异常信息应随时报告。

(8)参与对各类质量事故的调查工作，追查原因，按“三不放过”原则组织事故分析，提出处理意见和限期改进要求。遇有重大质量事故，应立即报告企业负责人及上级有关机构。

(9)对企业负责人做出的有关产品质量的决定有不同意见的，有权保留意见，并报告上级主管部门。

(10)负责发放、管理企业使用的计量器具，做好量值传递工作。对生产中使用的工具仪表、计量器具等，按计量管理规范定期进行检验(或送检)，以保证其计量性能及生产原始基准的精确性。对未按期送检定的仪器、仪表、计量装置，有权停止使用。

(11)加强自身建设，不断提高检验人员的思想素质、技术素质和工作质量，确保专职检验人员的质量管理前卫作用。

(12)加强质量档案管理，确保质量信息的可追溯性。

(13)积极研究和推广先进的质量检验和质量控制方法，加速质量管理和检验现代化。

(14)积极配合有关部门做好售后服务工作，努力收集用户信息并及时反馈。

(15)制定、统计并考核各个生产车间、部门的质量指标，并做出评价。某厂质量信息反馈系统见图 4-3。

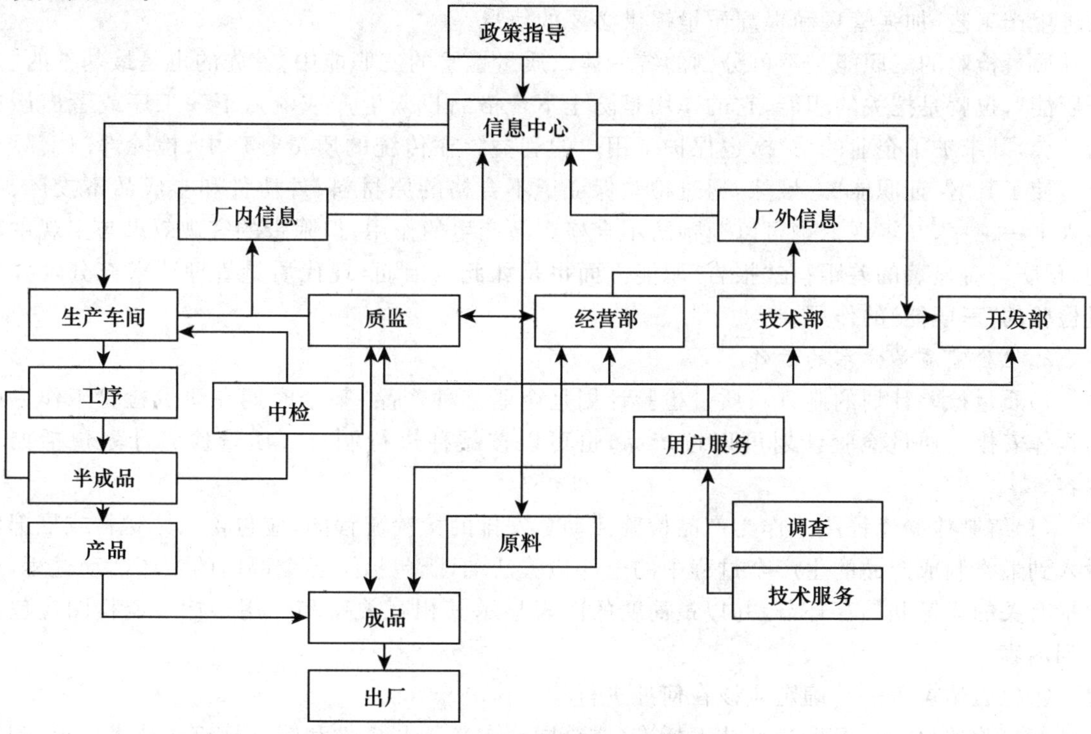

图 4-3　某厂质量信息反馈系统

二、质量检验在质量管理中的作用

1. 质量检验

质量检验是运用一定的方法,测定产品的技术特性,并与规定的要求进行比较,做出判断的过程。

质量检验是化验室的核心工作,也是完成化验室部门职责的基础。通常由如下要素构成。

①定标　明确技术指标,制定检验方法。

②抽样　随机抽取样品,使样品对总体具有充分的代表性。

③测量　对产品的质量特征和特性进行定量的测量。

④比较　将测量结果与质量标准进行比较。

⑤判定　根据比较结果,对产品进行合格性判定。

⑥处理　对不合格产品做出处理,包括进行"适用性"判定。

⑦记录　记录数据,以反馈信息、评价产品和改进工作。

2. 质量检验的职能

(1)保证职能通过检验,保证凡是不符合质量标准而又为经济适用性判定的不合格品不会流入下道工序或者市场,严格把关,保证质量,维护企业信誉。

(2)预防职能通过检验,测定工序能力以及对工序状态异常变化的监测,获得必要的信息,为质量控制提供依据,以及时采取措施,预防或减少不合格产品的产生。

(3)报告职能通过对监测数据的记录和分析,评价产品质量和生产控制过程的实际水平,及时向企业负责人、有关管理部门或上级质量监管机构报告,为提高职工质量意识、改进设计、改进生产工艺、加强管理和提高质量提供必要的信息。

质量检验的三职能是不可分割的统一体。质量检验的三职能中,首先的也是最基本的"保证职能",也就是把关的职能,它的作用是防止不合格品投入生产或流入下一工序或者出厂进入社会,既维护了企业的信誉,也保护了用户的利益。在传统的质量管理中,检验部门实际上只行使了其"保证职能"。虽然,通过检验保证了不合格的原材料、外协件和半成品不投产、不转入下一工序,在客观上也可以起预防不合格产品产生的作用,但附带的客观效果与主观主动的"预防",有显著的差距;在"报告"职能方面也是如此。因而,现代质量管理要求充分发挥质量检验的"三职能"的作用。

3. 化验室质量体系的运作

1)质量检验计划的制订　质量检验计划是企业某种产品、某个时期在质量检验工作方面的具体安排。质量检验计划可以按产品,也可以按品种进行制订。质量检验计划包括如下内容。

(1)编制检验流程图　作为产品检验活动总安排的检验流程图,应包含从原材料或零部件投入到最终制成产品的生产全过程中的全部检验活动,既包括了各个部门的生产活动过程,也包括有关的运输和储存环节,并以最简明的图表显示其相互关系和作用。检验流程图应包括下列内容。

①检验站设置——确定应该在何处进行检验;

②检验项目——根据产品技术标准(或合同要求)、工艺文件和图纸规定的技术要求,列出

质量特性表，并按质量特性缺陷严重程度对缺陷进行分级，作为检验项目；

③检验方式——根据工序能力和质量特性的重要程度，缺点自检、专检和定点检验或者巡回检验等方式；

④检验手段——明确检验方法；

⑤取样方式——明确是抽样检验还是全数检验；

⑥数据处理——规定搜集、记录、整理、分析和传递质量数据的方法、流向和其他要求。

编制检验流程图应广泛征集各方面的意见，并争取有关部门的支持和协助，力求完善和准确。

(2)编制检验指导书(检验规程)，包括如下内容。

①将各项质量特性具体化，便于检验人员明确要求；

②明确抽检方案；

③明确规定检验方法及相应的检测仪器设备；

④制订巡回检验路线；

⑤明确生产作业(如原料的处理、储存、包装、运输等)的检验要求；

⑥其他需要说明的问题。

对于专门供工序管理点使用的，由操作者进行自检的项目的“检验指导书”可适当简化。

2)质量检验计划的实施

①组织有关检验人员学习“检验计划”，熟悉计划的具体要求；

②组织包括有中心试验室在内的较高管理层次的检验技术人员，对各个检验点的工作人员进行辅导，并落实检验计划的各项检验活动；

③定期、不定期地对各个检验点进行巡回检查和实地考核，确保检验工作的质量；

④根据产品的生产及其他影响因素的变化，及时提出检验计划的修订，以适应生产发展和质量管理的要求。

3)质量检验计划的修订　世间一切事物都是在变化的。作为企业生产的产品，其生产条件和各种相关因素也是在随时随地地发生着变化，这些变化也随时随地地影响着产品的质量。同时市场对产品质量的要求，也随着时间的推移在发生着变化，产品的竞争也对产品质量提出新的要求。因而，作为企业产品的检验计划也应该随着这些变化进行修订，才能适应生产和市场变化的要求。

(1)检验计划修订的主要影响因素

①标准变化：包括标准的修订、合同的变更等；

②工艺变化：企业的技术改造，新工艺、新技术、先进设备的采用及工序的调整等；

③原材料、外购件的变化：其来源的变化、代用品的应用等；

④工人变化：工人素质的变化，组织结构的调整等；

⑤用户信息：反馈用户意见，市场需求的改变，市场竞争的要求等。

(2)检验计划修订的要求

①具有更严谨的安排；

②质量管理措施更加落实；

③信息传递更加迅速、准确；

④检验工作对生产控制的指导作用更加充分、完善。

4)现代质量管理对质量检验的要求　现代质量管理把质量管理的范围扩展到全企业、全过程和全体员工,甚至外延到社会上,质量检验在整个质量管理工作中所占的比重似乎有所下降。有人因此而认为质量检验已经不重要了,甚至把质量检验看作"历史事物",需要"扫地出门"。

然而,事实并非如此,因为人员的工作质量和部门的质量职能,最终都反映到产品(或服务)的质量上,而产品质量的评价却离不开质量检验,产品的质量检验仍然是不可缺少的重要工作。同时,由于需要对每个工作人员的工作质量给予正确的评价,检验结果需要更加准确,要求更加严格。

而且,即使是工序处于控制状态,也可能因为工序能力的不足、故障乃至各种不能完全避免的失误等原因,还有各种各样不可预见的社会因素、环境因素或其他因素,都使得不合格品的产出不可避免。为了确保不合格品不投产、不转工序,就需要在生产过程的各个环节上层层设关检验,既可以避免"漏网之鱼",还可以为系统综合控制提供必要的质量信息。

同时,某些质量缺陷(甚至是很次要的零件的质量缺陷)也可能会成为"定时炸弹",不知道会在什么时间、什么地点引发不幸。一些偶然的疏忽,也可能酿成大灾难("挑战者号"航天飞机因为一个不到工程总价值千万分之一的零件的质量缺陷导致机毁人亡的惨剧就是典型案例),而这一切都需要通过质量检验工作去检查、去发现、去把关。总之,没有了质量检验一切都可能乱套。过去如此,现在如此,将来依然如此。

因此,实行现代质量管理,不能以任何借口放松和削弱质量检验工作,而要十分重视,并努力使质量检验不断得到加强和完善,更加有效。只有这样才能使企业的产品质量不断提高,市场竞争能力不断得到增强。

目前,中国相当数量企业的检验工作基础十分薄弱,甚至连应付最后把关都有困难,这样的企业更应该加强质量检验工作的基本建设,并通过质量检验的加强推动质量管理的不断进步。从另一方面说,质量管理的进步又反过来促使质量检验的不断完善,最后达到质量管理水平和产品质量的稳定提高。

5)质量检验工作的强化　鉴于现代质量管理对质量检验的高标准的要求,化验室的质量检验需要不断强化。

(1)加强质量检验的基础工作

①加强质量检验计划的管理,合理组织实施;

②加强质量检验测试基础建设;

③加强计量器具的管理和合理使用,确保计量值传递的正确性;

④加强质量信息工作,及时了解质量动态,掌握变化规律;

⑤建立并不断完善各种质量检验制度,加强各级工作人员的质量责任制管理,加强质量责任考核,严格奖惩;

⑥加强技术、质量服务工作,充分发挥产品的使用价值。对用户的质量申诉应热情接待,认真处理。并定期开展用户访问("普访"与"专访"相结合),广泛征集用户意见。

(2)实施"三检制",操作者参与检验工作　岗位自检、班组或班组内互检与专业检验相结合的检验制度称为"三检制"。实行"三检制",首先需要合理地确定专检、自检、互检的范围。一般来说,原料入库、半成品流转、成品出厂应以专检为主;生产中的工序检验则以自检、互检为主,并辅以检验员的巡回检验。

实行自检、互检，必须对岗位工作人员进行专门的训练，并严格执行有关规定，健全原始记录制度，严格考核和奖惩，确保质量检验的严肃性。对于认真实行自检，保证产品质量的操作者，可以授予“自检工人（或信得过操作者或其他称谓）”称号，并予以适当的奖励，以推动“三检制”的实施和发展，加强工序控制。

实行“三检制”对操作者有较高的素质要求，因此在实行“三检制”以前，必须对相关人员进行必要的检验业务技术教育，以及质量思想教育，使之对“三检制”有足够的认识，并掌握必要的检验技能，确保“三检制”的实施效果。

(3)实行化验室内部质量管理，确保检验工作质量　化验室是企业产品质量检验的主力军，在企业质量管理工作中具有举足轻重的作用和地位，化验室工作质量的优劣，对企业产品质量检验和质量管理将发生很大的影响。因此，对化验室工作质量的管理，便具有特殊意义。

通过对化验室内部的质量管理，可以最大限度地减少检验工作中的误检率、漏检率和检验误差，获得高质量的检验数据，从而使化验室在企业质量管理工作中的作用得到充分的发挥。

总体来说，化验室质量体系运作包括以下几点内容。

①依据 CNACL《实验室认可准则》，不断增强建立良好化验室的信心和机制。

②建立监督机制，保证工作质量。化验室质量体系建立的目的是明确的。但是，体系的运行如果缺乏必要的监督，则其效果和效率将难以保证。

③通过对化验室质量体系工作的监督，使化验室的日常检验工作处于严密的控制之下，化验室的检验数据和其他信息的可靠性、准确性也就能够不断地提高，从而达到正确指导生产控制的目的，促进企业产品质量的稳定提高。

④认真开展审核和评审活动，促进体系的完善。经常地开展审核和评审活动，可以使人们发现自己的不足，发现组织的差距，同时也产生促进体系完善的动力。

⑤加强纠正措施落实，改善体系运行水平。加强纠正措施的落实，从而使人们及时地从错误中吸取教训，获得经验的积累，充分地发挥质量体系的特殊优势——强有力的监督机制和运行记录的作用，将有利于改善体系的运行水平。

⑥努力采用新技术，提高检测能力。质量体系的运行，不但对质量检验工作质量的提高是强有力的促进，而且随着社会生产的发展，对质量检验工作不断提出新要求，化验室必须不断改善自己的技术能力，不断地吸收、采用新技术。因而，对化验室的质量管理，也是推动化验室技术水平提高的重要动力。

⑦加强质量考核，促进质量职能落实。只有高质量的检验，才能保证对企业生产进行有效的质量监督，实现化验室的质量职能。

为此，必须对化验室人员实行经常性的质量考核，通过考核发现和查明各种不良影响因素，并加以克服和消除，促进工作人员工作质量的提高，从而实现检验工作的高质量，使化验室的质量职能得到真正的落实。

第三节　标准与标准化管理

人类的生产活动，从市场调查、产品设计到生产出产品并完成产品的销售、售后服务即质量环节的整个活动，我们可以把它看成一个整体系统。这个整体系统又由设计系统、设备制造系统、设备安装系统、工艺系统、原材料供应系统和产品销售系统、产品质量检验和监督系统、标准化系统等分系统组成。在生产活动中，标准化之所以成为一个系统和一门系统工程，是因为组成标准化系统的系统功能能把许多杂乱无章的活动建立起秩序（即制定为标准），从而更好地为人类创造财富（即通过贯彻标准实现）。在标准化系统中，每一项活动都是依据相应的标准化文件（如标准、标准规范、标准化指导性技术文件等）进行的。因此，标准化系统和构成产品生产的其他系统一样，都是为了一个共同的目的而起着各自特有的功能。

一、标准与标准化

1.标准

1）标准的定义　为在一定的范围内获得最佳秩序，对活动或其结果规定共同的和重复使用的规则、导则或特性的文件，称为标准。该文件经协商一致制定并经一个公认机构的批准。标准应以科学、技术和经验的综合成果为基础，以促进最佳社会效益为目的。

2）标准的分类　由于标准种类极其繁多，可以根据不同的目的，从不同角度对标准进行分类，比较通行的方法有3种，即标准的层次分类法、标准的约束性分类法、标准的性质分类法。

（1）按标准的层次分类　从世界范围基本可分为国际标准、区域标准、国家标准、行业标准、企业标准5类。国际标准是由国际标准化组织（ISO）和国际电工委员会（IEC）制定的标准（包括由国际标准化组织认可的国际组织所制定的标准）。国际标准为国际上承认和通用。区域标准又称地区标准，是世界区域性标准化组织制定的标准，如欧洲标准化委员会（CEN）制定的欧洲标准。这种标准在区域范围内有关国家通用。国家标准是在一个国家范围内通用的标准。行业标准是在某个行业或专业范围内适用的标准，也称为协会标准。企业标准是由企业制定的标准。

我国根据标准发生作用的范围或标准审批机构的层次，将标准分为4类，即国家标准行业标准、地方标准、企业标准。

①国家标准　对需要在全国范围内统一的技术要求，由国务院标准化行政主管部门制定国家标准。

②行业标准　对于没有国家标准而又需要在全国某个行业范围内统一的技术要求，由国务院有关行政主管部门制定行业标准。

③地方标准　对没有国家标准和行业标准而又需要在省、自治区、直辖市统一的工业产品的安全、卫生要求，由省、自治区、直辖市标准化行政主管部门制定地方标准。

④企业标准　企业生产的产品没有国家标准或行业标准，由企业制定企业标准。对已有国家标准或行业标准，国家鼓励企业制定严于国家标准或行业标准的企业标准。企业标准只在企业内部适用。

（2）按标准的约束性分类　可分为强制性标准和推荐性标准。根据中华人民共和国标准化法的规定，保障人体健康、人身财产安全的标准和法律及行政法规规定强制执行的标准是强制性标准，如药品、食品卫生、兽药、农药和劳动卫生、产品生产、储运和使用中的安全及劳动安全、工程建设的质量、安全、卫生等标准。其他标准是推荐性标准。

（3）按标准的性质分类　可分为技术标准、管理标准和工作标准。

①技术标准是对标准化领域中需要协调统一的技术事项所制定的标准，主要包括基础标准、产品标准、方法标准、安全标准、卫生标准和环保标准等。

②管理标准是对标准化领域中需要协调统一的管理事项所制定的标准。“管理事项”主要包括在营销、采购、设计、工艺、生产、检验、能源、安全、卫生、环保等管理中与实施技术标准有关的重复性事物和概念。管理标准主要包括各种技术管理、生产管理、营销管理、劳动组织管理以及安全、卫生、环保、能源等方面的管理标准。

③工作标准是对标准化领域中需要协调统一的工作事项所制定的标准。“工作事项”主要指在执行相应技术标准与管理标准时，与工作岗位的职责、岗位人员的基本技能、工作内容、要求与方法、检查与考核等有关的重复性事物和概念。工作标准主要包括通用工作标准、分类工作标准和工作程序标准。

3)我国标准的代号和编号

①国家标准的代号由大写汉字拼音字母构成。强制性国家标准代号为“GB”；推荐性国家标准的代号为“GB/T”。国家标准的编号由国家标准的代号、标准发布顺序号和标准发布年代号(4位数组成)。

强制性国家标准编号：

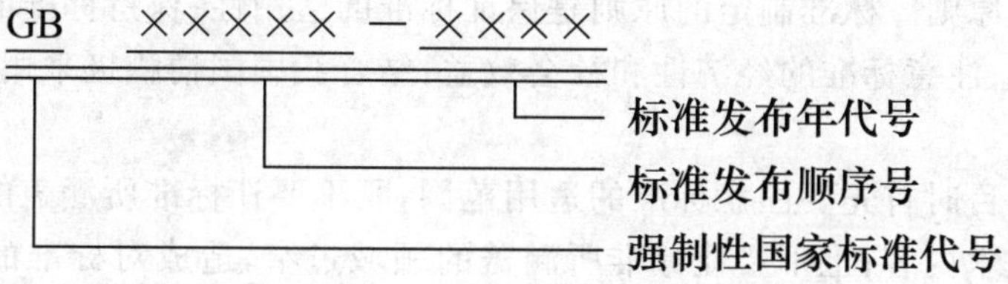

推荐性国家标准编号：

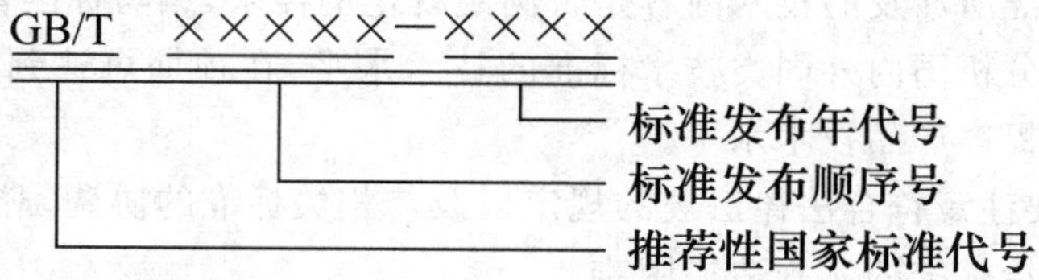

国家实物标准(样品)，由国家标准化行政主管部门统一编号，编号方法为采用国家实物标准代号(为汉字拼音大写字母“GSB”)加《标准文献分类法》的一级类目、二级类目的代号及二级类目范围内的顺序、4位数年代号相结合的办法，如：

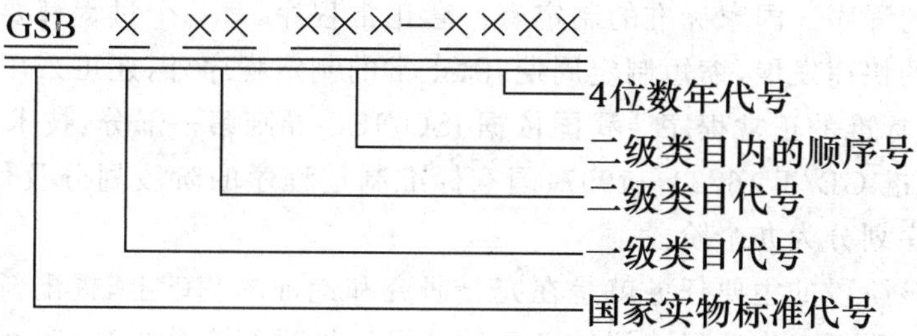

②行业标准的代号和编号由汉字拼音大写字母组成。行业标准的编号由行业标准代号标准发布顺序及标准发布年代号(4位数)组成强制性。

强制性行业标准编号：

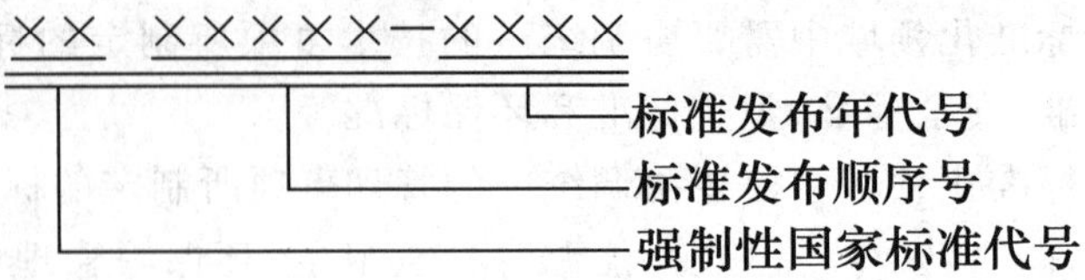

推荐性行业标准编号：

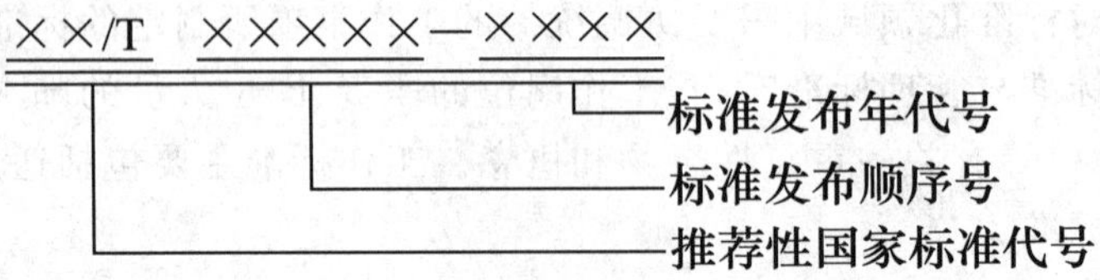

2.标准的制定和实施

制定标准是标准化的重要环节。实践证明，标准制定得越好，实施标准以后所获得的社会和经济效益就越大，反之就会使标准化效果大打折扣。因此，对于标准的制定工作一定要按照科学的原则、方法和程序谨慎进行，只有这样，才能制定出高水平和高质量的标准。

1)标准制定的原则　标准制定的原则是保证标准的适用性；保持标准的先进性；注意标准的统一性和协调性；注意标准的经济性和社会效益；结合我国国情积极采用国际标准和国外先进标准。

在确定标准项目时首先要注意标准的适用范围，既不要让标准所涵盖的领域过宽，使编制的标准没有实际技术内容；也不要让标准所涵盖的领域过窄，造成对标准的肢解，无谓地增加标准项目。

其次，要注意标准所涉及的技术内容是否满足既定的需求，编写标准草案时要在充分调查研究的基础上，认真分析国内外同类技术标准的技术水平，在预期可达到的条件下，积极地把先进技术纳入标准，提高产品技术水平。

编制过程中还要注意符合法律法规的规定以及与相关标准的协调，避免与法律法规、相关标准之间出现矛盾，给标准的实施造成困难。

制定标准时要以满足实际需要出发，不要一味地追求高性能、高指标，避免造成经济浪费。要结合我国国情积极采用国际标准和国外先进标准，加快和国际接轨的步伐，提高产品的竞争能力。

2)标准制定的程序　国家标准的制定有一套正常程序，每一个过程都要按部就班地完成。同时为适应经济的快速发展，缩短制定周期，除正常的制定程序外，还可采用快速程序。

(1)制定国家标准的正常程序　我国依据ISO/IEC导则第一部分：技术工作程序(1995年版)颁发了国家标准GB/T 16733—1997《国家标准制定程序的阶段划分及代码》，该标准将国家标准的制定程序划分为九个阶段：

①预阶段　该阶段的主要任务就是在充分研究和论证的基础上，提出新工作项目建议。

②立项阶段　对新工作项目建议的必要性和可行性进行充分论证、审查和协调的基础上，提出新工作项目。

③起草阶段　标准起草阶段是制定标准的关键阶段，该阶段的主要工作内容是：编制标准征求意见稿、编制说明和有关附件。

④征求意见阶段　向标委会委员和有关单位发送标准征求意见稿，通过各种方式广泛征求意见。标准起草工作组根据收集到的反馈意见对征求意见稿进行修改，并在此基础上编制标准送审稿、回函意见处理汇总表。

⑤审查阶段　标准化技术委员会以会审或函审的形式对标准送审稿进行审查、表决，一般同意票数在全体委员的三分之二以上方可通过。通过的送审稿根据审查意见进行修改并编制报批稿。对于难度较大和争议较多的标准送审稿一般采用会议审查方式。

⑥批准阶段　对标准报批稿进行审查、批准和编号，并提供标准出版稿。

⑦出版阶段　由出版社印刷出版正式标准。

⑧复审阶段　按规定定期对标准进行复审。

⑨废止阶段　根据复审结果，通过一定形式宣布某标准废止。

(2)制定国家标准的快速程序　国家技术监督局于1998年发布了《采用快速程序制定国家标准的管理规定》。快速程序是在正常标准制定程序的基础上省略起草阶段或省略起草阶段和征求意见阶段的简化程序。凡符合下列之一的项目，均可申请采用快速程序：一是对等同采用、等效采用国际标准或国外先进标准的标准制定、修订项目，可直接由立项阶段进入征求意见阶段，省略起草阶段。二是对现有国家标准的修订项目或中国其他各级标准的转化项目，可直接由立项阶段进入审查阶段，省略起草阶段和征求意见阶段。

3)标准的编写　众所周知，如果经过了严格的“程序”，并且使用正确的“方法”制定出来一项标准，但最终的标准文本不理想，也不能达到预期的标准化目的。只有通过一个良好的文本反映出所要标准化的内容，才能使标准真正起到应有的作用。GB/T 1.1—2000《标准化工作导则第1部分：标准的结构和编写规则》给出了如何规划标准的结构和编写的规则。也就是说只有按照GB/T 1.1编写标准才能合理地安排标准的结构，并且编写出高质量的标准，从而使所要规范的内容得到合理的表达。因此，在编写标准时一定严格按照GB/T 1.1—2000的要求进行编写。

4)标准的实施　标准的实施是指在企业生产技术、经营管理的实践中，为实现标准规定的内容进行的全部活动，是把科学技术和实施经验的综合成果转化为生产力的过程。标准只有在实践中实施后才能体现其作用的效果。

(1)标准的实施原则　标准实施原则包括：强制性国家标准、行业标准，企业必须执行；推荐性国家标准、行业标准，企业一经采用必须执行；企业标准在企业内部必须执行。企业有关经济技术合同、协议中承诺采用的其他标准如国际标准、国外先进标准以及其他的企业(公司)标准，均应转化为企业标准贯彻实施。

(2)标准的实施程序　标准实施是一项细致、复杂、涉及面广的工作，必须有组织、有计划地按照一定程序进行，才能达到预期的效果。对于简单、不涉及物质准备的标准，其实施程序可适当简化。

3. 标准化

标准化是为在一定的范围内获得最佳秩序，对实际的或潜在的问题制定共同的和重复倒用的规则的活动。它包括制定、发布及实施标准的过程，标准化的重要意义是改进产品、过程和服务的适用性，防止贸易壁垒，促进技术合作。为适应经济全球化的需要，我国的一项重要技术经济政策是采用国际标准和国外先进标准。到1999年底，我国的国家标准中，采用国际标准和国外先进标准的已达到43.6%，重点行业的国际标准采用标准率已达60%，一些重要产品已按国际标准和国外先进标准组织生产，近几年来更加快了采用国际和国外先进标准的步伐。目前，我国基本形成了以国家标准为主，行业标准、地方标准衔接配套的标准体系。标准化工作已对提高我国产品质量、工程质量和服务质量，规范市场秩序，发展对外贸易，促进国民经济的持续快速健康发展发挥了重要保证和技术支持作用。

1)标准体系的结构　标准体系内部标准应按照一定的结构进行逻辑组合，而不是杂乱无序的堆积。由于标准化对象的复杂性，体系内不同的标准子系统的逻辑结构可能体现出不同的表现形式。主要有以下两种：

(1)层次结构　层次结构是标准化对象内部上级与下级、共性与个性等关系的良好的表现形式。层次结构类似树结构，父节点层次所在的标准相比子节点层次的标准，更能够反映标准化对象的抽象性和共性，反之，子节点层次的标准能更多地反映事物的具体性和个性。层级深度如何，也体现了对标准化对象的管理精度。标准层次结构的完备性，标志着标准体系的灵活与弹性，是标准体系适应现实多样性的一个重要方面，像档案著录标准子系统、交换格式子系统等都可以用层次结构来进行表达。

(2)线性结构　线性结构又叫作程序结构，是指各标准按照过程的内在联系和顺序关系进行结合的形式。该结构主要体现了标准化对象在活动流程中的时间性，比如档案数据库的设计过程、档案数据库应用系统的开发都有比较严格的流程控制，它们都是由若干阶段前后相继完成的，前一阶段的标准是后续阶段标准得以实施的前提，如档案数据库设计过程中需求标准与逻辑设计规范之间就是线性结构。

2)标准体系的特征　标准体系具有 6 个特征，即集合性、目标性、可分解性、相关性、整体性、环境适应性。

(1)集合性　标准体系是由两个以上的可以相互区别的单元有机地结合起来完成某一功能的综合体，随着现代社会的发展，标准体系的集合性日益明显，任何一个孤立标准几乎很难独自发挥效应。

(2)目标性　标准体系实质上是标准的逻辑组合，是为使标准化对象具备一定的功能和特征而进行的组合。从这个层面上讲，体系内各个标准都是为了一个共同的功能形成的，而各子系统功能的简单叠加。

(3)可分解性　为保证标准体系的有效性，这就要求体系的可分解性。标准在大多数情况下只是某一技术水准、管理水平和经验的反映，具有一定的先进性。但随着各方面情况的发展，标准对象的变化、技术或者管理水平的提升都要求制定或修订相关标准，这就要求对标准进行分解，以对标准进行维护，包括修改、修订、废止等操作。

(4)相关性　标准体系内各单元相互联系而又相互作用，相互制约而又相互依赖，它们之间任何一个发生变化，其他有关单元都要作相应的调整和改变。

(5)整体性　标准是构建标准体系的一个主要出发点。在一个标准体系中，标准的效应除了直接产生于各个标准自身之外，还需要从构成该标准体系的标准集合之间的相互作用中得到。构成标准体系的各标准，并不是独立的要素，标准之间相互联系、相互作用、相互约束、相互补充，从而构成一个完整统一体。

(6)环境适应性　标准体系存在于一定的经济体制和社会政治环境之中，它必然要受经济体制和社会政治环境的影响制约，因此，它必须适应其周围的经济体制和社会政治环境。

3)标准化的基本原理　标准化的基本原理通常是指统一原理、简化原理、协调原理和最优化原理。

统一原理就是为了保证事物发展所必需的秩序和效率，对事物的形成、功能或其他特性定适合于一定时期和一定条件的一致规范，并使这种一致规范与被取代的对象在功能上达到等效。统一原理具有以下特点：

①统一是为了确定一组对象的一致规范，其目的是保证事物所必需的秩序和效率；

②统一的原则是功能等效，从一组对象中选择确定一致规范，应能包含被取代对象所具备的必要功能；

③统一是相对的，确定的一致规范只适用于一定时期和一定条件，随着时间的推移和条件的改变，旧的统一就要被新的统一所代替。

简化原理就是为了经济有效地满足需要，对标准化对象的结构、形式、规格或其他性能进行筛选提炼，剔除其中多余的、低效能的、可替换的环节，精练并确定出满足全面需要所必要的高效能的环节，保持整体构成精简合理，使之功能效率最高。简化原理的特点是：

①简化是为了经济，使之更有效地满足需要；

②简化的原则是从全面满足需要出发，保持整体构成精简合理，使之功能效率最高所谓功能效率系指功能满足全面需要的能力；

③简化的基本方法是对处于自然状态的对象进行科学的筛选提炼，剔除其中多余的、低效能的、可替换的环节，精练出高效能的满足全面需要所必要的环节；

④简化的实质不是简单化而是精练化，其结果不是以少替多，而是以少胜多。

协调原理就是为了使标准的整体功能达到最佳，并产生实际效果，必须通过有效的方式协调好系统内外相关因素之间的关系，确定为建立和保持相互一致、适应或平衡关系所必须具备的条件。协调原理的特点是：

①协调的目的在于使标准系统的整体功能达到最佳并产生实际效果；

②协调对象是系统内相关因素的关系以及系统与外部相关因素的关系；

③相关因素之间需要建立相互一致关系（连接尺寸）、相互适应关系（供需交换条件）、相互平衡关系（技术经济招标平衡，有关各方利益矛盾的平衡），为此必须确立条件；

④协调的有效方式是有关各方面的协商一致、多因素的综合效果最优化、多因素矛盾的综合平衡等。

按照特定的目标，在一定的限制条件下，对标准系统的构成因素及其关系进行选择、设计或调整，使之达到最理想的效果，这样的标准化原理称为最优化原理。

4）标准化的主要作用　标准化的主要作用表现在以下 10 个方面。

①标准化为科学管理奠定了基础。所谓科学管理，就是依据生产技术的发展规律和客观经济规律对企业进行管理，而各种科学管理制度的形成都以标准化为基础。

②促进经济全面发展，提高经济效益。标准化应用于科学研究，可以避免在研究上的重复劳动；应用于产品设计，可以缩短设计周期；应用于生产，可使生产在科学的和有秩序的基础上进行；应用于管理，可促进统一、协调、高效率等。

③标准化是科研、生产、使用三者之间的桥梁。一项科研成果，一旦纳入相应标准，就能迅速得到推广和应用。因此，标准化可使新技术和新科研成果得到推广应用，从而促进技术进步。

④随着科学技术的发展，生产的社会化程度越来越高，生产规模越来越大，技术要求越来

越复杂，分工越来越细，生产协作越来越广泛，这就必须通过制定和使用标准，来保证各生产部门的活动，在技术上保持高度的统一和协调，以使生产正常进行。所以，我们说标准化为组织现代化生产创造了前提条件。

⑤促进对自然资源的合理利用，保持生态平衡，维护人类社会当前和长远的利益。

⑥合理发展产品品种，提高企业应变能力，以更好地满足社会需求。

⑦保证产品质量，维护消费者利益。

⑧在社会生产组成部分之间进行协调，确立共同遵循的准则，建立稳定的秩序。

⑨在消除贸易障碍、促进国际技术交流和贸易发展、提高产品在国际市场上的竞争能力方面具有重大作用。

⑩保障身体健康和生命安全，大量的环保标准、卫生标准和安全标准制定发布后，用法律形式强制执行，对保障人民的身体健康和生命财产安全具有重大作用。

5)国际标准及其特点　国际标准是指国际标准化组织(ISO)、国际电工委员会(IEC)、国际电信联盟(ITU)制定的标准以及ISO为促进《关贸总协定-贸易技术壁垒协议》即标准守则的贯彻实施所出版的《国际标准题内关键词索引(KWICIndex)》中收录的其他国际组织制定的标准。其特点如下：

①重视基础标准的制定，以作为其他国际标准制定的基础、依据和先导。基础标准一般指术语、符号、图形、量和单位及其字符号、标志、环境条件分类和试验、可信性评价、互换性和兼容性、标准参数以及电工方面的标准电阻、额定电流及频率、绝缘结构等标准。

②测试方法标准占有极重要的位置。国际标准的一半左右是测试方法，如家用电器性能技术委员会(TC59)、高压试验技术委员会(TC42)、环境试验委员会(TC50)、金属材料电气性能的测试方法技术委员会(TC58)等的主要工作是负责制定测试方法标准。

③突出安全、卫生标准。这既符合WTO的要求，又保护消费者的根本利益。如IEC专门制定电气安全标准的技术委员会就有TC64、TC81、TC61、TC74等，ISO还为此专门成立了消费者政策委员会(COPOLCO)。

④注意发展产品标准的同时发展管理标准。如ISO 90000族标准和ISO 14000系列标准对经济全球化和可持续发展发挥了巨大的作用。

⑤存在一些典型的不统一状况。如电工频率、电压等级、SI单位和英制需要进一步协调。

⑥信息标准发展迅猛。ISO/TC97信息处理系统、IEC/TC83信息技术设备及ISO IECJ-TO 1信息处理技术委员会应运而生，发展迅速。

二、化工标准化

当前，化工产品制定的国家标准和行业标准已有3 585个，其中产品技术性能和技术指标标准1 970个，此外还有几万个化工企业标准，构成了我国一个完整配套的化工技术标准体系。化工标准已在我国化工生产力的提高、技术的进步和科学的管理中发挥了重大的指导作用。

1. 化工标准化的特点

化工标准化是化学工业重要的技术基础。化工标准化的特点与化学工业的特点密切相关。化学工业与其他工业相比，具有如下特点：原料、生产方法和产品纷繁复杂；是知识密集型部门，需要多学科、多专业的合作，并对生产人员的素质要求较高；耗能多；容易造成环境污染；

多在高温、高压、密闭系统中生产，易燃、易爆，安全技术和管理非常重要等。化学工业的这些特点，也是化工标准化工作中应当考虑的问题。

化工标准化工作是我国工业标准化工作的重要组成部分，除具有工业标准化的共性外，还具有如下行业特点：

1)化工标准的专业性和配套性较强　化工产品的品种繁多，性能差异大，更新换代快，所以产品及其试验方法标准数量多、范围广、更新快。化工各个专业甚至每种产品都有不同的试样制备或取样方法。专业和专业之间的标准既有共同之处，又有各自的特殊性。因此，每一个专业与专业之间的标准基本上是自成体系，各有一套完整的标准。

(1)化工产品标准的质量特性指标一般都是代用质量特性指标。化工产品质量的好坏，往往是在使用和加工过程中才反映出来。但是代用质量特性指标并不等同于真正质量特性指标，而是反映真正质量特性的相关技术参数。因此，制定化工标准，关键在于准确、科学地确定代用质量特性指标，以充分反映产品的真正质量。

(2)产品标准的质量指标常实行分型和分等。一种化工产品往往有多种用途，如磷酸氢钙可作为肥料，也可作为饲料和食品添加剂，还可作为牙膏的原料。所以在制定产品标准时要根据不同用途的要求，对产品质量指标实行分型和分等，以避免产品质量的过剩或不足。化学试剂的质量指标一般分为优级纯、分析纯和化学纯等，以适应不同用途的需要。

(3)安全、节能和环保是制定化工标准必须考虑的重要因素。如前所述，化工生产一般在高温、高压下进行，化工产品又多是易燃、易爆、有毒和有腐蚀性的物质。因此，化工标准不仅专门有安全标准，易燃、易爆、有毒物质允许量标准，“三废”排放标准等；而且在电产品标准中要充分考虑安全、环境管理的要求。

(4)化工产品标准中包装占重要位置。化工产品具有气体、液体、固体3种物质形态，并随着温度、压力的变化而变化。由于有的化工产品的性能不稳定，随外界环境和放置时间而发生化学变化，如热分解、裂解、聚合、遇空气发生化学反应或潮解等。许多化工产品属于危险品，危害人类和动植物，国家标准对化学危险品分类与标志以及对化工产品包装都有明确的规定。

2.化工标准体系和化工标准体系表

在标准化系统中，每一项活动都是依据相应的标准化文件(如标准、标准规范、标准化指导性技术文件等)进行的。因此，许多标准化文件必然会按照它们之间的关系形成一个体系。研究标准体系的目的是为了建立一个良性操作的生产秩序。在研究这个体系时应该注意到，标准化活动是以企业生产活动的全过程作为对象。只要有助于建立起正常的生产秩序和获得最佳经济效益，而且又符合标准化原则的任何事物和概念，都应该建立标准，并把它们列入标准体系表中。由这些事物和概念建立的标准，一般可以分为3类，即技术标准、工作标准和管理标准。

由于在编制化工标准体系表时，要考虑这样大的范围是很不容易的，而且也是不可能将工作标准和管理标准全部考虑到的。因此，目前只涉及技术标准的标准体系。管理标准和工作标准的标准体系表，将由化工企业的标准体系表去编制。

1)标准体系和标准体系表　一定范围标准体系内的标准，按一定形式排列起来的图表称为标准体系表。“一定范围”可以指一个企业、一个专业、一个行业乃至全国。“内在联系”是指定范围内的各个标准，它们并不是孤立的，而是按一定的“关系”有机地联系在一起的。

因此，上述范围内的标准按其内在联系形成的有机整体，就分别称之为企业标准体系、行业标准体系和全国标准体系。这些体系内的标准按一定形式排列起来的图表就分别称为企业标准体系表或××企业标准体系表、专业标准体系表或××专业标准体系表、行业标准体系或化工(电子、轻工……)标准体系表和全国标准体系表。

2)化工标准体系表与全国标准体系的关系　在化工标准体系表内，表的基本组成单元是化工技术标准。化工技术标准有：产品标准、门类通用标准[即化工专业内，某一类(即门类)产品的通用标准]、基础标准、通用方法标准。这些标准如按标准适用的范围的大小可以分为两大类，即个性标准和共性标准。产品标准是直接表达某个产品质量规格的标准，它所表达的仅是某个产品的个性特征，只适用于该产品本身，它就是个性标准。其他的化工技术标准，都是表达两个或两个以上产品或表达若干标准化对象间所共有的特征，它们都是共性标准。

共性标准对个性标准所适用的范围，称为共性范围。共性范围的大小要看该共性特征而定。有的共性标准只适用于某专业内产品标准的一个门类，这类共性标准称为门类通用标准；有的共性标准适用于两个或两个以上专业乃至整个行业范围内的产品标准，这类共性标准称为行业基础标准或行业通用(试验)方法标准。在行业基础标准和行业通用(试验)方法标准内的某些标准，如化学分析方法标准编写的基本规定、滴定分析(容量分析)用标准溶液的制备等，也适用于冶金、石油、石化、医疗卫生、食品等行业。这些标准可以制定为全国综合性标准，如化学分析方法标准编写的基本规定，但由于国际标准化组织仍然把它们的大多数放在TC47(化学标准化技术委员会)中，所以这类标准我们仍列入化工标准体系表内。现在，我国已有全国通用综合性基础标准体系表共 21 个，这些体系表中的标准作为全国通用的共性标准。

如果将共性标准按其共性范围大小(把同一个共性范围的共性标准排在同一层次内)排成不同层次，这样就形成了层次结构。层次越高，共性范围就越大，放在最底层是个性标准，即产品标准。

在编制化工标准体系表时，是由下而上逐层提取共性特征而建立层次的。一般全国标准体系表共分为 5 个层次，如图 4-4 所示。从第五层同一门类产品标准中提取出来的共性特征制定的标准居第四层，称为门类通用标准；从门类通用标准中提取共性特征制定的标准居第三层，称为专业基础标准和专业(试验)方法标准；从第三层提取出来的共性特征制定的标准居第二层，称为行业综合性基础标准和通用(试验)方法标准；从第二层提取出来的共性特征制定的标准居第一层，称为全国综合性基础标准。

专业标准体系是我国标准体系表的基本独立单元，由第三、四、五层标准组成。化工标准体系表由化工综合性标准、3 个子行业标准体系的综合性基础标准，加上化工各专业的标准体系表组成。全国 21 个综合性基础标准体系表以及全国各行业的标准体系表，组成了全国标准体系表。

这种标准的层次关系，再现了层次间的主从关系，上一层标准对下一层标准是指导制约和贯彻关系，而下层标准对上层标准是共性形成关系。也就是说，下层标准必须受上层标准的指导和制约，下层标准必须贯彻执行上层标准，上层制定了的标准，下层原则上不应重复制定。这种层次间的主从关系，体现了标准间的内在联系，并组成了一个有机整体。在标准体系表中左右横向标准间的关系还表示了行业之间、专业之间和门类之间的联系及其展开，相关标准正充分地表达了这种横向的联系。

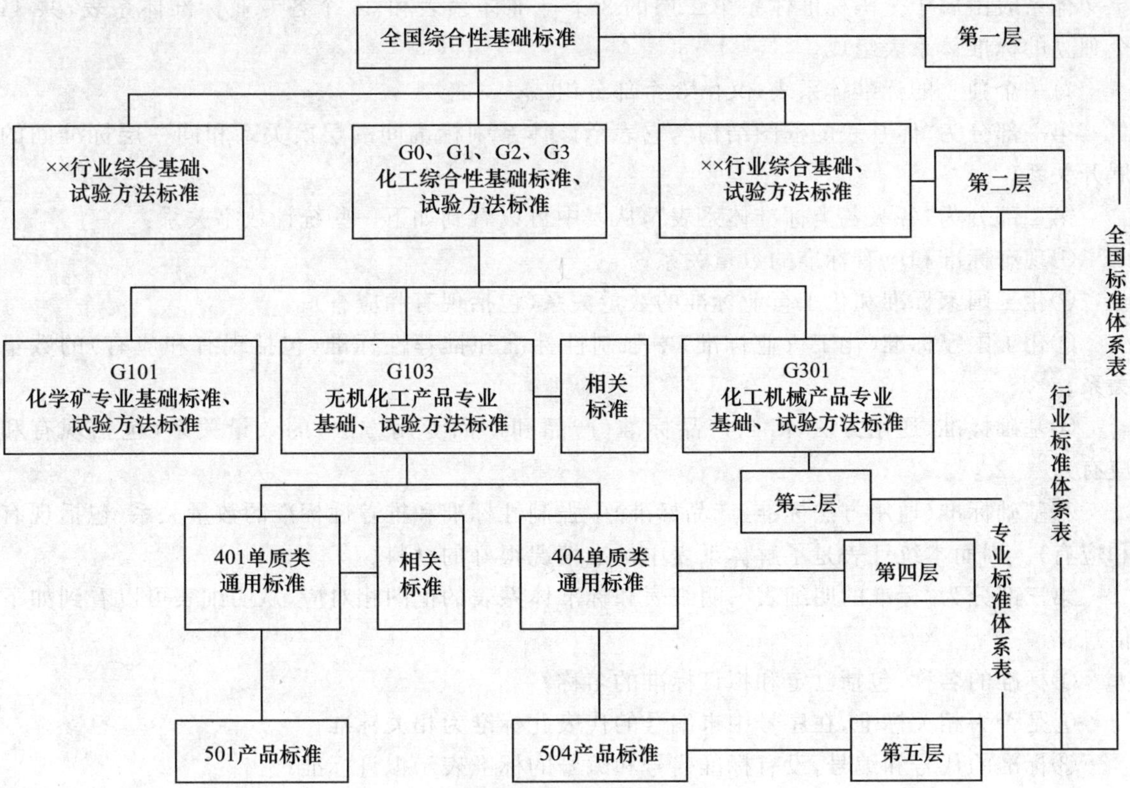

图 4-4 全国、行业、专业标准体系结构

3)化工标准体系表简介 化工标准体系可分为 4 类，即化工基本原材料标准体系、化工高聚物和橡胶制品标准体系、信息用化学品标准体系、化工机械标准体系。根据化工产品标准体系的行业分类，将整个化工标准体系表分为 3 个子行业标准体系表 G1、G2、G3。

G1：化工基本原材料标准体系表。它由化工基本原材料综合基础标准体系表(行业第二层标准)和化学矿、化学气体、无机化工产品、有机化工产品、化学试剂、化肥、农药、染料及中间体、颜料、表面活性剂、水处理药剂、化肥催化剂、食品用化学产品 13 个专业标准体系表组成。

G2：化工高聚物、信息材料标准体系表。它由化工高聚物、信息材料综合基础标准体系表(行业第二层标准)和合成树脂及塑料、涂料、合成橡胶及胶乳、轮胎轮辋及气门嘴、软管、涂覆织物、输送带及传送带、橡胶密封制品、胶乳制品、胶鞋、橡胶杂品、食品用医用橡胶制品、胶黏剂、化学助剂、炭黑、感光材料、磁记录材料 17 个专业标准体系表组成。

G3：化工机械标准体系表。它由化工机械综合基础标准体系表(行业第二层标准)和化工机械、非金属化工机械、搪玻璃设备、橡胶机械和橡塑通用机械、化工用仪器仪表、橡胶测试仪器设备 6 个专业标准体系表组成。

本体系表还另设 G0。

G0：化工综合性标准体系表它由化工产品综合性标准、化工用能、化工安全、化工工业卫生、化工信息分类编码 5 个标准体系表组成。这些标准体系表中的标准，实质上是与上述 3 个子行业标准体系表中各行业综合基础标准同属第二层的标准，由于它们是 3 个子行业标准体系共同的标准，故另设此标准体系表。

体系表由属于全国标准体系第二层的 8 个标准体系表和 36 个各专业标准体系表，共 44 个独立的标准体系表组成。

每一个独立的标准体系表，又由 3 个部分组成。

第一部分为“体系表的框图结构”，它表示该体系中标准间的层次关系和同一层标准间的展开关系。

第二部分为“各级各类标准体系表”，从表中可以看到如下一些统计数字关系：

①现有标准和应有标准的数量关系；

②化工国家标准和化工行业标准的数量关系（包括现有和应有）；

③化工国家标准（化工行业标准）中强制性标准和推荐性标准（包括现有和应有）的数量关系；

④基础标准、通用方法标准、产品标准（产品和产品专用方法）的数量关系（包括现有和应有）；

⑤基础标准（通用方法标准、产品标准）中强制性标准和推荐性标准的数量关系（包括现有和应有）。因而本统计表是了解体系表中标准情况很好的材料。

第三部分为“标准的明细表”，明细表和标准体系表的框图相对应，从明细表可以看到如下信息：

①标准的名称，包括已定和拟订标准的名称；

②是否为相关标准，在序号中未编号的代表此标准为相关标准；

③标准的代号和编号，没有标准代号和编号的标准表示拟订标准；

④已定级别和标准属性，对于已定标准，是指修订后已定的标准级别和标准的属性；

⑤采用的国际标准和国外先进标准号和已定标准修订时应采用的国际标准和国外先进标准号。

在实施化工标准化的过程中，需经过计划、准备、施行、检查、总结 5 个阶段，它与全面质量管理的 PDCA 循环有相似之处。标准的实施过程，也是一个不断循环的过程，这样的循环使标准化水平不断提高。

第四节　认证和认可

一、认证制度的起源与发展

1.认证制度的起源

认证制度是为进行合格认证工作而建立起来的一套程序和管理制度，起源于 19 世纪下半叶。最初的认证是以产品的评价为基础的，这种评价开始是由生产者进行的自我评价（第一方）和由产品消费者（第二方）进行的验收评价。随着现代工业的发展及工业标准化的诞生，社会财富越来越丰富，第一方、第二方的评价由于各自利益影响而存在着一定的局限性。由独立于产销双方不受其经济利益制约的独立第三方，用公正、科学的方法对产品，特别是涉及安全、健康的产品进行评价,并给公众提供一个可靠的保证,已成为市场的需求。于是,由民间自发为适应市场需求而组建的第三方认证机构应运而生。

1903 年,英国首先以国家标准为依据对英国铁轨进行合格认证并授予风筝标志,开创了国家认证制度的先例,并开始在政府领导下开展认证工作的规范性活动。此项活动开展一个世纪以来,不断向深度、广度拓展,包括了产品认证、管理体系认证、实验认证、人员认证等。并且,随着全球经济一体化的趋势,以国际标准为依据的国际认证制度在世界范围内得到迅速发展。

认证制度之所以有生命力,一是因为由独立的技术权威机构按严格的程序做出的评价结论,具有高度的可信性,二是因为认证为法律部门在推动法规实施时提供了帮助,因而取得了政府对认证的依赖。如政府在采购和依法对涉及健康、安全、环境的进行强制性管理时,行政部门可直接利用认证结果,这显然大大增加了认证的权威性。

2.认可制度的形成

由于认证市场的广阔,各类民间从事认证的机构纷纷诞生。这种数量过多、良莠不分的认证机构,使客户无所适从,迫切希望政府出面给予正确管理和规范。

1982 年,英国政府发表了《质量白皮书》,检讨了英国产品在国际市场声誉下降、市场份额越来越小的原因,提出了许多解决问题的具体措施,其中之一就是建立国家认可制度,对在英国认证的机构进行国家认可。认可准则采用了 ISO/IEC 指南及英国的补充要求。1985 年,在英国贸工部的授权下,由英国标准化协会(BSI)等 16 个来自政府部门、工业联合会、商会等的代表,组成了英国认证机构国家认可组织(NACCB)。与此对应,还将原校准实验室认可组织(BCS)和检测实验室认可组织(NATLAS)合并成为英国测试实验室国家认可组织(NAMAS),形成了英国国家认可机构和认可体制。1995 年 5 月,为进步适应国际要求,又将 NACC 与 NAMAS 合并,成立了英国认可组织——UKAS。

1985 年,英国为加强对审核员的管理,扩大英国在审核人员培训和管理上的影响,由英国质量保证研究所(IQA)牵头组建了英国审核员注册委员会(RBA)。1993 年又将其改为认证审核员国际注册机构(IRQA)。英国认证人员注册工作受控于独立的注册管理委员会,注册工作的宗旨是确认质量管理体系审核员的能力。此外,英国还开展了对培训机构培训教师及培训教材的注册和审定工作,使这一体系日臻完善。

在英国的影响下,特别是欧共体(现称欧盟)的形成,各国也纷纷建立起本国的国家认可机构,推行国家认可制。加拿大、澳大利亚、新西兰、东盟国家、巴西、印度、美国和日本等也建立起国家认可制度。迄今为止,已有近 40 个国家建立了国家认可制度。

二、认证与认可

1.认证和认证制度

化验室认证是由第三方确认某一产品、工艺或服务符合规定的要求,并做出书面承诺的程序。认证是化验室等级水平的一种说明,能够对化验室的内涵建设和水平上台阶起到有力的推动作用。认证活动的主体是独立于供方和顾客的第三方,它可以是民间的、私有的、官方的。认证机构以公正的身份依靠自身服务质量来树立自身的威信以此吸引顾客。认证活动的对象是产品或体系,目的是证明某产品或体系符合特定标准规定的要求。目前企业内部化验室认证主要分为两种，一种是资质认证，它类似于产品(服务)认证，主要是保证对第三方提供数据的真实有效性，如计量认证。企业经过计量认证后，即成为为社会提供公证数据的产品质量检验机构(第三方实验室)，但目前我国计量认证一般不针对企业内部化验室。我国目前的化验室认证主要是指化验室的认可。

1)产品质量认证的基本条件　某种产品要获得“质量认证”，必须具备如下 3 个基本条件。

(1)申报“认证”的产品，首先必须是质量优良的产品，只有自身品质优良的产品才受消费者欢迎，才能给社会带来好的作用并产生社会效益。否则，就是冠以“世界第一”也将是“金玉其外，败絮其内”，有名无实，毫无意义。

(2)生产该产品的组织(如企业)必须具有完善的质量体系，并正常地运行事实上，要生产出一件、一批甚至更多的优质产品，对于一般的生产者而言，并不是很困难的事，难的倒是使产品长期保持优良的品质，并获得消费者欢迎。然而，当一个组织(如企业)在生产优良产品的必备条件的基础上，建立了完善可靠的质量管理体系，并投入正常运行，由于“质量体系”具有自我修正能力的特性，它所生产的产品的质量就自然有所保证。因此，在“质量体系审核”中获得通过的质量管理体系，是产品质量认证的重要基础。

(3)必须具有经过“合格评定”的化验室，质量管理离不开“信息”，要生产质量优良的产品，必须具有获得可靠的质量信息的“合格的”化验室，这样的化验室本身就是生产经营组织(企业)的质量管理体系的必需组成部分。

化验室的“合格评定”通常是在产品质量认证审查的时候，由地方质量监督部门进行审核。也有些地方是由行业协会等组织进行评审，评定的标准有直接套用 CNAL/AC01：2005《检测和校准实验室能力认可准则》，也有的是根据能力认可准则另行编制“评审标准”。没有专门机构组织评定的地区，相关企业化验室应从对社会、对企业生产负责的角度出发，依据能力认可准则进行自我检查评定，及时地对化验室的缺陷进行补救和完善，以适应市场竞争以及保证产品质量稳定提高的要求。不管是外部评审还是企业自己的“内部评审”，都将对化验室的建设和管理产生良性的促进作用。

从上述的“质量认证基本条件”中，不难看到产品质量认证要求企业必须具有强有力的“质量保证”能力，并以此构筑企业的质量堡垒。从而对其产品的质量提供足够的技术、人力等保障，使其产品的质量保持优良水平。

显然，产品质量认证审核的本质，仍然是对组织的“管理”进行审核，或者说是“管理出质量”“管理出效益”的表现，也是通过对人员工作质量的管理促进组织产品质量稳定提高的具体体现，是现代社会的质量管理的重要组成部分。

2)产品质量认证的原则　中国的产品质量认证采取“第三方认证制度”的原则，也就是说，在“认证”的全过程中始终是由“独立于生产方和购买方之外的第三方机构”进行对产品的鉴定和有关组织管理的审核，并在产品获得“认证”以后，继续对其实施监督。

由于“第三方机构”是“独立于生产方和购买方之外的机构”，其自身与任何一方均不存在利益上的任何联系，因而其“认证”自然应该是公正可靠的，能够获得社会承认的。“第三方认证原则”也是国际上最基本的认证原则。

3)质量认证的类型

(1)强制认证　强制认证是国家的强制行为。为了确保国家和人民生命财产的安全，不因某些产品质量的低劣而受到损害。中国的产品认证制度规定了对特定的产品——在使用中有可能威胁国家和人民生命财产的安全的产品(或项目),实施"强制性认证"。按规定必须接受"强制认证"的产品,如果没有获得"强制性认证"许可,则不得投入生产(或进口)和社会流通。其中最基本的"强制认证"是"安全认证"。

(2)自愿认证　对于国家认证制度没有要求"强制认证"的其他产品(或项目),其产品是否参加认证活动,则取决于生产单位的意愿。

但是,由于产品质量认证对于企业产品进入市场(尤其是国际市场)具有积极作用国家鼓励企业参加产品质量认证。

2.认可和认可制度

认可是由某一权威机构(CCIBLAC)对某一机构或人员有能力完成特定任务做出正式承认的程序。化验室认可是化验室认证的一种形式,也是目前我国企业内部化验室最普遍的一种认证形式。化验室认可是化验室发展的必经之路,是化验室走向社会、走向世界的必要途径,是国家对化验室宏观管理发展升级的有效措施。一个化验室通过实验室国家认可,而后出具的检测报告和实验数据就可以被国内国际上普遍承认,能够达到一次检测、全球通认的效果。所以,目前企业都把化验室的认可工作看作企业升级和化验室升级的良好载体而加以重视。

3.认证和认可的基本管理材料

无论是化验室认证还是认可,都要做好管理的基础工作,都要出示一定的基本材料供认证认可机构评审。

一般要求的基本材料有:设备操作规程、化验室设备台账、设备鉴定书、设备使用和维修记录、试验操作规程、检验项目原始记录、化验室管理制度、样品管理制度、化验室人员资格及岗位职责等管理材料。基于以上管理基本材料的要求,化验室管理工作必须在日常工作中从实处抓起、从细处做起,依据认证和认可要求扎扎实实地开展和推进化验室的日常管理工作的精细化和精致化。

4.认证和认可的主要区别

1)两者的主体不同　认证的主体是具备能力和资格的第三方,由合格的第三方实施认证工作,以保证认证工作的公正性和独立性的主体是权威团体,这里一般是指由政府授权组建的一个组织,具有足够的权威性。

2)两者的对象不同　认证的对象是产品、过程或服务,如质量管理体系认证、产品质量认证、环境管理体系认证等。认可的对象是从事特定任务的团体或个人,如检验机构、实验室、管理体系认证机构以及审核员、审核员培训机构等。

3)两者的目的不同　认证是符合性认证:以质量管理体系的认证为例,其目的在于质量管理体系认证机构对组织所建的质量管理体系是否符合规定的要求(如 ISO 9000 标准的要求)进行证明。认可是具备能力的证明,即认可机构(如中国的 CNAB)依据规定的程序对质量管理体系认证机构(如 CQC)和质量管理体系审核员是否具备从事质量管理体系认证工作的资格和能力进行考核和证明。认证和认可都是合格评定活动,即通过直接或间接的活动来确定相关要求被满足。表 4-2 列出了各项合格评定的主要活动。

表 4-2 各项合格评定的主要活动

主要活动	认可 认证	对象	实施机构
对产品进行抽样、试验和检验、审核和评定组织的质量管理体系	产品质量认证	产品	认证、检验机构
审核和评定组织的质量管理体系	质量管理体系认证	组织的质量管理体系	认证机构
对产品进行抽样，测试产品的环境参数、性能，审核和评定企业的环境管理体系	产品环境标志认证	产品	认证机构
审核和评定组织的环境管理体系	环境管理体系认证	组织的环境管理体系	认证机构
检查和评定检验机构的质量管理体系	检验机构认可	检验机构	认可机构
审核和评定认证机构的质量管理体系	认证机构认可	认证机构	认可机构
评价审核员的能力	审核员资格认可	审核员	认可机构（注册机构）
审核和评定培训课程、培训的质量管理体系	培训课程认可	审核员培训机构	认可机构（注册机构）

在我国 ISO 9000 质量管理体系的认证工作中，认可机构是中国国家进出口企业认证机构认可委员会（CNAB）及中国质量管理体系认证机构国家认可委员会（CNACR），认证机构是经认可机构批准建立的机构，在中国开展质量认证的机构已有 50 多家，其中中国进出口质量认证中心（CQC）是最早认可、拥有审核员最多、发证数量最多的机构。

三、认证机构简介——CQC

1. 中国进出口质量认证中心（CQC）

中国进出口质量认证中心（China Quality Certification Centre for Import and Export，CQC），是原国家进出口商品检验局（现国家质量监督检验检疫总局）依据《中华人民共和国进出口商品检验法》和国务院赋予的职责，并经中央编制委员会办公室批准，于 1996 年 10 月设立的具有独立第三方公正地位的质量管理体系和环境管理体系认证机构。

2. CQC 的主要职责

①组织实施进出口产品安全认证和质量认证；

②组织实施第三方质量管理体系（ISO 9000）认证；

③组织实施第三方环境管理体系（ISO 14000）认证；

④组织实施审核员培训、认证业务培训。

四、认可机构简介——CNAS

1. 名称和组织机构

中国合格评定国家认可委员会(CNAS)是根据《中华人民共和国认证认可条例》的规定，由国家认证认可监督管理委员会(CNCA)批准设立并授权的国家认可机构，统一负责对认证机构、实验室和检验机构等相关机构的认可工作。

CNAS由原中国认证机构国家认可委员会(CNAB)和原中国实验室国家认可委员会(CNAL)合并而成。CNAS通过评价、监督合格评定机构(如认证机构、实验室、检查机构)的管理和活动，确认其是否有能力开展相应的合格评定活动(如认证、检测和校准、检查等)、确认其合格评定活动的权威性，发挥认可约束作用。图4-5为CNAS的组织机构图。

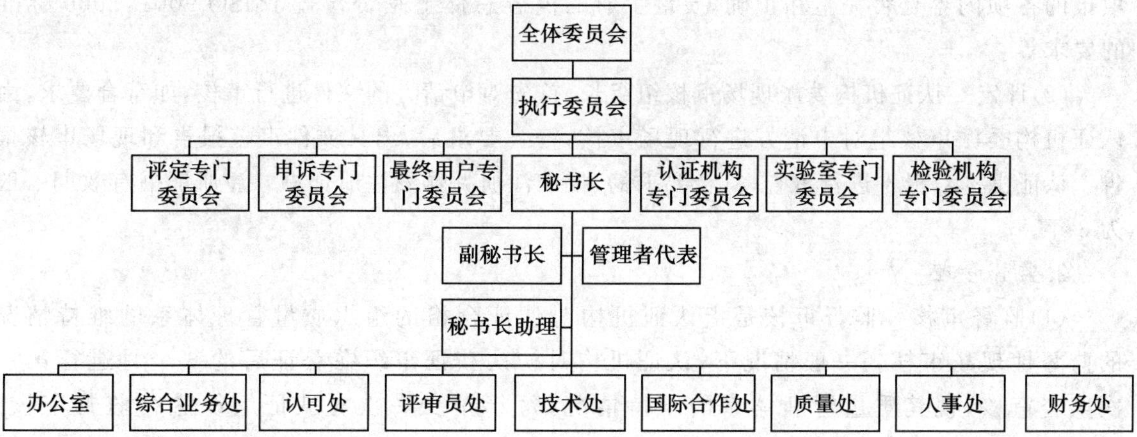

图4-5　CNAS的组织机构图

2. CNAS的主要任务

①按照我国有关法律法规、国际和国家标准、规范等，建立并运行合格评定机构国家认可体系，制定并发布认可工作的规则、准则、指南等规范性文件；

②对境内外提出申请的合格评定机构开展能力评价，做出认可决定，并对获得认可的合格评定机构进行认可监督管理；

③负责对认可委员会徽标和认可标识的使用进行指导和监督管理；

④组织开展与认可相关的人员培训工作，对评审人员进行资格评定和聘用管理；

⑤为合格评定机构提供相关技术服务，为社会各界提供获得认可的合格评定机构的公开信息；

⑥参加与合格评定及认可相关的国际活动，与有关认可及相关机构和国际合作组织签署双边或多边认可合作协议；

⑦处理与认可有关的申诉和投诉工作；

⑧承担政府有关部门委托的工作；

⑨开展与认可相关的其他活动。

五、质量管理体系认证工作程序

质量管理体系认证的实施过程分为两个阶段：一是申请和评定阶段，其主要工作是受理申请和对组织的质量管理体系进行审核和评定，决定能否批准认证并颁发认证证书；二是对获证组织的质量管理体系进行日常监督管理，使获准认证组织的质量管理体系在认证有效期内持续符合 ISO 9001:20000 标准的要求。其工作程序如下。

1. 申请及评定

(1)申请　要求质量管理体系认证的组织应确定质量管理体系认证所覆盖的范围，并确认自身的质量管理体系达到了 ISO 9001:2000 标准要求之后，即可向选定的认证机构正式提出认证申请。认证机构收到申请方的正式申请后，将对申请方的申请文件进行审查，包括填报的各项内容是否完整和正确，质量手册的内容总体上是否覆盖了 ISO 9001:2000 标准的要求等。

(2)评定　认证机构委派现场审核组组长，首先对申请方的文件进行审核，如符合要求，由认证机构委派审核组对申请方进行现场审核，符合要求后，出具文件审核报告和现场审核报告。认证机构对报告进行审查，符合要求的，批准注册并颁发注册证书。注册证书有效期一般为 3 年。

2. 监督管理

(1)监督审核　监督审核是指认证机构对认证合格的组织质量管理体系的维持情况的监督性现场审核。一般情况下，认证机构对初次获证组织在获证后的 6 个月进行第一次监督审核，视其质量管理体系的维持情况，每年至少一次对获证组织进行监督审核。监督审核的程序与注册认证审核相似，但在检查内容上有很大的简化，重点检查以下内容：

①上次审核时发现问题的纠正情况；

②质量管理体系是否发生变化，以及这些变化对质量管理体系有效性可能产生的影响；

③质量管理体系中关键项的执行情况等。

(2)认证暂停与撤销　认证暂停是认证机构对认证合格组织的质量管理体系发生不符合认证要求的情况时采取的警告措施。在认证暂停期间，组织不得使用质量管理体系认证证书进行宣传。认证暂停由认证机构书面通知组织，同时也指明消除暂停的条件。

认证撤销是指认证机构撤销对组织质量管理体系符合质量管理体系要求的合格证明。认证撤销由认证机构书面通知组织，并撤销注册，收回证书，停止组织使用认证标志。

(3)复审换证　在认证证书有效期满前，组织愿意继续延长时，可向认证机构提出复审换证的要求。复审换证的审核与初次认证相同，但由于连续性监督的因素，在具体的审核过程中将较初次认证有所简化。其审核过程如图 4-6 所示。

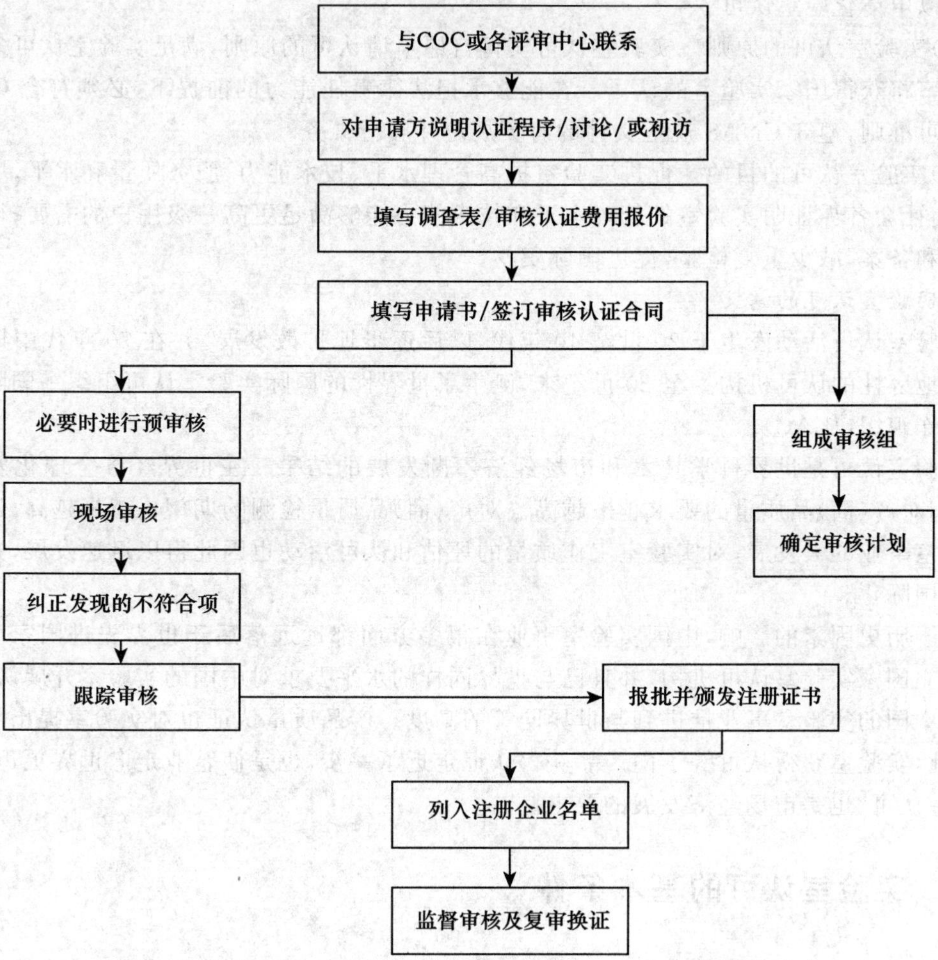

图 4-6 复审换证流程

第五节 实验室认可

一、实验室认可的意义

1. 实验室认可相关的基本概念

实验室认可是由权威机构对检测、校准实验室及其人员有能力进行特定类型的检测、校准做出正式承认的程序。所谓权威机构，是指具有法律或行政授权的职责和权力的政府或民间机构，这种承认意味着实验室有管理能力和技术能力从事特定领域的工作。它的相关概念如下：

(1)实验室认可的对象　任何愿意获得中国国家认可的从事校准和(或)检测工作的实验

室都可以申请化验室认可。

(2)实验室认可的原则　实验室认可实行自愿申请认可的原则，满足实验室认可条件要求的实验室将获得国家实验室的认可。在能够承担法律责任能力的前提下，必须符合 CNAS 颁布的认可准则，遵守 CNAS 规范文件的有关规定并履行义务。

(3)实验室认可的目的　促进实验室提高管理水平、技术能力、服务质量和水平，增强竞争能力；向社会各界证明实验室的管理水平和技术能力能够满足更高一级用户的需要；得到国家的承认和备案，减少重复检验，促进国际贸易。

2. 实验室认可的意义

实验室认可活动发生于 20 世纪 40 年代，以后逐步地扩散发展，并在 70 年代中期产生了第一个地区性的认可机构。至 20 世纪末，诞生了世界性的国际实验室认可组织一国际实验室认可合作组织(ILAC)。

实验室认可是世界科学技术和市场经济不断发展的结果。在世界经济全球化发展的今天，人们对产(商)品质量的要求越来越高。对产(商)品质量检测的期望也越来越高，这就促进了实验室事业的大发展，对实验室工作质量的评估和认可活动也因此得以迅速发展，并且逐步地走向国际化。

由于历史因素的影响，中国实验室事业在很多方面都远远落后于世界先进国家。目前中国已成立国家实验室认可机构，并且已与世界同样的水平要求对中国的实验室开展认可活动，努力把中国的实验室事业推进到与世界同等的高度。产品质量认证也对实验室提出了新的要求，因此，实验室获得认可等于向产品获得认证走近了一步，也是使企业走向世界更迈进一步。“实验室认可”也是市场经济发展的要求。

二、实验室认可的基本条件

实验室希望获得实验室认可，必须达到符合《实验室认可准则》CNACL 201—99 的文件规定的要求，并按《实验室认可管理办法》CNACL 101—99 的规定，办理“认可申报”，提交足够的认可申报资料，然后由中国实验室进行审查考核，当申报认可的实验室达到规定要求的时候，便可以获得认可。

申报认可的实验室，除了必须具备一般实验室必备的硬件以外，更重要的是必须实行实验室的质量管理，也就是说必须建立有实验室质量体系并投入运行:使实验室水平和实验室工作质量得到不断的提高。事实上，实验室质量体系的建设对实验室总体水平的提高具有很大的促进作用，是实验室认可的重要基础工作。

三、实验室认可的基本程序

1. 申请

中国的“实验室认可”，除了在计量校准和法定检验机构的实验室实现强制性的认可以外，一般的实验室目前还是采取自愿申报认可的方式，由自愿申报的实验室向 CNAS 机构提交《实验室认可申请书》以及相关资料提出申请。

2. 现场评审

1)评审准备　CNAS机构在接受实验室的申请书后，首先对认可申请的实验室的申请资料的完整性、规范性进行初审，确认申报实验室的申请准备工作基本符合要求后，再对现场评审正式立项，登记建立档案，选配评审员，组织制定现场评审计划和开始现场评审准备工作。

申报“认可”的实验室在提交申请书后，应该根据CNAS机构的要求提交必需的补充资料，并配合机构做好各种现场评审活动的准备工作，为现场评审提供方便。

为了使评审申请尽快获得通过，申报认可的实验室应在申报以前，事先认真学习《实验室认可准则》，深入领会《实验室认可准则》和《实验室认可管理办法》的核心精神，并做好申报的咨询，尽量做到一次就提交足够的认可申报资料，以便认可机构充分进行现场评审准备，加快评审进度，有利于评审工作的进行。

2)现场评审　CNAS对申报实验室的现场评审，包括以下内容：

(1)首次会议　明确现场评审的目的、范围及依据，评审的工作计划、程序、方法、时间安排以及联系方法等，并在现场进行必要的答辩，澄清某些不够明确的问题，以便对认可申请的实验室有进一步的了解。

(2)现场参观与评审　根据评审工作计划进行现场的参观、检验评审工作。

(3)现场试验与评价　根据评审工作的需要进行现场的测试/校准工作质量检查，对申报的实验室的实际工作能力和质量保证能力做出鉴定，以确定实验室的实际水平并给予恰当的评价。

3)批准认可　经过实际的认可审查的考核，对于达到认可条件的实验室，由CNAS机构把相关资料连同评审报告上报CNAS评定工作组，由工作组予以评定。如无异议，再报请国家质量技术监督局颁发批文和认可证书。

4)监督和复评　凡获得CNAS认可的实验室，在认可程序完成以后，必须接受CNAS的监督和复评审，以确保认可的有效性。对于违反《实验室认可准则》CNACI 201—99的行为，或者实验室的实际水平有所下降，或发生其他实际情况，适时地对实验室的认可资格提出变更或取消意见，并上报审批和执行。

5)能力验证　能力验证是对实验室进行现场评审的考核内容之一，旨在检查实验室以及具体工作人员的实际工作能力和质量保证能力，以便对实验室的总体实际水平做出评价。在进行能力验证的时候，申请认可的实验室必须给予充分的合作，以利于验证工作的顺利进行。能力验证是认可评定的重要工作，在评审和复评审工作过程中都具有重要意义，不可忽视。

拓展学习

国外质量管理的经验和质量管理的发展动向

历史的经验告诉我们，赶超世界先进水平的捷径是努力学习国外先进经验，尤其是发达国家的先进技术和管理经验，并加以消化吸收，“洋为中用”“拿来主义”既可以节省时间，也可以少走弯路。在质量管理工作方面也不例外。

一、美国的质量管理

1. 美国质量管理溯源

美国是公认的现代质量管理的发源地，早在第二次世界大战时期，休哈特(W. A. Shewhart)、道奇(H. F. Dodge)、罗米格(H. G. Romig)、戴明(W. E. Deming),朱兰(J. M. Juran)到菲根堡(A. V. Feigenbaum)博士都曾为全面质量管理做出巨大贡献,并使美国成为世界上工业最发达的国家之一。

美国著名全面质量管理理论家克劳斯比(P. Crosby),是现代质量管理的另一个代表人物,他根据美国质量管理的社会实践,进一步发展了全面质量管理的理论,并提出了更先进的质量管理理论,把美国的质量管理推进到一个新境地,使美国的"世界工业的老大"的地位更加稳固。

早在1946年,美国就成立了美国质量管理协会(ASQC),不但拥有大批的国内会员,还吸收了大批的国外团体会员,对美国及相关国家或公司的产品质量的提高发挥了重要作用。

1984年美国国会通过参议院304号法令,决定当年10月为"国家质量月",同年10月4日里根总统签署了《全国质量月》公告,把美国的质量管理推进新的历史阶段。

政府和专家的协同行动,使美国在质量管理方面一直处于世界领先地位。

2.美国质量管理的特点

(1)强调质量专家的作用　美国是世界上率先采用"科学管理之父"泰罗的科学管理理论,把质量工作主要交给专业的质量专家和检验人员负责的国家。在这种特定的环境里,质量专家和检验人员队伍迅速发展,成为美国专业管理人员的一个主要组成部分。美国的产品质量也就一直处于世界领先地位。

美国的高等院校、ASQC以及相关质量管理、质量检验的专业教育机构,每年都为各企业公司培养出数以千计的质量管理专家和专业工作者,使美国的质量管理队伍不断发展,雄居世界榜首。

(2)重视并注意加强质量检验部门和质量管理部门建设　在美国公司里,最强大的工作部门大概就是与质量工作具有密切关系的检验和质量管理部门了。通常美国公司里的质量检验和质量管理部门都配备有各类专业人才,并且一般都有独立的财政预算。它们的工作任务如下:

①计划、协调质量管理活动;

②研究质量保证技术;

③制定产品质量标准、确定检验方法与手段;

④检验、调整、鉴定生产过程的质量;

⑤收集质量信息和消费者意见,并加以整理、加工、储存及分发;

⑥干部培训、宣传和咨询活动。

(3)重视生产全过程的质量管理,努力争创名牌产品为了生产高品质具有竞争力的产品,美国公司特别注意以下方面。

①积极投资增添生产资料,购置精密机械、工具和测量仪器,形成高品质、高效率的生产系统;

②重视初销市场调查及售后反馈,及时做出反应;

③主动为专业质量管理人员和质量检验人员提供进修和交流机会;

④积极开展"创名牌、保名牌"活动,建立自己独到的生产技术系统,制造并不断完善自己的特色产品;

⑤注重产品更新换代研究,加快产品更新换代的速度。

(4)重视质量成本分析　质量成本的核心问题是高质量和低生产成本,体现在产品上就是“物有所值,价廉物美”。最早研究、探讨质量成本问题的是菲根堡博士,他设计的一套质量成本分析表,在世界上广为流传。

1979年克劳斯比将质量成本定义为“不符合要求的代价,做错事、走弯路耗费的成本,”并富有卓见地提出了“质量管理的标准是零缺点,是要求每一个人第一次就把事情做对。提高质量的良方是事前预防,不是事后检验”的质量管理新观点,强调“质量合乎标准;以防患未然为质量管理制度;工作标准必须是‘零缺点’;以‘产品不合标准的代价’衡量质量。”1986年克劳斯比提出他的质量哲学的“四个绝对”:①质量的定义与要求相符;②质量体现是预防;③操作标准是“零”缺陷;④质量的度量是“不相符”的代价。确信只要遵循上述四个“绝对”,企业定会创造出高质量产品。他再一次向社会发出信息,推行其“零缺点质量”观和“品管免费”论,把美国的质量管理推向新的高度,是美国质量管理力量的新代表。

(5)积极开展顾客满意度评价(CSI)　美国法律给消费者很多保护,很多商品可以无理由退货。因此,美国公司对顾客的满意与否特别重视,普遍开展了“顾客满意度评价活动”,实质上是对企业的综合素质评价,包括产品和服务、企业形象、企业的经营等顾客满意度评价从客观上有力地促进了美国产品(或服务)质量的稳定和提高,结合其他的相应质量管理措施,美国产品质量稳居世界之首,自然当之无愧了。

3.美国质量管理的发展

美国是当今世界计算机技术走在最前列的国家,随着计算机技术的发展,计算机在美国公司质量管理工作中应用十分广泛,通过质量管理软件设计,用计算机代替质量专家处理各种与质量管理有关的烦琐事务。从而使质量专家们可以腾出时间进行更先进的质量管理方法的研究和推广活动,美国产品在品质方面始终走在世界的前列。

二、日本的质量管理

1.质量管理的引进

第二次世界大战后,日本进入了经济恢复时期,由于缺乏科学的管理,尽管具有良好的愿望,但是在经济建设中仍然遇到重重困难,特别是在产品的质量方面,战后的日本产品曾在外观上获得世界的称誉,可是其内在品质却使世人不敢恭维,一时间“东洋货”成为劣质品的同义词。

日本政府从世界各国反馈的信息中认真吸取教训,决心改变日本产品质量低劣的尴尬处境,接受了日本本土的质量专家的建议,终于从美国引进了先进的质量管理理念,并逐渐地在日本企业试验和推行,在20世纪中叶后的40年里跨出了四大步。

20世纪50年代,从美国引进统计质量管理;

20世纪60年代,从美国引进全面质量管理;

20世纪70年代,巩固并发展为日本式的全面质量管理;

20世纪80年代以后,向全社会质量管理发展。

由于创造性地运用全面质量管理理论,积极开展群众性的质量管理活动,日本不但很快地甩掉了“‘东洋货’是劣质货代名词”的丢人帽子,而且使土地面积小、资源贫乏的日本岛国跃居为世界第二经济强国地位。

2.日本质量管理的特点

(1)全公司综合的质量管理　这是日本化的全面质量管理,特别强调质量管理的全面性,注重建立全公司范围的质量管理体系(大公司也如此),设立质量联络员,以征询用户意见及了解市场信息,确保全过程的管理。

(2)实行质量审核制度　审核对象是整个质量管理活动,而不是具体的产品质量,一般一年一次。成绩优异者可望获得“戴明奖”或“日本质量管理奖”,凡获得后一个奖项的奖励者,授予“JIS”(日本工业标准,Japanese Industrial Standard)之荣誉标志。

3.普及质量管理教育和培训

日本的质量管理有“始于教育,终于教育”之说,具有多层次、多形式、针对性强的特点,使全面质量管理思想深入人心。

4.质量管理小组活动普遍开展

在日本除了最常见的“QC”(质量管理)小组外,还有“ZDP”运动(无缺陷运动,Zero Defect Program)、“自主管理”“安全小组”等不同形式的群众性质量管理活动团体。他们的活动形式多样,除了质量问题以外,还涉及提高效率、降低成本、安全生产,甚至卫生工作、团结互助等日常生活中可能影响职工工作情绪、精神状态并导致影响工作质量和效率的问题。总之,一切与公司生产及公司切身利益有关、可能因此而导致产品(或服务)质量问题的因素,都可以成为质量活动的课题。

日本最大的民间科技组织——科技联盟每年都定期组织各种类型的质量管理小组长学习,有力地促进了质量管理小组活动的开展和巩固。

5.灵活应用质量管理的统计方法和数理统计工具

日本的重要经验之一是运用统计方法一是要充分,二是要灵活,早在20世纪70年代末,他们就已经开始运用所谓新7种统计工具。

6.经常开展全国范围的质量管理推进活动

日本从1951年9月在大阪举行了第一次全国性的质量管理大会以后,就经常地召开各种各样的质量管理大会,如工段长、班组长大会,消费者大会及最高经营者质量管理大会等活动。被誉为日本质量管理中心的日本科技联盟和日本规格协会等民间团体,从1960年开始,每年11月都举办质量月活动,有力地推动日本全国的质量管理活动。

1969年,在东京召开了第一次国际质量管理大会,会议上成立了国际质量协会(IAQ),更进一步促进了日本质量管理的发展。

7.日本质量管理的发展

(1)“PPM”质量管理“PPM”有两个含义:一是百万分之一(part per million);二是完美的产品管理(perfect products management)。在这里是同时包含了两个含义,即要求把产品的不良率控制在“PPM”数量级,并逐步实现“PPM(完美)”品质,实质上是全面质量管理和可靠性工程结合的综合管理。

(2)“柔软的”质量管理实际上是以管人的质量和人的素质,“柔软”出自人(相对于装备而言),以人的素质来保证产品(或服务)的质量。以抓核心带动与产品(或服务)质量有关的各方面的管理,从而保证和提高产品(或服务)质量,是“柔软的”质量管理的精髓。“柔软”也包含“软件”即管理技术和应用计算机管理。但总体是以人为主的管理。

三、欧洲的质量管理

欧洲曾经是两次世界大战的主战场,战争使欧洲的经济受到严重的破坏,但是欧洲又是最早工业化的地区,所以,第二次世界大战后,欧洲就很快进入经济恢复时期,并且继承了老牌工业化国家的传统，在产品的质量管理方面，取得很好的成就。欧洲的质量管理也有他们的独特之处。

1.着重抓技术与手艺方面的问题，富于创新精神

欧洲国家普遍注意工作人员的技术和操作技能的培养和提高，以此确保企业生产的产品质量优良，鼓励工作人员在日常工作中不断创新。

2.重视标准化工作

由于战争的破坏和重组，欧洲大陆有大小不一的很多国家，欧洲有很多穿越国境的国际铁路、公路、航空、航海等交通运输干线，还有国与国的经济和产品交流迫使欧洲必须做好产品的“标准化”工作，促使欧洲成为最早接受美国式质量管理思想的地区，从而使欧洲最早实施地区性的质量管理。

3.重视国际合作解决质量问题

地区性的质量管理活动，又带动了欧洲各国注意国际合作，特别是现代化经济体系的地区合作，国家之间的技术协作和物资交流，使国际合作解决质量问题成为现代生产中的必然。

4.社会团体和质量保证组织协同推进质量管理

在推进欧洲质量管理国际化的进程中，欧洲各国的民间社团和质量保证组织的协调和推动也是功不可没的，欧洲各国的民间经济交流和访问活动，使欧洲各国之间互通有无、互相协作，形成经济共同进退的经济联盟，各国之间的质量管理经验自然也就互相流传，并逐渐趋于同化。

5.在保证与提高产品质量中，注重现场检验职能

欧洲国家企业的现场质量检验工作是比较突出的，通常投入比较多的检验力量，约占职工总数的10%，多的可达15%，比较少的也有7%～8%。强大的质量控制队伍，使欧洲的产品质量保持长期稳定，并产生了不少世界名牌产品。

6.在质量控制上较早使用统计方法

欧洲是最早工业化的地区，形成比较严谨的统计意识，因此也比较早运用统计方法进行质量管理和控制。

欧洲的地理位置也促使欧洲注重产品质量认证工作，英国就是这种质量管理模式的始创国。

练习题

1.什么是质量管理体系？现代质量管理体系的基本特征是什么？

2.简述现代质量管理的基本工作方法。

3.工作质量与产品质量有哪些联系？

4.化验室在企业生产中有哪些质量职能？

5.标准化的基本原理是什么？

6.简述质量检验的职能及各职能的关系。

7.什么是产品质量认证？需要什么基本条件？

8.什么是实验室认可？其基本程序是什么？有何意义？

9.认证和认可有什么本质区别？

第五章

化验室检验质量保证体系的构建与管理

学习目标

1. 了解化验室检验质量保证体系构建的依据和编制化验室质量管理手册的基本要求，掌握构建化验室质量保证体系的基本要素和方法。

2. 理解质量保证体系对检验人员综合素质、仪器设备、材料和环境保证的意义，掌握检验过程的程序和质量控制的要求及注意事项。

3. 了解检验质量申诉与质量事故处理的程序和方法，理解实施检验质量保证体系内部监督评审的作用，掌握检验质量保证体系内部监督评审的程序。

4. 熟悉2018年实施的《食品安全法》的基本内容和食品安全监督职责。

5. 了解我国食品安全标准的类型，了解ISO 9000标准、ISO 14000标准、ISO 22000标准的基本内容；

6. 了解无公害食品、绿色食品、有机食品、强化食品、保健(功能)食品、转基因食品及其标准；

7. 掌握食品危害分析与关键点控制(HACCP)、食品良好生产规范(GMP)和质量安全(QS)的原理与方法。

8. 根据检验过程和质量控制的要求，能够结合本校实验室分析检验任务，设计检验过程的质量保证方案。

9. 根据质量保证体系对仪器设备、材料和环境保证的总体要求，能够结合本校实验室情况，设计红外光谱仪的运行环境方案。

10. 掌握《食品安全法》；熟知我国食品安全标准的类型及基本内容。

11. 掌握无公害食品、绿色食品、有机食品等及其标准。

12. 掌握食品危害分析与关键点控制(HACCP)、食品良好生产规范(GMP)和质量安全(QS)的原理与方法。

第一节 化验室检验质量保证体系

自1987年ISO/TC 176(国际标准化组织质量管理和质量保证技术委员会)正式成立以

来，相继制定了一系列标准（ISO 9000 族系列标准）。这为各国建立质量体系和质量管理标准提供了借鉴。我国的 GB/T 19000 系列标准就是从 ISO 9000 族系列标准等同转化而来的。其中，GB/T 19001—2008《质量管理体系　要求》适用于各种类型、不同规模和提供不同产品的组织。构建化验室检验质量保证体系并使之运行，是企业实施全面质量管理（TQC）的重要组成部分，是非常重要和十分必要的。

一、化验室检验质量保证体系构建的依据

化验室质量保证体系构建的依据是 GB/T 19001—2008《质量管理体系要求》。因为该标准阐述了企业产品最终检验至成品交付的产品检验和试验的质量体系要求。按这些要求建立的质量体系，既要为产品的需要方提供具有对产品最终检验能力的有效证据，也要保证最终产品的检验符合产品的执行标准或相关规定，且有能力检测出不合格项目并加以处理。该标准强调检验把关，要求企业在进行产品生产的同时建立一套完善而有效的检验系统，并严格控制系统的人员素质、技术装备等。为了达到上述质量体系的功能和能力，化验室必须建立相应的质量保证体系来保证检验工作或检验结果质量。

二、化验室检验质量保证体系的基本要素

根据 GB/T 19001—2008《质量管理体系要求》标准要求，企业在实施全面质量管理（TQC）时，必须建立化验室质量体系和化验室检验系统。化验室质量体系应包括化验室的组织结构、管理程序、管理过程和化验室资源。化验室检验系统主要包括系统的人力资源、仪器设备及材料、文件资料等。化验室检验系统除了按产品执行标准或相关规定进行产品质量最终检验之外，根据 GB/T 19001—2008 产品实现的策划应与质量管理体系其他过程的要求相一致的原则，既要进行生产过程控制的检验，还要为满足顾客要求、新产品试验等进行检验。要使上述各方面的检验工作和结果质量得到保证，就必须使检验的各个环节资料得到保证。所以化验室检验质量保证体系的基本要素应包括检验过程质量保证，检验人员素质保证，检验仪器、设备和环境保证，检验质量申诉处理，检验事故处理 5 个方面。

三、化验室检验质量保证体系的构建

构建化验室检验质量保证体系就是要围绕该体系 5 个方面的要素，进行管理组织结构的建设；确定相应的管理程序和管理过程；明确各类人员的素质和能力，要求并制订和实施人员培训计划，制定保证体系中各类人员岗位职责；按需要配备相应的检验仪器和设备，制定使用、管理办法；收集和制定需要的技术标准、检验方法和检验操作规程等；创造良好的检验工作和仪器设备运行环境；制定检验质量申诉处理和检验事故处理办法；制定化验室检验质量保证体系运行监督和内部评审办法，建立化验室实现量值溯源的程序，综合编制《化验室质量管理手册》。在构建化验室检验质量保证体系中，应注意贯彻国家的方针政策、标准和有关规定，注意与企业的质量方针和质量体系相衔接。同时还要联系化验室自身的实际，力求做到科学、合理、有针对性和实用性、可操作性强。图 5-1 即为化验室检验质量保证体系框图。

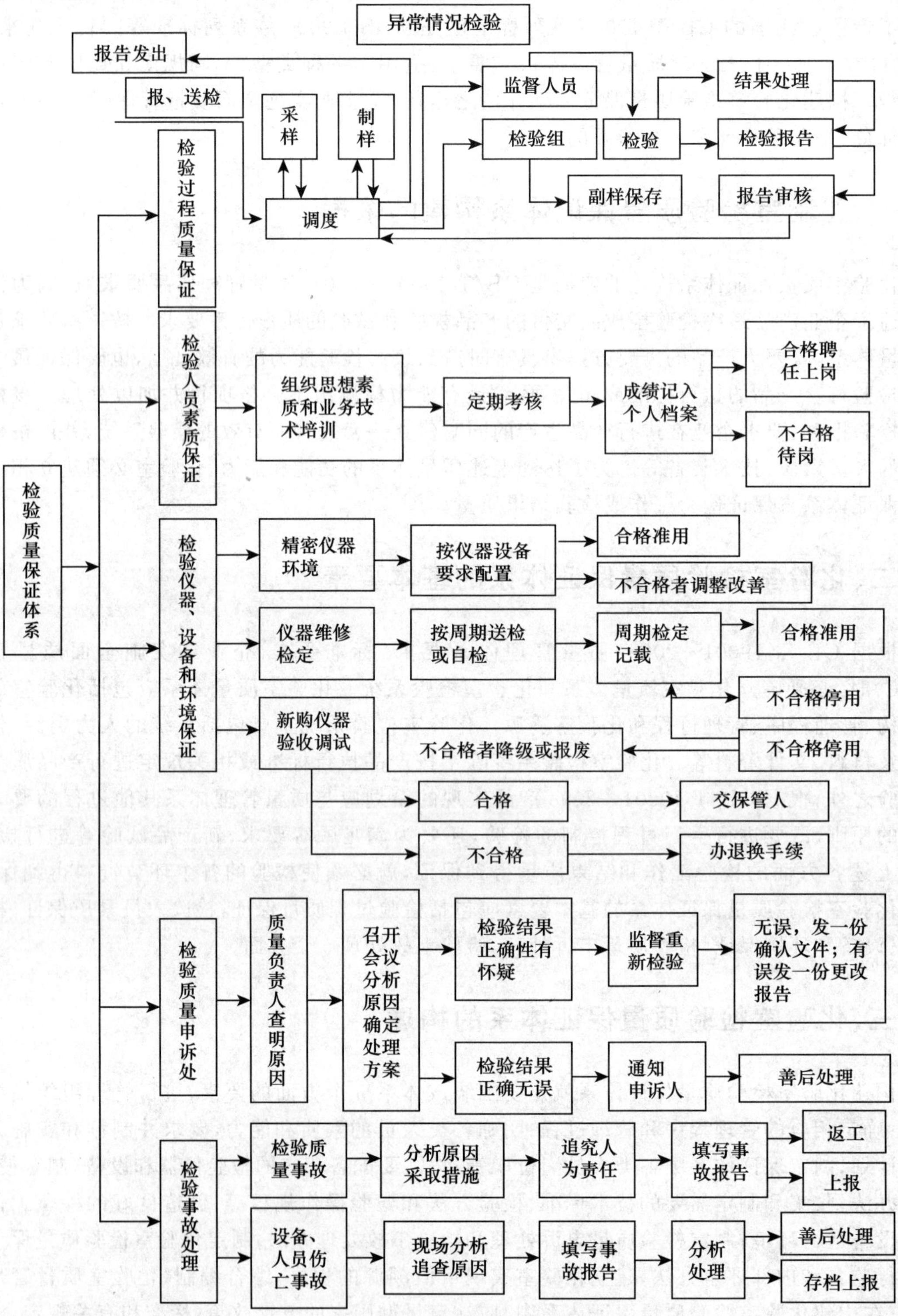

图 5-1　化验室检验质量保证体系框图

四、《化验室质量管理手册》的基本内容

编制《化验室质量管理手册》是一项全面和综合的工作。《化验室质量管理手册》应包括以下基本内容:上级组织关于不干预分析检验工作质量评价的公正性声明、法定地表授权委托书、各类人员岗位责任制、计量检测仪设备的质量控制、分析检验工作的质量控制、原始记录和数据处理、检验报告、日常工作制度等。现举例简单说明如下。

(一)上级组织关于不干预分析检验工作质量评价的公正性声明

×××中心化验室:

根据原国家技术监督局颁发《产品质量检验机构计量认证技术考核规范》(JJG 1021—90)的规定,即质量评价工作不受外界或领导机构的影响,保证质检机构的第三方公证地位,确保质量评价工作顺利进行。现特做如下声明:

1. 中心化验室行政上归属公司(企业)领导,但分析检验业务工作是独立的,中心化验室独立对其分析检验结果负责。

2. 公司(企业)及相关部门不以任何方式干预中心化验室的分析检验质量评价工作,以确保质检机构的第三方公证地位。

3. 公司(企业)及相关部门支持中心化验室的分析检验工作和质量评价工作。

4. 送检样品的单位有权向上级单位反映意见。

××公司(企业)(签章)
法定代表:×××
××××年××月××日

(二)关于颁发《化验室质量管理手册》的通知

××公司(企业)中心化验室的任务包括生产中原辅材料、半成品和产品的分析检验以及新产品试验等科研和技术培训。其核心任务是通过分析检验工作,对送检样品的质量水平做出公证、科学和准确可靠的评价。为保证这一任务的完成,确保分析检验工作的质量,我们认真地结合中心化验室的实际工作情况,以 GB/T 19003—1994《质量体系 最终检验和试验的质量保证模式》标准要求和强调为依据,在大量的调查研究基础上组织专人编制了中心化验室《化验室质量管理手册》(以下简称《手册》)。

本手册汇集了中心化验室的各项制度与规定,为了对影响分析检验质量的各种因素进行有效的控制,手册中着重对检验人员素质,检验仪器、设备和环境,检验质量申诉处理,检验事故处理等几个方面提出了明确的要求。《手册》是××公司(企业)中心化验室开展分析检验工作的法规性文件,中心化验室全体工作人员必须以本手册为依据,以高度负责的精神,认真履行岗位职责,及时、准确地完成各项分析检验工作,为本公司(企业)内外生产企业指导和控制生产正常进行、原辅材料和产品质量的确认、技术改造或新产品试验等提供满意的服务。为××公司(企业)的生产、科研和技术培训等做出贡献。

本手册经××公司(企业)领导审核,现予以公布,中心化验室全体工作人员务必遵

照执行。

××公司(企业)中心化验室(签章)

××××年××月××日

(三)×××公司(企业)中心化验室关于分析检验质量评价的公正性声明

为了保证中心化验室分析检验质量及其公正性,特作如下声明:

1.中心化验室所有分析检验工作必须由经过考核合格的技术人员进行。严格按照《手册》的规定,以科学认真的态度和熟练的操作技术完成各项分析检验任务。做到检验数据准确可靠,判定公正,保证提供符合规定质量的服务,对出具的分析检验报告负责。

2.中心化验室的一切分析检验工作,坚持以分析检验数据为结果判断的唯一依据,检验工作不受行政、经济及其他利益的干预。

3.完整保存分析检验的原始记录和数据,随时备查。

4.为服务单位保守技术秘密,分析检验人员不从事与检验样品有关的技术开发工作。

××公司(企业)中心化验室(签章)

××××年××月××日

(四)法定代表授权委托书

兹委托下述同志为××公司(企业)中心化验室主任职务。

姓名:

性别:

职务:

技术职务:

工作单位:

单位地址:

××公司(企业)(签章)

法人代表:×××

××××年××月××日

(五)概述

(1)中心化验室基本情况。

(2)业务范围和分析检验项目。

(3)质量保证体系(包含人员培训计划及实施)。

(六)各类人员岗位责任制

(1)中心化验室主任职责。

(2)中心化验室副主任职责。

(3)技术负责人职责。

(4)质量保证负责人职责。

(5)分析检验人员职责。
(6)样品收发人员职责。
(7)技术档案管理人员职责。
(8)仪器设备维修人员职责。
(9)人员培训及计划。

(七)计量检测仪器设备的质量控制

(1)检测仪器设备管理办法。
(2)仪器设备及检定周期一览表。
(3)标准物质和仪器校验用基准物一览表。

(八)分析检验工作的质量控制

(1)分析检验工作流程。
(2)分析检验质量标准。
(3)分析检验实施细则。
(4)对分析检验设备的要求。
(5)分析检验工作开始前的检查程序。
(6)分析检验工作的质量控制。
(7)分析检验工作结束后的检查程序。
(8)未知物剖析(综合分析)工作流程。

(九)原始记录和数据处理

(1)原始记录。
(2)数据处理。

(十)检验报告

(1)检验报告的内在及外观质量。
(2)检验报告的审批。
(3)检验报告的发送。
(4)检验报告的更改。

(十一)日常工作制度

(1)检验工作制度。
(2)样品管理制度。
(3)仪器及标准物质的管理制度。
(4)检验质量申诉制度。
(5)技术资料的管理及保密制度。
(6)根系检验室的管理制度。
(7)《质量管理手册》执行情况检测制度。

(8)其他制度。

(十二)组织机构框图

(十三)中心化验室和分析检验室建筑平面分布图

(十四)中心化验室负责人及工作人员名单

(十五)附表

(1)检验项目表。
(2)代码索引和标准方法索引。

(十六)图表目录

图 1 质量保证体系框图
图 2 检验流程图
图 3 未知物剖析(综合剖析)工作流程图
图 4 组织机构图
图 5 中心化验室和分析检验室建筑平面分布图
表 1 中心化验室近年(往前 2 年内)的人员培训情况
表 2 中心化验室近期(往后 2 年内)的人员培训计划
表 3 仪器设备及检定周期一览表
表 4 标准物质和仪器校验用基准物一览表
表 5 中心化验室工作人员一览表
表 6 检验项目一览表
表 7 中心化验室检验报告单(中文,必要时应有英文)
表 8 委托检验送样单
表 9 中心化验室仪器设备降级使用申请表
表 10 中心化验室分析检验事故报告
表 11 样品检验原始记录表
表 12 中心化验室资料存档登记表
表 13 中心化验室仪器设备停用或报废使用申请表
表 14 中心化验室仪器设备故障报告单
表 15 中心化验室检验质量申诉处理登记表
表 16 中心化验室技术资料销毁登记表
表 17 中心化验室仪器设备维修记录表
表 18 精密仪器使用登记表

第二节　检验过程质量保证

一、检验过程

化验室调度接到检验单（包括常规送检通知、临时工艺抽样检验指令、临时性抽检申请等）后，通知采样组采样，采回的试样送调度。调度将验收合格的报、送检样品送制样室进行制备，制好后返回调度，调度依据样品的检验要求送有关的检验组（室）如原料组（室）、中检组（室）和成品组（室）。有关的检验组（室）检查验收样品后，留取部分样品作为副样保存（也可由调度安排保存），然后安排具体人员进行检验、结果数据处理、填写检验报告，再交检验组（室）负责人审核后签字、送调度。调度接收检验报告，汇总、登记台账后发出正式检验报告书。在日常的检验过程中如出现异常情况，调度将根据质量负责人的要求，派出相关的技术监督人员（技术监督人员可从相关职能部门抽派），查明原因并做出相应的处理。

二、检验过程的质量控制

1.采样和制样质量控制

样品一般为固体、液体和气体，采样的方法和要求各不相同。对样品的采样基本要求是所采取的样品应具有代表性和有效性。要做到这一点，采样应按照规定的方法或条例进行，以满足采样环节的质量保证。制样是使样品中的各组分尽可能在样品中分布均匀，以使进行检验的样品既能代表所采取样品的平均组成，也能代表该批物料的平均组成。所以，制样也应该按照规定的方法或条例进行。

2.检验与结果数据处理的质量控制

检验人员收到检验组（室）检查验收的样品，根据检验方法要求进行准备，检查仪器设备、环境条件和样品状况。一切正常后开始按规定的操作规程对样品进行检验，记录原始数据。检验工作结束后，复核全部原始数据，确认无误后，对样品做检后处理。对分析结果数据的处理，要遵循有效数字的运算规则和分析结果数据处理的有关方法进行。要求检验结果至少能溯源到执行的标准或更高的标准，如国家标准、国际标准或某些方面要求更高的标准。

3.其他方面的质量控制

为了保证整个检验过程的质量，除上述两方面外，填写检验报告应准确无误；检验组（室）负责人审核报告必须仔细认真；调度在汇总、登记台账及发出正式检验报告书的过程中也不能疏忽大意；因各种原因（如停电、停水、停气、仪器设备发生故障、工作失误、样品问题等）造成检验应重新进行，已测得的数据作废。

对于大专院校和科研单位的中心化验室或分析测试中心，其主要任务是为本单位和社会提供分析检验服务。其分析检验过程与生产企业化验室的分析检验过程有一些差异，如图5-2所示。

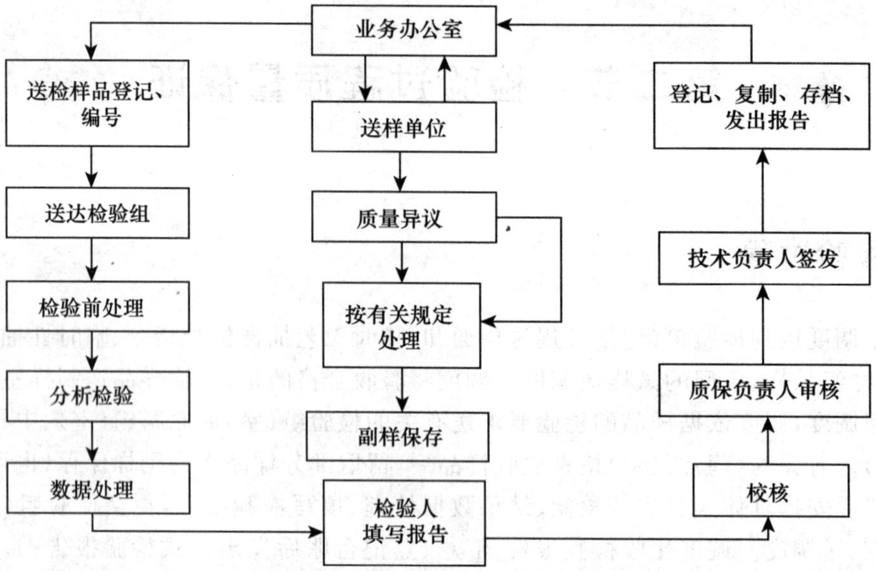

图 5-2 主要面向社会服务的检验过程

第三节 检验人员综合素质保证

一、检验人员的技术素质

化验室检验系统的各类检验人员的技术素质必须达到检验质量保证体系明确规定的要求，否则不能上岗。怎样保证各类检验人员的技术素质呢？主要可以从以下几个方面进行控制。

1.学历要求

从掌握专业知识技能以及胜任检验工作等方面讲，化验室一线的检验人员起码应该获得高等职业技术教育(大专)学历或更高的学历。目前我国大多数企业化验室一线的检验人员基本都是中等职业技术学校分析与检验相关专业的毕业生。这些毕业生从专业知识和技能方面看，掌握了必需的科学文化基础知识、常用的化学分析方法和仪器分析方法的基本原理及操作技能；能正确和执行检验岗位的规范和技术标准；能正确选择和使用检验工作中常用的化学试剂，正确使用常用的分析仪器和设备，并能进行常规维护与保养；能正确处理检验数据和报告检验结果；对日常检验工作中出现的异常现象能找出原因，提出改进方法；掌握检验岗位的安全和环境保护知识。所以，具备了从事检验工作的专业知识和职业技能。

随着企业以及化验室的技术进步，对检验人员的学历要求会逐步地提高到高等职业技术学校教育或更高学历层次。对使用大型精密检测仪器从事比较复杂的检验工作或研究性分析检验工作的检验人员，要求会更高。

2.技术职务或技能等级要求

企业化验室一线的检验人员除学历要求之外，起码应取得人社部门职业技能鉴定中心（站）颁发的分析工、检验工中级资格技术等级证书。现阶段，多数职业技术教育院校在对学生进行学历教育的同时，一般在学生毕业之前，都要组织学生进行职业资格技术等级证书考核的复习，然后参加当地人社部门职业技能鉴定中心（站）相应的职业资格技术等级证书考核，合格者便可获得相应的职业资格技术等级证书，以适应常规分析检验工作的要求。对于使用大型精密检测仪器从事比较复杂的检验工作或研究性分析检验工作的检验人员，要求具有更高的技术职务，如工程师、高级工程师或研究员等。

3.实施检验人员培训计划

随着科学技术的发展，必然推动企业以及化验室的技术进步。化验室的技术进步主要表现在管理技术（理念、方法和手段）的进步、人员素质的提高、技术装备的领先（先进的仪器设备、先进的检测和试验技术活方法）等方面。其中，技术装备领先了，就要求检验人员必须进行知识更新，提高技术能力和水平，以此来适应先进技术装备的要求。所以，对检验人员进行有计划性和针对性的培训，扩展他们的专业知识，提高他们的技术能力和水平，是保证检验质量所必须经常进行的工作，也是化验室检验质量保证体系运行的具体表现之一。

对检验人员按培训计划进行业务技术培训后，还要对每人进行定期的考核，考核成绩计入个人业务档案，考核合格者受聘上岗，不合格者待岗学习。

二、检验人员的全面素质

检验人员应具有良好的思想政治素质、社会责任感、与时俱进的意识和行动，勤学上进，跟上时代发展的步伐；遵守公民基本道德规范，具有良好的职业道德和行为规范、健康的生理和心理素质以及资源和环境等可持续发展意识；具有与社会主义市场经济建设相适应的竞争意识以及较强的事业心和责任感；爱岗敬业，热爱企业、热爱自己的工作岗位，有较强的团队精神和与人合作的能力；具有吃苦耐劳、艰苦创业和勇于创新精神；具有良好的文化基础知识和与检验工作相关的基础知识、基本理论、操作技能；具备基本的计算机操作技能和应用能力、分析解决问题能力、独立工作能力、理解和表达及终身学习能力；能认真履行岗位职责，把好检验工作质量关，为企业的发展尽职尽责。

第四节　检验仪器设备、材料和环境保证

监督检查化工标准实施的主要内容第三条“监督检查按标准进行检验”提出了3点要求：第一，监督检查是否具备执行标准所需的检测仪器设备，并能达到使用要求；第二，监督检查实验室环境条件是否满足标准要求；第三，监督检查测试仪器和检测设备及工具是否经过计量检定，并有计量检定证书。这就是说，化验室检验系统必须具备按执行标准进行生产工艺控制检验和产品检验所需的测试仪器和检测设备及相关的材料，并在性能或性质方面达到标准规定

的要求。测试仪器和检测设备运行环境也要达到标准规定的要求。这样，既表明检验系统执行了相关标准，同时也使检验工作和检验结果的质量得到充分的保证。

一、仪器设备保证

1. 仪器设备的数量

仪器设备数量的多少，从一个方面反映了化验室检验系统的检验能力。当企业的生产规模确定以后，企业的质量管理部门就应围绕生产工艺控制检验和产品质量检验，收集和制定相应的检验技术标准或方法，核对化验室检验系统的检验能力。即将生产工艺控制检验和产品检验的技术标准进行分解，列出原料、半成品、产品的名称，检验项目，被测参数标准值及允许差，检验所用测试仪器和检测设备的型号、名称、测量范围、准确度、灵敏阈等。分析化验室检验系统现有的测试仪器和检测设备的检验能力，是否能将技术标准规定的检验项目全部覆盖。通过核对，找出化验室检验系统检验能力存在的不足，提出解决办法。如现有的测试仪器和检测设备的检验能力不能满足按技术标准进行生产工艺控制检验和产品检验的需要，而企业一时又条件对缺少的仪器设备进行添置，则对不能检验的项目，可委托有检验能力的单位代为检验。

2. 仪器设备的性能

仪器设备的性能是否达到标准规定的要求，直接关系到检验工作和检验结果的质量。因此，在运行化验室检验质量保证体系的过程中，必须对化验室检验系统的仪器设备进行规范和科学的管理，以保证检验系统的测试仪器和检测设备的量程、偏移、精密度、稳定性和耐久性等性能得到有效的控制与管理，定期地对其进行调整、修理和校正。

为了保证检验数据的准确性和量值的统一，化验室检验系统在具备了所需的测试仪器和检测设备的同时，必须分别对各测试仪器和检测设备建立检定周期表，在使用这些测试仪器和检测设备的过程中，按检定周期表规定的周期进行计量检定，合格的取得合格检定证书，保证仪器设备的计量性能能够达到相应标准规定的要求。无论是送检还是自检的仪器设备，检定合格的要贴合格、准用标志，准许使用；检定不合格的应贴停用标志停用，继续维修和检定，仍然不合格的，降级使用或报废。仪器设备的检定周期表格式和内容样表如表 5-1 所示，仪器设备检定合格、准用、停用标志和颜色及使用范围如表 5-2 所示。

表 5-1 仪器设备的检定周期表样表

序号	设备名称	厂家及型号	主要技术指标	检定周期/年	检定单位	最近检定日期	购置时间	设备原值/元	主要技术负责人	送检负责人
1	气象色谱仪	上海分析仪器厂 GC112A	FID：5×10^{-11} g/s TDC：1 500 mV·mL/mg	2	市技监局技监站	2003.09	2001.09	48 000	××	××
2	元素分析仪	意大利 Carlo Erba 1106		2	自检	2002.10	1988.10	280 000	××	××

表 5-2 仪器设备标志类型和颜色及使用范围

序号	标志类型	标志颜色	使用范围
1	合格标志	绿色	计量检定(包括自检)合格仪器设备
2	准用标志	黄色	计量检定(包括自检)合格的仪器设备;不需要检定,经检查其功能正常的仪器设备;无法检定,经对比或鉴定实用的仪器设备;某些功能已丧失而检测工作所用功能正常,且经检定合格而降级使用的仪器设备等
3	停用标志	红色	已损坏的仪器设备;经检定不合格的仪器设备;性能无法确定的仪器设备等

为了随时掌握测试仪器和检测设备的技术状态,可对仪器设备实施动态管理,对每台测试仪器或检测设备分别建立档案,其中包括测试仪器或检测设备的检定周期表,测试仪器或检测设备使用、维护保养、修理、校正和检定等方面的纪录情况。这样,可以随时了解仪器设备的技术性能变化情况,为检测工作和检验结果质量分析提供重要依据,及时掌握检测结果的准确程度。同时,还可以根据档案记录确定对仪器设备的维护保养、修理和校正,调整仪器设备的检定周期。

二、材料保证

1. 通用化学试剂

化学试剂是化验室检验系统经常性消耗而且使用量较大的材料。化学试剂的优劣,对检验结果的质量的影响非常大。化学试剂根据其纯度和杂质含量的不同而分成不同的级别,不同级别的化学试剂其用途具有较大的差别。所以,工业生产的原料、半成品、成品(产品)的检验方法和用于其他方面的检验方法,对使用的化学试剂级别都有明确的规定。因此,在选择和使用具体检验工作的化学试剂时,必须严格遵守这些规定。

2. 标准物质

标准物质主要用于研究分析检验方法、评价分析检验方法、同一实验室或不同实验室间的质量保证、校准仪器设备和检验结果等。所以,它与检验工作和检验结果的质量是密切相关的。我国把标准物质分为两个级别,分别为:一级标准物质,代号为 GBW;二级标准物质,代号为 GBW(E)。一级标准物质和二级标准物质本身的要求有一定的差别,其用途也有一定的差别。因此,在检验工作中,如校准测试仪器或检验结果,一定要按规定正确地选用不同级别的标准物质,并注意标准物质的有效使用期;否则,将可能影响到检验工作和检验结果的质量保证。

三、仪器设备的运行环境保证

测试仪器和检测设备的运行环境(如温度、湿度、粉尘、噪声、磁场、电场等)对检验结果的准确性、重复性和再现性可能产生不同程度的影响。有时这种影响会直接影响到检验工作和检验结果的质量。因此,保证仪器设备有一个良好的运行环境,就是为了尽可能减小环境因素对仪器设备性能或测试数据的影响,从而确保检验工作和检验结果的质量。对各种测试仪器和检测设备的运行环境指标都有明确要求，特别是对一些精密仪器，要求运行环境指标较高。实际工作中，必须按要求严格控制测试仪器和检测设备的运行环境。表5-3是原子吸收分光光度计的运行环境要求。其他测试仪器和检测设备也都有相应的规定运行环境要求。

表5-3 原子吸收分光光度计的运行环境要求

设备名称	厂家及型号	主要技术指标	购置时间	设备原值/元	主要运行环境指标要求	主要技术负责人
原子吸收光谱仪	上海第三分析仪器厂361MC型	波长范围190～900 nm 分辨率：由于0.3 nm	2001.9	48 000	室温5～35℃；避免阳光直射；无强烈振动或持续弱振动；无强磁场、强电场、高频波；湿度45%～85%；无测量光谱范围内有吸收的无机或有机气体、腐蚀性气体；无烟和少灰尘；有排气装置	××

四、常见化学品存放环境条件

化学品在存放时，常因周围环境温湿度变化结块或者冻结，而引起变质，对其品质产生影响，从而使成本变高。因此，必须根据试剂的不同物化性质，分别采取相应的控温、控湿手段妥善保存。有些试剂容易吸湿而潮解或水解；有的容易跟空气里的氧气、二氧化碳或扩散在其中的其他气体发生反应，还有一些试剂受光照和环境温度的影响会变质。这些化学品性质各不相同，应区别对待。

低沸点的化合物、需要低温保存的药品须按要求放入所需的环境（低温冰箱）；

避光保存的药品及其所配制的试剂，均应按要求用棕色容器（瓶）保存，或用深色纸包裹；

药品一律放入药品柜内，不得与配制的溶液混在一起放置；

液体药品放置矮柜。固体药品与液体药品分开放置；

酸碱不能混放，氧化剂和还原剂不能混放，如果混合会发生剧烈反应的试剂不能混放，防止可能因为倾倒，破碎等意外原因引发事故；

对于一些常温环境下存放的药品，一定要注意防潮，否则会发生固体结块现象，液体样品一般不会结块，冰醋酸会有这种现象，温度增高即可变成液态；

北方冬季寒冷，部分实验室的空调一般只制冷，不制热，有一些凝固点和常温偏差不大的试剂，会出现冬天凝固，夏天又变成液体的情况。还要注意的是，试剂瓶一般都是普通玻璃生产的，非常厚，温度变化剧烈容易炸裂。比如，温度过低结冰的冰醋酸，聚合沉淀的甲醇等，因此，库房温度应保持在15℃左右，冬季要保暖。

硫酸和盐酸都不易保存，虽然都是酸，硫酸应该跟甲酸、乙酸、盐酸分开放置；甲酸、乙酸、盐酸有强挥发性，应保存在通风良好地方，以便酸雾及时排出；硫酸具有强氧化性和强脱水性，应该单独放置。

1.9种常见化学品存放环境条件

各种化学物品危险特性不同，在温度、湿度要求上也不同，以利于贮存安全，保证质量。

(1)易爆物品　应储存在库内温度低于30℃的条件下，相对湿度应保持在75%～80%。

(2)氧化剂　一般氧化剂应控制在30℃以下。对于一些含结晶水的氧化剂如硝酸盐类因受热后熔化失去结晶状态引起潮解，库房温度不宜超过28℃，相对湿度应保持在75%以下。

(3)压缩和液化气体　仓库温度应不宜超过32℃，相对湿度应控制在80%以下，以防止钢瓶生锈。

(4)易燃物品　仓库温度应在28～30℃，相对湿度应保持在80%以下。储存黄磷库房，冬季库房温度最低不能低于3℃。

(5)遇湿燃烧物品　库房温度应在30℃左右。相对湿度一般应在75%以下，要特别注意采取防潮的措施。

(6)易燃液体　必须严格控制库内温度，防止库内温度过高，特别要根据液体的沸点与闪点的高低来控制温度。

(7)易燃固体　温度过高或湿度过大，都会影响易燃固体的安全储存。如硝化棉的储存需含有30%的湿润剂乙醇，库内温度应控制30℃以下。樟脑、精茶等相对湿度应在80%以下。储存二级易燃固体的仓库，温度不得超过32℃。

(8)毒害品　毒害品仓库温度不宜超过32℃，相对湿度应控制在80%以下。对于氰化物，库内要保持干燥，因为氰化物与潮湿空气接触可产生剧毒的氰化氢气体。

(9)腐蚀性物品　这类物品，品种较多，性能各异，固、液体都有，为此必须根据其性质，对温、湿度加以控制。如对一些吸湿潮变质或冒烟的腐蚀物品如五氧化二磷、三氯化磷、氰化硫酰、氯化亚砜等，仓库要保持干燥，相对湿度应保持在75%以下。对易挥发的溴素，易分解的过氧化氢含量在40%以下，库温应保持在28℃以下，最好是25℃左右。

2.做好“八防”

(1)防挥发

油封：氨水，浓盐酸，浓硝酸等易挥发无机液体，在液面上滴10～20滴矿物油，可以防止挥发(不可用植物油)。

水封：二硫化碳中加5 mL水，便可长期保存。汞上加水，可防汞蒸气进入空气。汞旁放些硫粉，一旦失落，散布硫粉使遗汞消灭于化学反应中。

蜡封：乙醚、乙醇、甲酸等比水轻的或易溶性挥发液体，以及萘、碘等易挥发固体，紧密瓶塞，瓶口涂蜡。溴除进行原瓶蜡封外，应将原瓶置于具有活性炭的塑料筒内，筒口进行蜡封。

(2)防潮　漂白粉、过氧化钠应该进行蜡封，防止吸水分解或吸水爆炸。氢氧化钠易吸水潮解，应该进行蜡封；硝酸铵、硫酸钠易吸水结块，倒不出来，以致使试剂瓶破裂，也应严密蜡封。

碳化钙、无水硫酸铜、五氧化二磷、硅胶极易吸水变质，红磷易被氧化，然后吸水生成偏磷酸，以上各物均应存放在干燥器中。

浓硫酸虽应密闭防止吸水，但因常用，故宜放磨口瓶中，磨口瓶塞应该原配，切勿对调。

(3)防变质

防氧化：亚硫酸钠、硫酸亚铁、硫代硫酸钠均易被氧化，瓶口应涂蜡。

防碳酸化：硅酸钠、过氧化钠、苛性碱均易吸收二氧化碳，应该涂蜡。

防风化：晶体碳酸钠、晶体硫酸铜应进行蜡封，存放在地下室中。

防分解:碳酸氢铵、浓硝酸受热易分解,涂蜡后,存放在地下室中。

活性炭能吸附多种气体而变质,(木炭亦同),应放在干燥器中。

黄磷遇空气易自燃,永远保存水中,每 15 天查水一次:磷试剂瓶中加水,置于有水的水槽中,上加钟罩封闭。

钾、钠保存在火油中。

硫酸亚铁溶液中滴几滴稀硫酸,加入过量细铁粉,进行蜡封。

葡萄糖溶液容易霉变,稍加几滴甲醛即可保存。

甲醛易聚合,应开瓶后立即加少量甲醇;乙醛则加乙醇。

(4)防光　硝酸银,浓硝酸及大部分有机药品应该放在棕色瓶中。硝酸盐存放在地下室中既防热,又防光、防火还能防震。有机试剂橱窗一律用黑漆涂染。实验室用色布窗帘,内红外黑双层。

(5)防毒害　磷、硝酸银、氯酸钾、氯化汞等剧毒物放地下室内,双人双锁、建立档案、呈批取用、使用记载、定期检查。磷化钙、磷化铝吸水后放出剧毒性磷化氢,应放在干燥器中保存,贴上红色标签。由于没有通风橱,经常在地面布石灰,吸附某些毒害气相物质。浓酸、浓碱、溴、酚等腐蚀的药物,使用红色标签,以示警戒。

(6)防震　硝酸铵震动易爆炸,放地下室中。自制的大晶体明矾、大晶体硫酸铜,用软纸垫包放大口试剂瓶中,进行缓冲,并按“四位数字”进行编号入橱。

(7)防火　在仪器室“大门附近”“显眼”“顺手”的地方设置水缸、消防桶、沙缸、泡沫灭火器及四氯化碳一瓶。泡沫灭火器药物,每年更新一次。

室内电线一律换成暗线,以防药物熏蒸,短路走火。

(8)防鼠　糨糊中适当多调一些苯酚。

对“指示剂”一橱药品,放一些易挥发的药品,如甲醛、煤酚皂等。鼠害严重的橱中,可交替存放浓盐酸和浓氨水,用以保护其他药品。

用醋酸铅调糨糊涂在鼠洞口四壁,老鼠出入时污染皮肤,舔而毙命(醋酸铅味甜而剧毒)。

3. 药品保存对容器的选择

(1)药瓶的选择　固体-广口瓶、液体-细口瓶、见光易分解的物质-棕色瓶。如硝酸、硝酸银、氯水等。

(2)瓶塞的选择　碱性溶液不能用玻璃塞,应该用橡胶塞。如 NaOH 溶液、Na_2CO_3 溶液等。强氧化性溶液、有机溶剂不能用橡胶塞,应该用玻璃塞。如硝酸、高锰酸钾溶液、汽油、苯等。

(3)采用液封法保存的物质　钠-煤油;白磷-水;液溴-水;四氯化碳-水等。

(4)易与空气中物质反应的药品要密闭保存。如与水反应的物质 $CaCl_2$、碱石灰等;与 CO_2 反应的物质 NaOH、$Ca(OH)_2$、Na_2O_2 等;与 O_2 反应的物质 $FeSO_4$、Na_2SO_3、Na_2S 等。

(5)特殊物质的保存。

HF 保存在塑料瓶中。

强碱、水玻璃及某些显较强碱性的水溶液等不能用磨口玻璃瓶塞,应用橡皮塞(如氢氧化钠、氢氧化钾,试剂瓶用橡皮塞)。

浓 HNO_3、浓 H_2SO_4、液溴、溴水、大部分有机物不能用橡胶塞。

见光易分解或变质的试剂保存在棕色瓶中,如 HNO_3、$AgNO_3$、氯水、AgBr、AgI、H_2O_2、高锰酸钾等。

受热易分解的药品保存在棕色瓶中，置暗、冷处，或用黑纸包裹，置于冷暗处密封保存。

液溴：密封保存在有玻璃塞的棕色瓶中，液面上放少量水（水封），取用时戴乳胶手套，并有必要的防护措施（取用时宜用长胶头滴管吸取底层纯溴）。

氢氟酸能跟二氧化硅反应而腐蚀玻璃，有剧毒，应使用塑料瓶、塑料盖保存。

氨水、浓盐酸、碘、萘及低沸点有机物如苯、甲苯、乙醚等，均应装在试剂瓶内加塑料盖密封，放于冷暗处（表 5-4）。

表 5-4 常见药品的特点及保存方法

名称	特点	保存方法
氢氧化钠 氢氧化钾	易潮解、易与 CO_2 反应；能腐蚀玻璃	密封保存；试剂瓶用橡皮塞
白磷	空气中能自燃	储存在冷水中
浓硝酸、硝酸银、氯水（溴水）高锰酸钾	见光、受热易分解	保存在棕色瓶中，置暗、冷处
液溴	有毒，易挥发，能腐蚀橡皮塞	密封保存在有玻璃塞的棕色瓶中，液面上放少量水（水封）
氨水、浓盐酸	易挥发	密封置于冷暗处
浓硫酸、碱石灰无水氯化钙	易吸水	密封保存（可做干燥剂）
氢氟酸	能跟二氧化硅反应而腐蚀玻璃，有剧毒	保存在塑料瓶中
苯、酒精、汽油等有机溶剂	易燃、易挥发	密封置于暗、冷处，不可与氧化剂混合储存，严禁火种

第五节 分析检验质量事故处理

正确地处理好检验质量申诉和检验质量事故，是保证和提高检验工作和检验结果质量必不可少的重要环节。尽管化验室已建立检验质量保证体系，但极个别的检验质量问题有时也难以避免。因此，为了处理好极个别的检验质量问题，要求在建立检验质量保证体系的同时还应制定出检验质量申诉和检验质量事故的处理办法，并认真地加以执行。

一、检验质量申诉处理

什么叫检验质量申诉？检验质量申诉是指检验结果的需要方对检验结果或得出检验结果

的过程提出疑问或表示怀疑，并要求提供检验结果的一方做出合理的解释或处理。

1.检验质量申诉处理过程

遵照检验质量申诉和检验事故处理办法规定的程序，由检验质量负责人检查该项检验的原始记录和所使用仪器设备的状态，了解检验操作方法及检验过程。在此基础上召集相关的人员，通报了解的情况，分析原因，最后确定处理方案。

2.检验申诉质量结果处理

通过前述的检验质量申诉处理过程，对检验质量申诉结果处理的方案一般有两种情况：第一，如果检验结果正确无误或检验过程合理，则通知申诉方，做好解释工作和其他善后事宜；第二，如果对检验结果的正确性有怀疑或检验过程确有差错，则重新校正仪器设备，对保留副样或新取样进行重新检验，并由检验质量负责人监督检验的整个过程，按规定程序得出或送出检验报告。

对检验质量申诉材料、处理检验质量申诉所采取的措施及处理结果，应详细记录并归档保存。

二、检验质量事故处理

1.检验质量事故类别

(1)检验质量事故　是指由于人为的差错导致检验结果质量较差，造成了不好的影响。

(2)仪器设备损坏或人身伤亡事故　是指在检验工作过程中，由于人为的差错或一些客观的、不可预测的因素(如电压突然急升或突然停电、停气、停水或仪器设备温度失控等)导致仪器设备损坏或人身伤亡。

2.检验质量事故处理过程

(1)检验质量事故　是按检验质量事故处理办法规定的程序，由检验质量负责人组织相关人员，进行各方面调查了解，分析造成这种人为差错的原因，分清人为责任的比重，采取相应的处理措施，追究人为的责任。

(2)仪器设备损坏或人身伤亡事故　由检验质量负责人和安全工作负责人组织相关员，认真勘察事故现场，了解相关人员，查明事故各方面的原因，召开专门会议，分析原因，研究处理方案。

3.检验质量结果处理

(1)检验质量事故处理结果　通过前述的检验质量事故处理过程，在分清人为责任比重的基础上，对责任人给予批评教育，促使其增强工作责任心，提高自身的检验工作技能和检验工作质量。同时，尽快对保留副样或新取样进行重新检验，按规定程序得出和送出检验报告，填写事故报告，上报存档。

(2)对仪器设备损坏或人身伤亡事故结果处理　如果是人为因素造成的此类事故，应分清人为责任的比重，采取相应的行政手段和经济手段，追究责任人应承担的责任。同时，应及时对损坏的仪器设备进行修理、调试和鉴定，尽快恢复使用(不能修好的例外)。有人身伤亡的，做好相应的善后处理工作。对事故的处理过程和处理结果，应进行详细的登记、存档，并填写事故报告，上报存档。

第六节 检验质量保证体系运行的内部监督评审

一、实施内部监督评审的作用

化验室检验质量保证体系运行的内部监督评审，是为了促进化验室检验质量保证体系能充分有效地运行。我国已是世界贸易组织（WTO）的成员国，为了和国际质量管理或标准接轨，国家的质量管理方针、政策、标准和有关规定会依情况的变化而做出相应的调整，相关企业的质量方针和质量体系也会做出相应的调整。因此，化验室检验质量保证体系必须做出具体的调整来与企业的质量方针和质量体系相衔接。如对检验质量保证体系的有关文件进行修改、说明和补充，进行仪器设备的更新换代，实施技术人员的培训等，以满足实际工作的需要。

二、实施内部监督评审的程序

1. 建立组织机构

实施内部监督评审，首先应建立由企业质量管理部门负责人及相关管理和技术人员组成的监督评审组，并制定相应的工作程序和制度，确定工作任务。

2. 内部监督评审的任务

内部监督评审的任务是审查检验质量保证体系的各种文件和技术资料，进行现场检查和评审并做出检查评审报告。

3. 内部监督评审工作

内部监督评审工作可分为审核文件、现场评审的准备、现场检查与评审和提出评审报告 4 个方面。

（1）审核文件　是实施现场检查与评审的基础工作。审核的主要内容是质量管理手册及检验质量保证体系的其他文件资料。其目的是了解化验室检验质量保证体系的运行情况，督促化验室根据情况的变化和实际的需要对检验质量保证体系的有关文件进行修改、说明和补充等。

（2）现场评审的准备　监督评审组实施现场检查的准备工作是在审核文件之后，根据需要进行的预备工作，预备工作包括监督评审组成员的分工、确定现场检查的日期及进度、明确检查的重点项目和检查方法、准备评审记录表等。

（3）现场检查与评审　是在通过审查检验质量保证体系的各种文件之后，对检验质量保证体系实际运行情况进行了解，并对其运行的实效性做出评审，判定化验室检验系统是否真正具备检验质量保证体系规定的要求和能力。这是以现场的实际情况为对象，掌握信息和情况以判定检验质量保证体系的质量保证能力，在此基础上，得出评审结论。

现场检查与评审大致可分为 4 个步骤进行，即首次会议、现场审核、编写评审报告和总结会议。

①首次会议　是由监督评审组组长主持，主要内容有：与化验室相互介绍成员；确认检查范围；确定检查评审的方法及程序；磋商如何保证检查组能及时得到评审所需的与检验质量保证体系有关的资料和记录；安排人员配合等。正式检查之前可在化验室有关人员陪同下参观化验室的专业工作室、技术档案等。

②现场审核　现场审核按照监督评审组制订的计划和检查表所要求的内容进行，也可根据实际情况适当调整。现场审核是较关键的环节，要深入细致地逐项检查和审核，其方式可以灵活，按情况而定，一般有面谈、查阅文件和记录、审核主要仪器设备数量及运行状况、观察现场的检验实际工作等。

③编写评审报告　监督评审组全体成员研究检查情况，对检查的情况进行实事求是的评审，要有明确的结论，如合格、待改进、不合格。评审的程序一般是根据各个检查项目的检查情况，对其做出评价总结，其次是对检验质量保证体系的要素做出恰当的评价，最终对检验质量保证体系总的情况做出综合的评价结论。

④总结会议　是监督评审组向化验室通报监督评审结果，化验室负责人及相关人员参加，由监督评审组组长报告并就有关问题进行说明。化验室负责人应对监督评审结果表态，提出意见和必要的解释。双方在监督评审总结上签字。

(4)提出评审报告　监督评审组经过现场检查与评审后，由监督评审组编写经全组成员签字的评审报告，该报告是检查工作程序的总结报告，其中包含检查所依据的文件、现场检查记录表、检查出不合格项目的记录、有争议问题的记录以及检验质量保证体系实际运行情况与其规定标准相符合的程度评价等。

对评审中发现的问题，属于硬件方面，如仪器设备不足等，监督评审组应会同化验室向上一级部门反映，争取得到解决；属于软件方面的，如管理制度等，则应敦促化验室及时予以改进。

拓展学习

质量管理教育培训方法

一、目的

提高员工的质量意识、质量意识及质量管理能力，使员工充分了解质量管理工作的内容及方法，以保证产品的质量；使质量管理人员具备良好质量管理理论基础和实施质量管理的技巧，以发挥质量管理的最佳效果；协助协作厂商建立质量管理制度。

二、范围

本公司所有的员工及协作厂商。

三、实施单位

由质量管理部负责策划与执行，并由管理部协办。

四、实施要点

1.依教育训练的内容，分为以下3类：

(1)质量管理基本教育　参加对象为本公司所有员工。

(2)质量管理专门教育　参加对象为公司质量管理人员、化验室人员、生产部及工程部的各级工程师与单位主管。

(3)协作厂商质量管理　参加对象为协作厂商。

2.依训练方式,分为以下两种:

(1)公司内培训　为本公司内部自行培训,由本公司或外聘教师讲授。

(2)公司外培训　选派公司员工参加外界举办的质量管理讲座。

3.计划的制订

由公司治理管理部门先拟订“质量管理教育培训长期计划”,列出应接受培训的各层次人员,经核准后,依据长期计划,拟订“质量管理教育培训年度计划”,列出各部门接受培训人数,经核准后实施,并将计划送达管理部转各部门。

4.培训常规管理

质量管理部应建立每位员工的质量管理教育培训记录卡,记录该员工接受培训的课程名称、学时数、日期、考核成绩等。

五、本办法经质量管理委员会核定后实施,修订时亦同。

练习题

一、问答题

1.化验室检验质量保证体系包含哪几个基本要素?

2.检验过程的质量控制主要包括哪几个方面?

3.监督检查按标准进行检验提出哪几点要求?

4.实施化验室检验质量保证体系运行的内部监督评审程序包括哪些?

二、问答题

1.构建化验室检验质量保证体系的依据是什么?如何构建化验室质量保证体系?

2.如果你是中心化验室的主任,你认为自己应该有哪些职责?

3.什么是公民基本道德规范?检验人员全面素质的内涵有哪些?

4.简述检验质量申诉处理和检验质量事故处理的程序与方法。

第六章

化验室环境与安全

学习目标

1. 了解检验对化验室工作环境的要求。
2. 掌握化验室质量工作区域的控制。
3. 了解化验室安全法则。
4. 深刻领会化验室的各项安全守则并使之在工作中被严格遵守。
5. 了解化验室潜在危险的因素。
6. 掌握化验室防火防爆安全措施、灭火及火场急救方法。
7. 了解化学毒物分级及分级依据。
8. 掌握常见化学毒物的中毒症状和急救方法。
9. 掌握化验室废弃物处理原则及方法。
10. 深刻领会化验室的水电安全守则并使之在工作中被严格遵守。
11. 了解瓶装气体的分类、气瓶的公称工作压力和气瓶的颜色标记。
12. 掌握气瓶的钢印标记、气瓶附件、气瓶的验收和管理、气瓶的安全使用。
13. 掌握常见化验室外伤的救治方法。
14. 掌握动物疫病检测实验室常见疫病传染及防治。
15. 识别常见的安全标志与危险化学品标志。
16. 理解化验室文明卫生管理的意义。

第一节　化验室的环境

为了确保检验结果的准确度和有效性、确保化学药品及化学试剂的安全贮存、确保样品存放期间性质和组分不发生任何变化，化验室必须具备与检验任务相适应、与化学药品及化学试剂的贮存相适应、与样品保存相适应的工作环境，并在必要时配置环境监控设备，对可能影响上述工作的环境因素进行有效的监控。

一、化验室环境的管理

广义地说，化验室环境应包括位置环境、一般环境和人员环境。

1.位置环境

化验室的位置一般要求远离灰尘、烟雾、噪音、震动源和电磁辐射等对分析检验工作有影响的环境，不应建在交通要道、锅炉房、机房、生产车间近旁，方位最好是南北朝向，在选址方面还应充分注意周围环境因素，诸如微生物菌种、湿度、电源电压（和/或电网频率）、温度、海拔、大气压强、雷电、有害气体等的影响，以免影响工作质量和准确性。此外，化验室应与办公场所分离，以防对检验工作质量产生不利影响。对于生产控制的化验室，可设计在车间附近，以便就近取样，就近化验，为尽快报送分析结果缩短时间。

2.一般环境（化验室环境）

化验室应该根据各室工作的具体要求配备必要的通风、照明和能源设备，其建筑结构、面积和排水、温湿度等应满足检验工作的要求。应注重配置停电、停水、防水等情况下的安全设施。化验室应用耐火或不易燃烧的材料建成，有必要的防火与防爆设施，窗户要能防尘，门应向外开，大的实验室应设两个出口，以便在发生事故时，人员容易撤离。对于特殊工作区域的各种辅助设施和环境要求，要按其特殊规定的要求配置设施，必要时应经过验证。此外，为保证检验工作的正常开展，各部门应配备足够和适用的办公、通讯及其他服务性设施，并按有关规定加强管理。

根据检验工作的特点，检验室一般分设为化学分析室，仪器分析室、高温室、天平室、标准溶液制备室、样品室等，现将各室一般的工作环境要求分述如下：

1)化学分析室

(1)供水和排水　供水要保证必要的水压、水质和水量，水槽上要多装几个水龙头，室内总闸门应设在显眼易操作的地方，下水道应采用耐酸碱、耐腐蚀的材料，地面要有地漏。

(2)供电　化验室内供电功率应根据用电总负荷设计，并留有余地，照明用电与设备用电应分设线路，日夜运行的电器，如电冰箱应单独供电，化验室照明应有足够的亮度，最好使用日光灯，室内及走廊要安装应急灯。

(3)通风设施　化验过程中常常产生有毒或易燃的气体，因此，化验室要有良好的通风条件，通风设施通常有3种。一是采用排风扇全室通风，换气次数通常为每小时5次；二是在产生气体的上方设置局部排气罩；三是通风柜排气，通风柜内应有热源、水源、照明装置等，通风柜采用防火防爆的金属材料或塑料制作，金属材料上涂防腐涂料，管道要能耐酸碱气体的腐蚀，风机应有减小噪声的装置并安装在建筑物顶层机房内，排气管应高于屋顶2 m以上，一台排风机连接一个通风柜为好。

(4)实验台　台面平整，不易破碎，耐酸碱及有机溶剂腐蚀。

(5)供煤气　有条件的化验室可安装煤气管道。

2)仪器分析室　要求具有防震、防潮、防腐蚀、防尘、防有害气体等特点。温度应保持在15～30℃，湿度在65%～75%，仪器台应稳固。

3)天平室　天平室应避光、清洁、安静、防震、防潮、防腐蚀。天平室窗户应朝北，墙及地板应有绝热措施，窗户应双层，门应双门，通风系统应均匀，稳定。天平室温度最好在20～24℃，要防止因温度变化引起天平臂长的变化。湿度要保持在65%～75%，湿度太大会使天平动摆迟钝、也易腐蚀金属部分，过于干燥对称量也有影响。

4)标准溶液室　防尘、采光好、温湿度符合要求。

5)高温室　完善供电、消防设施、有良好的通风条件，烘箱、高温炉等高功率的电热设备应有专用插座、开关及熔断器。

6)样品室　应防火、防热、通风良好。

3.人员环境

为了确保检验质量，在保证化验室必备的环境条件下，还必须保证化验室人员具有较高的文化素质及高度的事业心、责任心，这对于准确度要求较高的检验室绝对是不可忽视。因此，检验人员进入实验室，必须更换工作服，工作时严格遵守岗位制度及操作规程。检验室应始终保持良好的卫生环境，物品放置做到定置管理，与检验无关的物品不准带入检验室，室内不准进行与检验无关的活动。

二、维持与控制

优良的实验室设施和环境(客观环境和人员表现行为)是保证检验工作顺利完成的基本条件，维持与控制是有效完成检验过程不可缺少的两个重要环节。

1.维持

维持的主要作用是使与检验工作相关的各种因素(如环境条件、设备性能、人员状况等)始终保持一个优良的状态，它具有经验性的特征。

一个检验室各种设施的完好性和环境条件的符合性来自日常维护与管理，因此，检验人员应经常性对其使用的试验设施进行维护和检修保养，对其环境条件进行监测及控制，使其设施处在完好状态，使其环境条件符合工作条件的要求，在这一状态下，检验人员能够很好地完成检验工作。相反，若在测试中，环境条件发生变化、仪器设备不稳定，这些因素的变化都给检验工作的最终结论带来误差，将造成测试结果的可信度降低。

2.控制

控制的主要作用是在依据标准的前提下，通过监督与纠偏的方法有效地完成检验工作的过程，它具有监管性的特征。对于检验工作，控制可以通过两种渠道达到目的，其一在是检验过程中，若环境条件对测试结果和设备精度有影响，应按影响程度采取不同的监控措施，必要时配备相应的监控与记录设备，即设施监控；其二是质量监督人员在履行监督职责时，发现检验过程中环境条件或辅助设施不符合要求，应提出纠正和整改意见，必要时责成检验人员终止实验，对此间出具的检验数据的有效性应做分析和判断处理，即人员监控。

综上所述，通过控制可以发现测试过程中存在的问题和偏差，并能够及时地采取纠正措施，杜绝和避免事故的发生，保质保量地完成检验工作。

三、质量工作区域的控制

质量工作区域是指完成组织质量目标而实施作业的场所。由于这些场所的工作性质直接与质量目标有着密切的联系，因此，为满足质量要求，需要对这些场所实施控制。

对质量工作区域实施控制有两个目的：一是确保分析检验结论的准确率和有效性，防止其他外来因素带来的不利影响；二是对于特殊目的的研究、开发的最新成果或实验室中的重要结论等需要保密，必须进行控制，以防泄密。

对质量工作区域实施控制应该有明显的标识，以引起人们的注意。如禁止入内、非本室人员禁止入内、顾客止步、外来人员禁止入内等标识。有标识的区域，无关人员未经批准是不得随意出入的，以免影响环境的稳定性、检验人员的工作状态和检验工作的安全性；外来人员要进入有特殊要求的工作区域，需经办公室或相关管理层（管理人员）或质量管理制度中授权的部门及人员批准同意，登记后由机关人员陪同方可入内。进入受控工作区域的人员，必须遵守保密等规定及其他有关管理制度要求。

附录：化验室设施与环境管理制度示例

×××质量安全检测中心设施与环境管理

1.目的

对本中心的设施与环境进行有效的控制，保证其设施和环境条件符合检测工作的要求。

2.适用范围

适用于本中心所有检测工作所涉及的设施及环境条件的控制。

3.职责

中心技术负责人负责组织制定和实施检验室设施与环境条件控制的有关规定；负责中心总体设施和环境的配置（包括配备相应的安全防护设施）。

办公室负责设施和环境条件的实施与维护。

各检验室负责本室环境条件的监控和内务管理。

4.控制要求

(1)中心技术负责人根据本中心检验工作范围及性质和检测要求，负责检验室设施和环境的配置，并组织有关人员制定《环境控制程序》和《检验室安全检测和人员健康保护规程》，在制定这些规定时应考虑下面因素：

①检测标准、方法要求；

②检测仪器、设备要求；

③相邻区域的工作互不相容时，须进行有效的隔离，防止相互影响或污染；

④对进入和使用影响检测质量的区域进行控制并规定控制范围；

⑤配置安全检测和人员健康保护所需的安全防护设施；

⑥检验室在有关规范、方法和程序所要求或对结果有影响时，须对环境条件进行监测、控制并记录。

(2)办公室负责设施和环境条件的实施与维护。

(3)检验室主任负责组织实施《环境控制程序》和《检验室安全检测和健康保护规程》。

(4)检验室主任按《环境控制程序》进行内务管理，检测人员按《环境控制程序》进行监控。并填写《检验室环境监测记录》。年终，各检验室将环境监测记录统一交质量技术部存档保管。办公室负责对检验室的卫生、安全进行监督检查，并填写《检验室设施与环境检查及处理记录》。

(5)检验室主任负责其责任区域环境与设施出现的一般问题的处理，重大问题应报告中心技术负责人组织处理。

(6)检验室检测人员按照《检验室安全检测和人员健康保护规程》进行操作和保护。

(7)设施与环境问题影响检测结果准确性时，检验室主任应按照《不符合检测工作的控制程序》进行问题处理。

第二节　化验室安全技术

安全技术是为了消除生产中引起事故的潜在因素，在技术上采取的各种具体措施的总称。它主要是为了解决如何防止和消除突然事故对职工安全的威胁问题。

安全与环境保护工作牵系着国计民生，抓好安全与环境保护工作是我国的一贯政策，安全是生命之本，违章是事故之源，保护实验室人员的安全和健康，防止环境污染，保证试验室工作安全、正常、有序、顺利进行，是实验室管理的一项重要工作。

一、安全法则

人人懂安全，人人会安全，可为什么会时常不安全呢？原因就在于思想上麻痹大意、管理上粗心随意、行动上漫不在意。下列的安全法则很好地诠释了这一点。

1. 不等式法则

10 000－1≠9 999。安全是1，位子、车子、房子、票子等都是0，有了安全，就是10 000，没有了安全，其他的0再多也没有意义。要以此教育职工，生命是第一位的，安全是第一位的，失去生命一切全无。所以，无论在工作岗位上，还是在业余生活中，要时时刻刻判断自己是否处在安全状态下，要分分秒秒让自己置于安全环境中，这就要求每名员工在工作中必须严格安全操作规程，严格安全工作标准，这是保护自我生命的根本，这是通往幸福生活、尊严人生的前提。

2. 90法则

90%×90%×90%×90%×90%＝？(59.049%)。安全问题不能打任何折扣，工作中安全问题打90分不算合格。主要负责人安排工作，分管领导、质量负责人、技术负责人、化验室主任、化验人员如果人人按90分完成，安全生产执行力层层衰减，最终的结果就是不及格(59.049)，就会出事故，出大问题。

该法则告诉我们，安全生产责任、安全生产工作、安全生产管理，绝不能发生层层递减。如果按90%的速度递减，递减到第五层就是59.049%，完全不及格，就会出问题。

3. 罗式法则

1∶5∶∞。即1元钱的安全投入，可创造5元钱的经济效益，创造出无穷大的生命效益。

任何有效的安全投入(人力、物力、财力、精力等)都会产生巨大的有形和无形的效益。安全投入是第一投入，安全管理是第一管理，生产经营活动的目的是让人们生活得更加安全、舒适、幸福，安全生产的目的就是保障人的生命安全和人身健康。生产任务一时没完成，可以补。

一旦发生事故，将造成不可换回的损失，特别是员工的生命健康无可挽救。所以，在安全问题上，各级、各部门、各岗位就是要多重视、多投入，投入一分，回报无限。

4. 金字塔法则（成本法则）

意为化验室在工作之前发现一项缺陷并加以弥补，仅需1元钱，如果在化验工作中发现问题，需要花十元钱的代价来弥补，如果是事故发生之后，则需要花费1 000元的代价来弥补。

这条法则告诉我们，安全要提前做，就是抓住安全的根本，预防为先，提前行动。在安全生产工作中，要预防为主，把任何问题都消灭在萌芽状态，把任何事故都消灭在隐患之中。

5. 市场法则

1∶8∶25。1个人如果对安全生产工作满意的话，他可能将这种好感告诉8个人；如果他不满意的话，他可能向25个人诉说其不满。

安全管理就是要不断地加强安全文化建设，创新安全环境、安全氛围，提升员工安全责任、安全意识和安全技能，提高员工对安全的满意度。该法则也说明，生产安全事故是好事不出门，坏事传千里，安全事故影响大、影响坏、影响长。

6. 多米诺法则

在多米诺骨牌系列中，一枚骨牌被碰倒了，则将发生连锁反应，其余所有骨牌相继被碰倒。如果移去中间的一枚骨牌，则连锁被破坏，骨牌依次碰倒的过程被中止。事故的发生往往是由于人的不安全行为，机械、物质等各种不安全状态，管理的缺陷，以及环境的不安全因素等诸多原因同时存在缺陷造成的。如果消除或避免其中任何一个因素的存在，中断事故连锁的进程，就能避免事故的发生。在安全生产管理中，就是要采取一切措施，想方设法，消除一个又一个隐患。在每个隐患消除的过程中，就消除了事故链中的某一个因素，可能就避免了一个重大事故的发生。所以我们的任务就是发现隐患，不断消除隐患，不断避免事故，确保员工平安。

7. 海因里希法则

1∶29∶300∶1 000。每一起严重的事故背后，必然有29起较轻微事故和300起未遂先兆，以及1 000起事故隐患相随。对待事故，要举一反三，不能就事论事。任何事故的发生都不是偶然的，事故的背后必然存在大量的隐患、大量的不安全因素。所以，我们的安全管理，排除身边人的不安全行为、物的不安全状态等各种隐患是我们的首要任务，隐患排查要做到预知，隐患整改要做到预控，从而消除一切不安全因素，确保不发生事故。

8. 慧眼法则

有一次，福特汽车公司一大型电机发生故障，很多技师都不能排除，最后请德国著名的科学家斯特曼斯进行检查，他在认真听了电机自转声后在一个地方画了条线，并让人去掉16圈线圈，电机果然正常运转了。他随后向福特公司要1万美元作酬劳。有人认为画条线值1美元而不是1万美元，斯特曼斯在单子上写道：画条线值1美元，知道在哪画线值9 999美元。在安全隐患检查排查上确实需要“9 999美元”的慧眼。

各级领导和管理人员要了解掌握本单位工作实际和安全管理现状，熟知与本单位经营活动相关的法律法规、标准规范、安全操作规程和事故案例，造就一双“慧眼”，结合本单位实际，熟练准确发现安全问题和隐患所在，采取措施，及时整改问题和隐患，不断改进和加强本单位安全工作。

9.南风法则(温暖法则)

北风和南风比威力,看谁能把行人身上的大衣吹掉。北风呼啸凛冽刺骨,结果令行人把大衣裹得更紧了;而南风徐徐吹动,人感觉春意融融,慢慢解开纽扣,继而脱掉大衣。这则故事给管理者的启示是:在安全工作中,有时以人为本的温暖管理带来的效果会胜过严厉无情的批评教育。

在安全管理工作中,安全培训、安全管理要以人为本,讲究实效,注重方法,要因人而教,因人而管。决不能生冷硬粗,以罚代管,以批代管,更不能放手不管。在安全培训上、管理上,就是把工作做进员工心里,创新方式,喜闻乐见,我要安全,确保实效。

10.桥墩法则

一座大桥的一个桥墩被损坏了,上报损失往往只报一个桥墩的价值,而事实上很多时候真正的损失是整个桥梁都报废了。

安全事故往往只分析直接损失、表面损失、单一损失,而忽略事故的间接损失、潜在损失、全面损失。实际上,很多时候事故的损失和破坏是巨大的、长期的、潜在的。

所以,任何一个安全事故的损失,我们只是看到了冰山一角,可能更大的损失我们无法计算。我们唯一做的就是不发生事故,不产生损失,这是我们追求的,更是我们持之以恒、永不懈怠、一点一滴从自己做起的。

二、化验室安全守则

1.意义

无论做多么简单的实验,在进行实验之前,首先要了解化验室的自然环境并熟悉与实验过程相关的知识,做到事先有充足的准备,使工作脉络清晰,即知道自己去做什么、为什么做、采用何种方法去做、在做的过程中需要注意些什么、出现意外事故应如何处理。这样就可以避免事故发生,做到万无一失。

2.化验室安全管理总则

(1)分析人员必须认真学习分析规程和有关的安全技术规程,了解设备性能及操作中可能发生事故的原因,掌握预防和处理事故的方法。

(2)进行有危险性的工作,如危险物料的现场取样,易燃易爆物品的处理,焚烧废液等应有第二者陪伴,陪伴者应处于能清楚看到工作地点的地方并观察操作的全过程。

(3)玻璃管与胶管、胶塞等拆装时,应先用水润湿,手上垫棉布,以免玻璃管折断扎伤。

(4)在进行任何有可能碰伤、刺激或烧伤眼睛的工作时,必须戴防护眼镜,经常接触浓酸浓碱液的工作人员还应戴橡胶手套。

(5)开启易挥发液体试剂瓶时,尤其在夏季或室温较高的情况下,应先将试剂瓶用冷水冷却后盖上湿布再打开,瓶口不要对着自己或他人,以防气液冲出引发事故。

(6)稀释浓硫酸的容器,烧杯或锥形瓶要放在塑料盆中,只能将浓硫酸慢慢倒入水中,不能相反!必要时用水冷却。

(7)蒸馏易燃液体严禁用明火,蒸馏过程不得离人,以防温度过高或冷却突然中断。

(8)化验室内每瓶试剂必须贴有明显的与内容物相符的标签,标明试剂名称及浓度,试验用过滤纸、试纸、碎玻璃以及废酸废碱液等,应该收集在相应的废液桶中,并存放于指定的地方。

(9)化验室的室温,除特殊设备有特殊要求外,一般保持在13～15℃,室温过低或过高应采取调温措施,否则对安全不利,对仪器的准确度、化学反应速度等均有直接影响。

(10)化验室内禁止吸烟、进食,不能用实验器皿处理食物,不得用嘴尝味道的方法来鉴别未知物。工作完毕后离开化验室,应用肥皂洗手。

(11)工作时应穿工作服,长发要扎起,不应在食堂等公共场所穿工作服,进行有危险性的工作要加戴防护用具,最好能做到做实验时都戴上防护眼镜。

(12)移动、开启大瓶液体药品时,不能将瓶直接放在水泥地板上,最好用橡皮或草垫垫好,若为石膏包封的可用水泡软后打开,严禁锤砸、敲打,以防破裂。

(13)开启高压气瓶时,应缓慢,并不得将出口对人。

(14)用电应遵守安全用电规程,化验室停止供电、水时,应立即将电源及水源开关全部关上,以防恢复供电、供水时由于开关未关而发生事故。

(15)化验室中应备有急救药品,消防器材和劳保用品。

(16)每日工作完毕检查水、电、气、窗,进行安全登记后方可锁门。

3.分析安全操作守则

(1)化验员要安全着装,戴好防护口罩,手套;出入装置一定要戴好安全帽,严禁带手机及其他火种。

(2)采样化验一定要有人监护。

(3)排放废液一定要在排风橱中进行,并开窗通风以免造成中毒。

(4)排放液体时,排风橱内不能有电源接通,不准开停仪器电源,不准开关电灯,防止着火。

(5)试验完毕后,废液应及时排放掉。

(6)离开分析室之前,一定要检查所有电源、排风是否断开,气味排放完后将门窗关好。

(7)严禁出现明火,保证灭火器材完好。

4.剧毒试剂安全使用保管守则

(1)剧毒试剂保险柜必须两人负责保管,一人持钥匙,一人记密码,取放试剂及废液必须两人在场,节假日出现临时性加班,必须两人到场。

(2)剧毒原液使用时从保险柜取出,用完后立即放回保险柜内,不得在岗位放置。

(3)当班产生的剧毒废液必须当天放入保险柜内。

(4)使用剧毒试剂的岗位必须记好两本记录:《剧毒物品使用记录》《固体废物保管明细表》,当天使用剧毒试剂,必须当班做好记录,《剧毒物品使用记录》记录使用量和剩余量;《固体废物保管明细表》记录废液累加量,并有两人(把持保险柜钥匙和密码的两人)的签字。

(5)剧毒试剂的剩余量、剧毒废液的保管量必须与记录上一致,不得有误。

(6)保险柜的钥匙不得随处乱放,也不能随便交与他人保管,如有特殊情况,必须经室主任批准。

(7)如果新仪器需使用剧毒试剂,由技术专责人负责建账,并负责记录培训。

5.固定用火点安全守则

(1)许可证及相关管理规定必须挂在醒目位置上,丢失或防火负责人变动时,必须及时通知质量负责人。

(2)用火器具,如酒精灯、烘箱、电炉子等要定置管理,不得私自变更使用位置。

(3)各类油品、易燃物品等必须远离烘箱、电炉等用火点两米以上。

(4)禁止与工作无关的用火。

(5)液化气管线要定期检查,确保无渗漏、无变形。发现液化气泄漏时应开启门窗,关闭阀门,夜间切勿点灯,防止闪爆。

(6)用火器具,如酒精灯、烘箱、电炉子等在使用时不得离人,下班时防火责任人要进行检查、确认,确保安全后方可离开。

6.点火器安全使用管理守则

(1)点火器必须专岗专用,不得私自外借他人或挪作他用。

(2)点火器必须由本岗位人员妥善保管,不准到处乱扔乱放,不得遗失,如果遗失,将按照有关责任制考核。

(3)点火器在使用后,立即放回存放处,不准随身携带。

(4)打火机已坏或无液化气时,不得随处乱扔,应以旧换新。

(5)化验室负责人负责随时检查岗位点火器使用、保管情况。

7.高压气瓶安全使用守则

(1)各类气瓶必须分类放置于钢瓶室内,空瓶和满瓶分开放置。

(2)气瓶停放处应设有固定支架、栅栏等防止倒瓶设施。

(3)气瓶应远离明火和电气设备。

(4)使用气瓶的室内必须通风良好。

(5)使用气瓶禁止敲击,碰撞,不得靠近热源,夏季应防曝晒。

(6)必须使用专用的减压阀,开启时,操作者应站在阀门的侧后方,动作要轻缓。

(7)瓶内的气体严禁用尽,应保留有 0.05 MPa 以上的压力。

(8)发现阀门和减压阀泄漏时,不得继续使用,应及时处理上报,阀门损坏时严禁带压更换阀门。

(9)用完气后,应及时关闭阀门。

(10)搬运时,易燃易爆气瓶禁止混装。

(11)压力表一年检定一次。

8.烘箱、马弗炉、排风橱安全使用守则

(1)马弗炉在使用时把门打开,不用时立即将门关闭,以防出现灼伤现象。

(2)马弗炉周围严禁存放各类油品、废油抹布、纸类等易燃物品,以免出现火灾。

(3)马弗炉盖顶严禁烘烤各类物品、食品等,违者严格考核。

(4)烘箱在使用时把门打开,不用时立即将门关闭,严禁在电流接通的情况下敞门。

(5)烘箱内和烘箱盖上不准放置废纸类、抹布等易燃物品,更不允许放置饭盒、食品等,违者严格考核。

(6)严格控制烘箱温度,及时巡检,以免出现失控而引起火灾。

(7)操作人员在排风橱里操作时,禁止将头伸进排风橱,以免拉门突然滑落造成伤害。在不影响操作的前提下,尽量拉下拉门,以减少毒害。

9.化验员采样安全守则

(1)采样人员必须身体健康,不得带病工作。

(2)化验员必须对自己所采样品的情况有所了解。

(3)采样时要按规定着装,戴好安全帽、防酸碱手套,穿好防静电工作服及工作鞋(包括防静电雨鞋)。在有腐蚀性、高温、有毒(包括病毒性)、可燃性物质的采样口附近采样时,必须戴好防毒面具或防毒口罩。

(4)登高采样要按登高作业的要求进行,上、下扶梯时应有一只手扶于扶梯上。采样过程中注意脚下及周围环境,保持身体平衡,以防止坠落。采样时站在上风口处,大风天气(六级以上)登高采样和新港采样时,应有人监护,雷电、冰雹天气不予采样。

(5)采轻质油品(汽油,石脑油,航煤等)严禁在收油时采样,停止收油 30 min 后方可采样,采样时不得猛拉快提,上提速度不得大于 0.5 m/s,下降速度不得大于 1 m/s。

(6)采样器具要符合安全规定,采样器宜采用防爆金属材质制成,并配有带接地线夹的导电性采样绳,采样绳与(车)罐体进行等电位连接,严禁使用化纤布(丝)擦拭采样器。防静电采样绳,必须按使用期及时更换,上罐时,按规定做好人体放电,采样时做好静电接地。不准从事穿脱服装、梳头等易产生静电的活动。

(7)液化气采样时,应戴帆布手套,并且必须两人到现场。采满后应放掉样品量的约 20%。

(8)化验员要有自我防范意识,对采样过程中发生的意外情况会及时处理并通知有关人员。化验员有权拒绝不符合安全规定的采样。

三、化验室潜藏的危险因素

1. 潜藏危险的客观因素

众所周知,化验室是通过各类化学试剂及相关辅助电气设备实现和完成检验工作的,化验室客观潜藏危险性主要是由于使用的试剂或存储的化学药品中,有的具有挥发性,有的具有易燃性,有的具有毒性及腐蚀性,甚至在实验中某些化学反应还会产生有毒有害气体,也有可能反应控制不当造成燃烧或爆炸等,这些都是客观存在的事实。除此之外,由于操作者在实验过程中的不慎、粗枝大叶,也会造成偶然的意外事故发生。

2. 潜藏危险性的分类

(1)爆炸危险性　化验室中经常会使用到一些易燃易爆的物品,比如硫、磷、镁等低温着火性物质在受热或与氧化性物质混合时,即会着火;乙醚、石油醚、乙醛等着火点及燃点很低的有机溶剂易引发火灾;发烟硝酸、高氯酸、过氧化物类等强氧化性物质,在受热或遭受撞击时易发生爆炸,因此,在化验室中发生燃烧或爆炸的危险是普遍存在的,这类易燃易爆物质就应远离烟火和热源,以防发生意外。此外,化验室中还会经常使用到高压气体钢瓶、低温液化气体、减压蒸馏与干馏等设备,如处理不当,再遇上明火或撞击,往往酿成火灾事故,轻者造成人身伤害,仪器设备受损,重者造成人员伤亡、房屋破损。

(2)中毒危害性　中毒是指某些侵入人体的少量物质引起局部刺激或整个机体功能障碍的任何疾病。化验室中使用的化学试剂,大多都是有一定毒性的,只是毒性高低有所不同。实验中通常使用的化学试剂用量都很少,对于低毒、微毒化学品,一般不会引起急性中毒事件,但若长期不当接触或使用,仍会对身体造成伤害,甚至严重损害身体健康,这类危害不易察觉,往往得不到应有的重视,其危害性更大;而对于高毒或剧毒物质,如氰化钾、三氧化二砷等,若使用和管理不当,极易引发严重的急性中毒事件而危及生命,这类物质的毒性已广为人知,在使用时都会小心谨慎，反而降低了出现意外事故的概率，因此，这类物质的安全性，更重要的是在管理方面，避免因人为因素造成危害。

(3)触电危险性　检验工作离不开电器设备，如加热用的电炉、灰化用的高温电炉、测试用的各类仪器设备等，这些都直接与电有关，在频繁的分析测试过程中，如果不认真执行操作规程，就可能造成触电，甚至会由触电引发更大的事故。

(4)割伤、烫伤和冻伤危险性　割伤通常发生在玻璃器皿的操作过程中，由于操作不慎，打碎的玻璃器皿碎片是造成割伤的主凶，安装和固定玻璃器皿装置时，夹子夹紧时过度造成玻璃器皿破碎、连接玻璃管时用力过度捏碎玻璃等，也容易造成割伤。若造成割伤的玻璃碎片等污染有化学试剂，还有可能同时造成中毒、腐蚀等其他危害，后果将更加严重。

烫伤发生在加热操作时，如配制溶液或样品处理时温度过高暴沸，溶液喷溅造成烫伤，再比如以硝酸——高氯酸消化样品，滴加高氯酸时易引起消化液喷溅造成烫伤等，这样的烫伤同样伴随着化学试剂的危害，比单纯热水烫伤要严重得多。另一种常见情况是加热操作时，不慎触碰到加热设备高温部位，如消煮炉的消煮管架等。

另外，在使用对气密性有严格要求的玻璃装置时，操作不当，会有割伤和烫伤同时发生的潜在危险，如半微量的凯氏定氮装置，在蒸馏结束后，关闭通蒸馏瓶的蒸汽旋塞或夹子时，忘记同时打开蒸汽发生器的通气旋塞或夹子，就极易引起蒸汽发生器内气压过高而爆裂，从而同时造成割伤和烫伤。

检验过程中有接触冷冻剂用于某种实验目的的，就存在发生冻伤的潜在风险。

(5)射线危险性　放射性同位素放出的射线是一种特殊的既看不见也摸不着的物质，因此有人把它比喻为“魔线”。如果人体受到长时间大剂量的射线照射，就会使细胞器官组织受到损伤，破坏人体 DNA 分子结构，有时甚至会导致癌症，或者造成下一代遗传上的缺陷，受照射的人常常会出现头痛、四肢无力、贫血等多种症状，重者甚至死亡。在检验工作中涉及放射性物质分析或 X 射线衍射分析的人员，很可能受到放射性物质及 X 射线的伤害，必须认真防护，避免放射性物质侵入和污染人体。

四、化验室的防火、防爆与灭火

1. 燃烧与爆炸

(1)燃烧　燃烧是指可燃物与助燃物发生剧烈的氧化反应而发光发热的现象，在时间和空间上失去控制的燃烧即为火灾。物质燃烧需要三个条件，称为燃烧三要素，即可燃物、助燃物和着火源。可燃物是指凡能与空气中氧气或氧化剂起剧烈反应的物质；助燃物是指能帮助和维持燃烧的物质，常见的助燃物是空气、氧气和氯酸钾等氧化剂；着火源是指能引起物质燃烧的能量源，包括明火、电火花、摩擦与撞击、高温体、雷电等。着火源使可燃物温度达到其燃烧的最低温度，即着火点(燃点)或以上时，可燃物与助燃物即发生剧烈的氧化反应而燃烧，三个条件缺一不可。

(2)爆炸　爆炸是物质瞬间突然发生的物理或化学变化，同时释放出大量气体和能量(光能、热能、机械能)，并伴有巨大声响的现象。其特征是过程快，大量能量在有限时间迅速释放，瞬间压力急剧上升，产生强大的冲击波发出声响，周围建筑物或装置发生震动或遭到破坏。

(3)爆炸与燃烧的关系　爆炸与燃烧常常是相伴发生的，如可燃性的气体、蒸汽、薄雾、粉尘或纤维状物质等与空气按一定比例混合成爆炸性混合物，遇火源即可爆炸，此时，爆炸就是可燃物瞬时的燃烧。如图 6-1 所示。

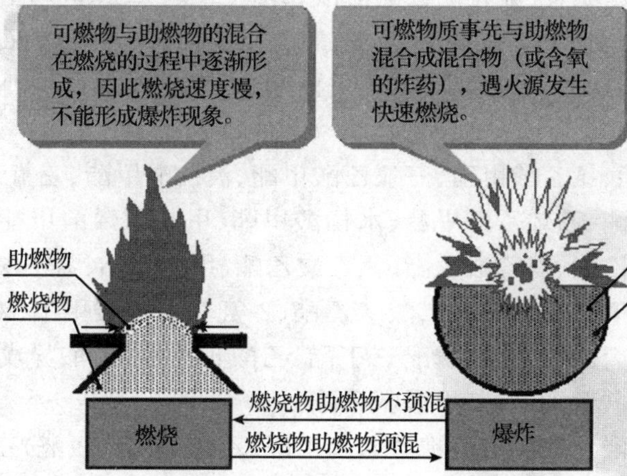

图 6-1　爆炸与燃烧的关系

2.化验室火灾、爆炸事故引发的原因

在化验室中，各类易燃易爆的危险化学品的使用极为普遍，且种类繁多，在化学反应中也常常会生成易燃易爆的物质，因此，如果操作和管理不当，在化验室中就极易发生火灾和爆炸事故而造成人员伤亡和财产损失。

1)易燃易爆危险化学品种类繁多　化验室中常见的易燃易爆危险化学品有：

(1)苯类　苯、联苯、异丙苯、乙基苯、丁基苯、氯苯、对二氯苯、邻二氯苯、间二氯苯、对硝基氯代苯、2,4-二硝基氯代苯、对硝基溴代苯、邻溴氯苯、偶氮苯、聚氯羟苯、硝基苯、间二硝基苯、甲苯、二甲苯、对二甲苯、1,2,4,5-四甲基苯、三氯甲苯、3,4-二氯甲苯、间溴甲苯、间硝基甲苯、2,4-二硝基甲苯，2,4-二硝基氟苯，二乙烯苯，过氧化羟异丙苯。

(2)胺类　甲胺(水溶液)、二甲胺、乙二胺、三甲胺、二乙胺、三乙胺、正丙胺、异丙胺、1,2-丙二胺、正丁胺、仲丁胺、异戊胺、环戊胺、环己胺、正庚胺、正癸胺、乙烯亚胺、硫化胺、苯胺、二苯胺、邻甲苯胺、对甲苯胺、4-甲苯磺酰胺、间甲苯胺、间苯二胺、苄胺(苯甲胺)、N-苄基苯胺、邻氯苯胺、间氯苯胺、间溴苯胺、对硝基苯胺、间硝基苯胺、2,4-二硝基苯胺、邻硝基对甲苯胺、N-甲基苯胺、N,N-二己基苯胺、邻乙氧苯胺、3,3-二甲氧基联苯胺、甲酰胺、N,N-二甲基乙酰胺、氰乙酰苯胺、N,N-二乙基乙二胺、羟(基)乙基乙二胺、四甲基乙二胺、乙醇胺、二乙醇胺、三乙醇胺、六甲基磷酰三胺、1,6-己二胺。

(3)醇类　甲醇、无水甲醇、苯甲醇、乙醇、无水乙醇、β-苯乙醇、β- 巯基乙醇、α-二甲氨基乙醇、二乙氨基乙醇、2-氨基-1 丁醇、α-丁烯-乙醇、2-氯乙醇、α-溴乙醇、硫代乙醇、乙二醇、正丙醇、异丙醇、3-氯丙醇、丙烯醇、丙炔醇、1,4-丁二醇、正丁醇、异丁醇、仲丁醇、叔丁醇、正戊醇、异戊醇、环戊醇、叔戊醇、正己醇、环己醇、4-甲基环己醇、1,6-己二醇、正庚醇、正辛醇、甲硫醇、乙二硫醇、正丁硫醇、1,3-丙二硫醇。

(4)烯、腈类　偏氯乙烯、四氯乙烯、氯丙烯、溴丙烯、苯乙烯、对硝基氯化苄、溴化苄、四氢萘、乙腈、氯化乙腈、苯甲腈、β-溴丙腈、丙二腈、偶氮二异丁腈、丁二腈、丙烯腈、四氯乙炔、呋喃、四氢呋喃、α-甲基砒啶、砒啶、3,5-二甲基砒啶、4-甲基砒啶、4-二甲氨基砒啶、1,2,3,4-四氢砒啶、六氯吡啶、α-甲基哌啶、喹啉。

(5)醚类　乙醚、无水乙醚、三氟化硼乙醚溶液、β,β'-二氯二乙醚、苯甲醚、对溴苯甲醚、对氨基苯甲醚、间硝基苯甲醚、叔丁基甲醚、二苯醚(苯醚)、正丙醚、异丙醚、石油醚。

(6)酮类　丙酮、乙酰丙酮、氯丙酮、三氟乙酰丙酮、甲基异丙基甲酮、N-溴代苯乙酮、氯苯乙酮、丁酮、3-丁烯 γ-酮。

(7)酯类　苯甲酸甲酯、氯乙酸甲酯、三氯乙酸甲酯、溴乙酸甲酯、三氟乙酸甲酯、正戊酸甲酯、巴豆酸甲酯、丙烯酸甲酯、乙烯乙酸甲酯、水杨酸甲酯、甲基丙烯酸甲酯、草酸二甲酯、草酸乙甲酯、乙酸乙酯、氯乙酸乙酯、溴乙酸乙酯、氰乙酸乙酯、甲酸乙酯、氯甲酸乙酯、苯甲酸乙酯、α-氯丙酸乙酯、(邻)苯二甲酸二乙酯、乙二酸二乙酯、2-氨基苯甲酸甲酯、对氨基苯甲酸乙酯、乙酸丁酯、氯甲酸异丁酯、磷酸二丁酯、磷酸三丁酯、乙酸正戊酯、乙酸异戊酯、乙酸正丁酯、乙酸异丙酯、乙酸乙烯酯、甲酸苄酯、肼基甲酸叔丁酯。

(8)醛类　甲醛、苯甲醛、呋喃甲醛(糠醛)、苯乙醛、乙醛、水合(氯醛)三氯乙醛、正戊醛、异戊醛、正已醛、柠檬醛、水杨醛。

(9)烷类　氯仿(三氯甲烷)、二氯甲烷、溴甲烷、二溴甲烷、碘甲烷、硝基甲烷、三氯硝基甲烷、二甲氧基甲烷、1,2 二氯乙烷、1,1,2,2-四氯乙烷、溴乙烷、1,2 二溴乙烷、碘乙烷、环氧乙烷、硝基乙烷、环氧丙烷、环氧氯丙烷、1-溴-3 氯丙烷、2-硝基丙烷、1-氯丁烷、溴代正丁烷、溴代叔丁烷、氯代仲丁烷、1,4-二溴丁烷、正戊烷、异戊烷、溴代环戊烷、1,5 二溴戊烷、正已烷、环已烷、苯基环已烷、正庚烷、正辛烷、异辛烷、正二十烷、四氧吡咯、丁烯-1、N-甲基吗啡啉、环已烯、4-甲基砒啶、四氯化碳。

(10)固体类　金属钠、镁屑、铅粉、硝酸钾、硝酸钠、硝酸铁、硝酸铅、硝酸铵、硝酸铈铵、高氯酸钾、高碘酸钾、过硫酸钾、过硫酸钠、过硫酸铵、过碘酸钠、过硼酸钠、过氧化铅、过氧化钡、氨基钠、过碘酸、乙酸铀(乙酸双氧铀)、红色氧铀、钾、氧化钾、过氧化钾、氧化钠、过氧化钠、氯化锆铣(氧氯化锆)、沉降硫、升华硫黄、保险粉(连二亚硫酸钠)、低亚硫酸钠、赤(红)磷、黄磷、五氧化二磷、五硫化二磷、五氯化磷、三氯化磷、一氯化碘、三氯化碘、三氯化钛、无水氯化高锡、五氯苯酚钠、五氯酚钠、氯化亚砜(亚硫酰氯)、二氧硫酰、硼氢化钾、硼氢化钠、叠氧钠、多聚(固体)甲醛、氢化锂、氢化钠、氢化钙。

2)使用明火、加热设备　化验室中常使用酒精灯、电烘箱、电炉、水浴锅、油浴锅、马弗炉、电热套等加热设备,增大了实验室的火灾危险性。酒精为易燃液体,易挥发,其蒸气达到一定的浓度能爆炸。电烘箱自动保护设施失灵,若长时间运行,发热量增多,温度升高,造成被烘烤物质或烘箱附近可燃物自燃。使用电炉加热物料外逸的可燃蒸气接触热电阻丝,容器破裂后可燃物落于电阻丝上,绝缘破坏、受潮后线路短路或接点接触不良而产生电火花等,均可引起燃烧着火。

3)电气设备故障　化验室大量使用各类电气设备,电气故障是发生火灾的重要原因之一。电气设备发生过载、短路、断线、接点松动、接触不良、绝缘下降等故障会产生电热和电火花,易引燃周围的可燃物。

4)违反操作规程　违反操作规程也会引发化验室火灾。操作者没有经验,工作前没准备,操作不熟练或违反操作规则,不听劝阻或指导未经批准擅自操作,实验设计、仪器结构布局不合理等,均易诱发火灾爆炸事故。化验室经常蒸馏、回流、萃取可燃物质如回收甲醇等典型操作，都以危险性大为重要特点。易燃易爆物品的存放与销毁，如不按照标准销毁易发生自燃和爆炸。

3. 化验室防火防爆安全措施

化验室消防工作的基本原则是“以防为主，防消结合”，坚持防患于未然，在日常生活和工作中做好火灾预防工作。

1)控制库存量　储存易燃易爆化学品必须符合安全防火规范，严格控制易燃易爆化学品的贮存量。

2)避免易燃物与助燃物的接触　经常检查易燃物品的储存器，确保易燃物品的密封保存，避免泄漏和扩散，注意防止易爆混合物的形成和积聚。常见的易爆混合物如表 6-1 所示。

表 6-1　常见的易爆混合物

主要物质	相互作用的物质	产生结果
浓硝酸、硫酸	松节油、乙醇	燃烧
过氧化氢	乙酸、甲醇、丙酮	燃烧
溴	磷、锌粉、镁粉	燃烧
高氯酸盐	乙醇、有机物	爆炸
氯酸盐	硫、磷、铝、镁	爆炸
高锰酸钾	硫黄、甘油、有机物	爆炸
硝酸铵	锌粉和少量水	爆炸
硝酸盐	酯类、乙酸钠、氯化亚锡	爆炸
过氧化物	镁、锌、铝	爆炸
钾、钠	水	燃烧、爆炸
红磷	氯酸盐、二氧化铅	爆炸
黄磷	空气、氧化剂、强酸	爆炸
乙炔	银、铜、汞(Ⅱ)化合物	爆炸

3)控制和消除点火源

(1)在易燃易爆环境中使用防爆电器，避免电火花并禁用明火。

(2)防止易燃易爆化学品与高温物体表面接触。

(3)避免摩擦、撞击产生火花及热的作用。

(4)避免光和热的聚焦作用。

(5)采取措施做好静电泄放，防止静电积聚。

(6)做好通风、降温工作，避免易燃易爆化学品贮存和使用环境达到着火温度。

4)化验室建筑、室内布置及消防设施符合防火规范

(1)化验室通风良好，符合安全防火设计规范。

(2)根据消防规范配置各种消防设施，定点放置并方便使用。

(3)有指定的专人负责消防设施的日常管理和维护。

(4)化验室人员均熟悉常用消防器材的使用方法。

5)做好日常化验工作的防火防爆

(1)化验室人员应严格遵守安全操作规程,防止因麻痹大意引发火灾。

(2)化验室人员应了解实验的燃烧、爆炸的危险性和防止措施。

(3)使用易燃液体时,必须取去火源并远离火种,禁止用火焰检查可燃气体泄漏的地方,应用肥皂水检查漏气。

(4)化验室内不得乱丢火柴及其他火种,加热用的酒精灯、煤气灯、电炉等加热器使用完毕后,应立即关闭。

(5)加热或蒸馏可燃液体时应使用水浴或蒸汽浴,禁止直接明火加热或电炉电热,操作人员不能离开现场并注意仪器和冷凝器的正常运行;乙醚应避免过多接触空气,防止其过氧化物生成。

(6)禁止把氧化剂与可燃化学品一起研磨,不得在纸上称量过氧化物和强氧化剂。

(7)使用爆炸性物品如苦味酸(三硝基酚)、高氯酸及其盐、过氧化氢等化学品,要避免撞击、强烈振荡和摩擦;当实验中有高氯酸蒸汽产生时,应避免同时有可燃气体或易燃液体蒸汽存在。

(8)检验人员对其所进行的实验,必须熟知其反应原理和所用化学试剂的性质,对于有危险的实验,应事先做好防护措施处事故发生后的处理方法;进行可能发生爆炸的实验,必须在特殊设计的防爆炸的地方进行,并注意避免发生爆炸时爆炸物飞出伤人或飞到有危险化学品的地方。

(9)散落的易燃易爆化学品必须及时清理,含有燃烧、爆炸性物品的废液、废渣应妥善处理,不得随意丢弃。

(10)内部含有可燃物质的仪器,实验完成后,应注意彻底排除;工作中不使用不知成分的物质,如果必须进行性质不明的实验,试料用量先从最小剂量开始,并做好安全措施。

4.化验室灭火

1)火灾分类　根据 GB/T 4968《火灾分类》,按照可燃物的类型和燃烧特性,将火灾定义为 6 个不同的类别:

(1)A 类火灾　固体物质火灾。这种物质通常具有有机物性质,一般燃烧时能产生灼热的余烬。这类火灾的燃烧特点是深入内部,如果只将表面上的火扑灭,在内部余烬残存,若新鲜空气具备,常会死火复燃,因此,此类火灾必须彻底扑灭。

(2)B 类火灾　液体或可熔化的固体物质火灾。如汽油、煤油、柴油、原油、沥青、石蜡等。这类火灾的燃烧特点是表面液体蒸发燃烧,燃烧速度快,易扩散蔓延,具有爆炸危险。

(3)C 类火灾　气体火灾。如液化石油气、天然气、甲烷、氢气等。这类火灾的燃烧特点是火焰大,温度高,速度快,极易扩散和爆炸。

(4)D 类火灾　金属火灾。如钾、钠、镁的火灾。这类火灾产生极高温度的火焰,与某些物质混合会产生剧烈的化学反应而引起爆炸。

(5)E 类火灾　带电火灾。物体带电燃烧的火灾。这类火灾的燃烧通常由于电路故障或操作不当引起,蔓延快,有触电危险,应注意尽快切断电源。

(6)F 类火灾　烹饪器具内的烹饪物(如动植物油脂)火灾。

2)火灾等级划分　根据 2007 年 6 月 26 日公安部下发的《关于调整火灾等级标准的通知》,新的火灾等级标准由原来的特大火灾、重大火灾、一般火灾三个等级调整为特别重大火灾、重大火灾、较大火灾和一般火灾四个等级:

(1)特别重大火灾　指造成30人以上死亡,或者100人以上重伤,或者1亿元以上直接财产损失的火灾。

(2)重大火灾　指造成10人以上30人以下死亡,或者50人以上100人以下重伤,或者5 000万元以上1亿元以下直接财产损失的火灾。

(3)较大火灾　指造成3人以上10人以下死亡,或者10人以上50人以下重伤,或者1 000万元以上5 000万元以下直接财产损失的火灾。

(4)一般火灾　指造成3人以下死亡,或者10人以下重伤,或者1 000万元以下直接财产损失的火灾(注:"以上"包括本数,"以下"不包括本数)。

3)灭火器选择　扑救不同类型的火灾,需要选择不同类型的灭火器,若灭火器选择错误,不但不能灭火,反而会助长火势甚至发生更严重的灾害。不同类型的火灾可使用的灭火器如表6-2所示。

表6-2　火灾类型及适用的灭火器

火灾类型	灭火器的选用
A类火灾	水型灭火器、泡沫灭火器、磷酸铵盐干粉灭火器,卤代烷灭火器
B类火灾	泡沫灭火器(化学泡沫灭火器只限于扑灭非极性溶剂)、干粉灭火器、卤代烷灭火器、二氧化碳灭火器
C类火灾	干粉灭火器、水型灭火器、七氟丙烷型灭火器
D类火灾	粉状石墨灭火器、专用干粉灭火器,也可用干砂或铸铁屑末代替
E类火灾	干粉灭火器、卤代烷灭火器、二氧化碳灭火器
F类火灾	干粉灭火器

4)灭火器分类

(1)干粉灭火器　干粉灭火器有两种类型,一种是碳酸氢钠干粉灭火器,又叫BC类干粉灭火器,用于灭液体、气体火灾。另一种是磷酸铵盐干粉灭火器,又叫ABC类干粉灭火器,可灭固体、液体、气体火灾。

干粉灭火器内充装的是干粉灭火剂。干粉灭火剂是用于灭火的干燥且易于流动的微细粉末,由具有灭火效能的无机盐(碳酸氢钠或磷酸铵盐)和少量的添加剂经干燥、粉碎、混合而成微细固体粉末组成。利用压缩的二氧化碳或氮气气体作为动力吹出干粉(主要含有碳酸氢钠或磷酸铵盐)来灭火。

(2)泡沫灭火器　泡沫灭火器的灭火原理是灭火时,能喷射出大量二氧化碳及泡沫,它们能黏附在可燃物上,使可燃物与空气隔绝,同时降低温度,破坏燃烧条件,达到灭火的目的。

常见的泡沫灭火器有化学泡沫灭火器和空气泡沫灭火器。化学泡沫灭火器内装被相互分隔的碳酸氢钠和硫酸铝两种溶液及一些发泡剂,使用时将灭火器颠倒即可将两种溶液混合,打开开关时能喷射出大量二氧化碳以及泡沫而起到灭火的作用,但手提式化学泡沫灭火器和手提式酸碱灭火器于2002年7月1日起,已经被列入国家明令淘汰产品名录。空气泡沫灭火器可以根据不同需要分别充装蛋白泡沫、氟蛋白泡沫、轻水(水层膜)泡沫和抗溶性泡沫,用来扑救各种油类和极性溶剂的初起火灾。由于泡沫的密度小,所以能覆盖在易燃液体的表面上,一方面能吸取液面的温度(吸热),使液体表面降温;另一方面液体完全被泡沫覆盖以后,形成一个隔绝层，隔断空气与液面的接触，火就被扑灭了。

一般来说，泡沫灭火器可用来扑灭A类火灾，如木材、棉布等固体物质燃烧引起的失火，最适宜扑救B类火灾，如汽油、柴油等液体火灾，但不能扑救B类火灾中的水溶性可燃、易燃液体的火灾，如醇、酯、醚、酮等物质火灾；也不能扑救带电设备及C类、D类和E类火灾，但有特殊喷嘴的泡沫灭火器可以扑救带电设备的火灾，抗溶性泡沫灭火器还能扑救B类火灾中的水溶性可燃、易燃液体的火灾，如醇、酯、醚、酮等物质火灾。

(3)二氧化碳灭火器　二氧化碳灭火器都是以高压气瓶内储存液态二氧化碳作为灭火剂进行灭火，二氧化碳灭火后不留痕迹，适宜于扑救贵重仪器设备，档案资料，计算机室内火灾，它不导电也适宜于扑救带电的低压电器设备和油类火灾，但不可用它扑救钾、钠、镁、铝等物质火灾。

(4)卤代烷灭火器　这类灭火器内充装的灭火剂是卤代烷灭火剂。该类灭火剂品种较多，过去我国发展较为成熟的有两种，二氟一氯一溴甲烷和三氟一溴甲烷，分别简称为1211和1301灭火器，但这两种灭火器因对臭氧层破坏严重，已分别在2005年和2010年被列入国家明令淘汰产品名录。目前卤代烷灭火剂以七氟丙烷(HFC-227ea/FM200)性能较好，七氟丙烷主要通过抑制燃烧的化学反应过程，使燃烧中断，达到灭火的目的，是一种以化学灭火为主，兼有物理灭火作用的洁净气体灭火剂，是目前为止研究开发比较成功的一种洁净气体灭火剂，被认为是替代卤代烷1301、1211的最理想的产品之一。

七氟丙烷气体灭火系统适用于扑救下列火灾：电气火灾、固体表面火灾、液体火灾、灭火前能切断气源的气体火灾。

(5)水基灭火器　水基灭火器是指内部充入的灭火剂是以水为基础的灭火器，一般由水、氟碳催渗剂、碳氢催渗剂、阻燃剂、稳定剂等多组分配合而成，以氮气(或二氧化碳)为驱动气体，是一种高效的灭火剂。常用的水基型灭火器有清水灭火器、水基型泡沫灭火器和水基型水雾灭火器三种。

清水灭火器是指筒体中充装的是清洁的水，并以二氧化碳(氮气)为驱动气体的灭火器。一般有6 L和9 L两种规格，灭火器容器内分别盛装有6 L和9 L的水。它主要用于扑救固体物质火灾，如木材、棉麻、纺织品等的初起火灾，但不适于扑救油类、电气、轻金属以及可燃气体火灾。清水灭火器的有效喷水时间为1 min左右，所以当灭火器中的水喷出时，应迅速将灭火器提起，将水流对准燃烧最猛烈处喷射；同时，清水灭火器在使用中应始终与地面保持大致垂直状态，不能颠倒或横卧，否则会影响水流的喷出。

水基型泡沫灭火器内部装有AFFF水成膜泡沫灭火剂和氮气，除具有氟蛋白泡沫灭火剂的显著特点外，还可在烃类物质表面迅速形成一层能抑制其蒸发的水膜，靠泡沫和水膜的双重作用迅速有效地灭火，是化学泡沫灭火器的更新换代产品。它能扑灭可燃固体和液体的初起火灾，更多地用于扑救石油及石油产品等非水溶性物质的火灾(抗溶性泡沫灭火器可用于扑救水溶性易燃、可燃液体火灾)。水基型泡沫灭火器具有操作简单、灭火效率高，使用时不需倒置、有效期长、抗复燃、双重灭火等优点，是木竹类、织物、纸张及油类物质的开发加工、储运等场所的消防必备品，并广泛应用于油田、油库、轮船、工厂、商店等场所。

水基型水雾灭火器是我国2008年开始推广新型水雾灭火器，其具有绿色环保(灭火后药剂可100%生物降解，不会对周围设备与空间造成污染)、高效阻燃、抗复燃性强、灭火速度快、渗透性强等特点，是之前其他同类型灭火器所无法相比的。该产品是一种高科技环保型灭火器，在水中添加少量的有机物或无机物可以改进水的流动性能、分散性能、润湿性能和附着性能等，进而提高水的灭火效率。它能在 3 s 内将一般火势熄灭，不复燃，并且具有将近千度的高温瞬间降至 30～40℃的功效，主要适合配置在具有可燃固体物质的场所，如商场、饭店、写字楼、学校、旅游场所、娱乐场所、纺织厂、橡胶厂、纸制品厂、煤矿厂，甚至家庭等。

5. 化验室火灾烧伤的急救方法

1）火场自救 火灾几乎是我们身边最普遍，也最可能遭遇的灾难，对我们来说，掌握一定的火灾逃生自救知识是非常必要的。由于在火场中的人可能受到烧伤、窒息、中毒、爆炸危害、倒塌物砸埋和其他意外伤害，所以火场避险的基本原则就是趋利避害、逃生第一。

（1）镇定第一 首先一定要冷静下来，如果火势不大，可尽快采取措施扑救。如果火势凶猛，要在第一时间报警，并迅速撤离。

（2）注意风向 应根据火灾发生时的风向来确定疏散方向，在火势蔓延之前，朝逆风方向快速离开火灾区域。一般来说，当发生火灾的楼层在自己所处楼层之上时，就应迅速向楼下跑。逃生时要注意随手关闭通道上的门窗，以阻止和延缓烟雾向逃离的通道流窜。

（3）毛巾捂鼻 火灾烟气具有温度高、毒性大的特点，人员吸入后很容易引起呼吸系统烫伤或中毒。因此，逃离时要用湿毛巾掩住口鼻，并尽量避免大声呼喊，防止烟雾进入口腔。也可找来水打湿衣服、布类等用以掩住口鼻。通过浓烟区时，要尽可能以最低姿势或匍匐姿势快速前进。注意，呼吸要小而浅。

（4）结绳逃生 楼梯通道被火封住，欲逃无路时，可将床单、被罩或窗帘等撕成条结成绳索，牢系窗槛，顺绳滑下。家中有绳索的，可直接将其一端拴在门、窗柜或重物上，沿另一端爬下。在此过程中要注意手脚并用（脚呈绞状夹紧绳，双手一上一下交替往下爬），要注意把手保护好，防止顺势滑下时脱手或将手磨破。

（5）暂时避难 在无路可逃的情况下，应积极寻找暂时的避难处所。如果在综合性多功能大型建筑物内，可利用设在电梯、走廊末端以及卫生间附近的避难间，躲避烟火的危害。若暂时被困在房间里，要关闭所有通向火区的门窗，用浸湿的被褥、衣物等堵塞门窗缝，并泼水降温，以防止外部火焰及烟气侵入。在被困时，要主动与外界联系，以便尽早获救。

（6）靠墙躲避 消防员进入着火的房屋时，都是沿墙壁摸索进行的，所以当被烟气窒息失去自救能力时，应努力滚向墙边或者门口。同时，这样做还可以防止房屋塌落砸伤自己。

（7）莫入电梯 在高层建筑中，电梯的供电系统在火灾时随时会断电或因热的作用电梯变形而使人被困在电梯内，同时，由于电梯井犹如贯通的烟囱般直通各楼层，有毒的烟雾直接威胁被困人员的生命，因此，千万不要乘普通的电梯逃生。请记住：逃生的时候，乘电梯极危险。

（8）火已及身，切勿惊跑 火场上的人如果发现身上着了火，千万不可惊跑或用手拍打，因为奔跑或拍打时会形成风势，加速氧气的补充，促旺火势。当身上衣服着火时，应赶紧设法脱掉衣服或就地打滚，压灭火苗；能及时跳进水中或让人向身上浇水、喷灭火剂就更有效了。请记住：就地打滚虽狼狈，烈火焚身可免除。

（9）跳楼有术，虽损求生 身处火灾烟气中的人，精神上往往陷于极端恐怖和接近崩溃，惊慌的心理极易导致不顾一切的伤害性行为如跳楼逃生。应该注意的是：只有消防队员准备好救生气垫并指挥跳楼时或楼层不高（一般 4 层以下），非跳楼即烧死的情况下，才采取跳楼的方法。即使已没有任何退路，若生命还未受到严重威胁，也要冷静地等待消防人员的救援。跳楼也要讲技巧，跳楼时应尽量往救生气垫中部跳或选择有水池、软雨篷、草地等的方向跳；如有可能，要尽量抱些棉被、沙发垫等松软物品或打开大雨伞跳下，以减缓冲击力。如果徒手跳楼一定要扒窗台或阳台使身体自然下垂跳下，以尽量降低垂直距离，落地前要双手抱紧头部身体弯曲卷成一团，以减少伤害。跳楼虽可求生，但会对身体造成一定的伤害，所以要慎之又慎。请记住：跳楼不等于自杀，关键是要有办法。

2）火场烧伤急救方法

（1）灭　熄灭伤员身上的火，使伤员尽快脱离火（热）源，缩短烧伤时间。注意避免助长火势的动作，如快跑会使衣服烧得更炽烈，站立将使头发着火并吸入烟火，引起呼吸道烧伤等。被火烧者应立即躺平，用厚衣被包裹，湿的更好，若无此类物品，则躺着就地慢慢滚动。用水及非燃性液体浇灭火焰更好，但避免用砂子或不洁物品。

（2）查　查心跳、呼吸情况，是否合并有其他外伤和有害气体中毒。烧伤外表一眼可见，但不能只顾烧伤而忽略了其他合并症状。对爆炸冲击烧伤的人员，应检查有无颅胸损伤、胸腹腔内脏损伤和呼吸道烧伤。

（3）防　防休克、防窒息、防创面污染。烧伤的伤员因疼痛或恐惧常发生休克，可用针灸止痛或给止痛药；若发生急性喉头梗阻或窒息时，设法请医务人员做气管切开，以保证通气；现场检查和搬运伤员时，注意保护创面，防止污染。

（4）包　迅速脱去伤员被烧的衣服、鞋及袜等，为节省时间和减少对创面的损伤可用剪刀剪开。要特别设法保护创面使其避免污染，并减少外界空气刺激创面引起疼痛，暂时用较干净的衣服把创面包裹起来。对创面一般不做处理，尽量不弄破水泡，保护表皮，避免涂一些效果不肯定的药物、油膏或油。

（5）送　迅速离开现场，立即把严重烧伤人员送往医院。注意搬运时动作要轻柔，行时要平稳，随时观察伤情。

五、常见化学毒物的中毒和急救方法

1.化学毒物的分级

某些侵入人体的少量物质引起局部刺激或整个机体功能障碍的任何疾病称为中毒。能够引起中毒的物质称为毒物。根据毒物侵入人体的途径，中毒分为呼吸中毒、接触中毒和摄入中毒 3 种。

1）毒物的毒性指标　毒性是化学物质损害机体的能力，在毒物的影响下，机体表现出各种功能障碍，或应激能力下降、维持机体内稳态能力降低以及对其他环境有害因素的敏感性增高等。常用表示毒性大小的指标如下：

（1）绝对致死剂量或浓度（LD_{100} 或 LC_{100}）　指化学物能引起一群实验动物全部死亡的剂量或浓度。

（2）半数致死剂量或浓度（LD_{50} 或 LC_{50}）　指化学物能引起一群动物的 50% 死亡所需的剂量或浓度。

（3）最小致死剂量或浓度（MLD 或 MLC）　指化学物在最低剂量的一群实验动物中仅引起个别动物死亡的剂量或浓度。

（4）最大耐受剂量或浓度（LD_0 或 LC_0）　指化学物在动物实验中不引起实验动物死亡的最大剂量或最大浓度。

2）毒物的毒性程度的评价　化学物质的毒性程度，可用下列 4 种方法进行评价：

(1)绝对毒性 又称固有毒性,是以 LD_{50} 或 LC_{50} 的绝对值表示。通常认为,LD_{50} 或 LC_{50} 的数值越小,毒性越高,反之,毒性越低。

(2)相对毒性 又称比较毒性,是以数种毒物的 LD_{50} 或 LC_{50} 倒数的比值表示的毒性。比值越大者,毒性越高。

(3)有效毒性 又称实际毒性,是以相对毒性和相对挥发性的乘积所表示的毒性。毒性高和挥发性大的物质,易引起中毒。按绝对毒性和相对毒性来说,二氯乙醚比丙酮和三氯乙烯的毒性高得多,但是,由于二氯乙醚的挥发性小,它的有效毒性却最低,即二氯乙醚在生产中引起吸入中毒的危险性比丙酮和三氯乙烯为小。

(4)急性毒作用带 即从急性阈浓度到半数致死浓度之间的幅度,常以 LC_{50}/Limac 的比值表示。此数值越小者,毒性愈大,反之毒性则小。

3)毒物危害程度分级

(1)毒物危害程度分级的依据 我国国家标准 GBZ 230—2010《职业性接触毒物危害程度分级》根据毒物的 LD_{50} 或 LC_{50}、刺激与腐蚀性、致敏性、生殖毒性、致癌性、实际危害后果与预后、扩散性和蓄积性等八项指标全面权衡,按毒物危害指数(THI)大小,将我国常见毒物的危害程度分为四级:

轻度危害(Ⅳ级),THI<35

中度危害(Ⅲ级),THI≥35~<50

高度危害(Ⅱ级),THI≥50~<65

极度危害(Ⅰ级),THI≥65

职业性接触毒物危害程度分级和评分依据如表 6-3 所示。

表 6-3 职业性接触毒物危害程度分级和评分依据

分项指标		极度危害	高度危害	中度危害	轻度危害	轻微危害	权重系数
积分值		4	3	2	1	0	
急性吸入 LC_{50}	气体/(cm^3/m^3)	<100	≥100~<500	≥500~<2 500	≥2 500~<20 000	≥20 000	5
	蒸气/(mg/m^3)	<500	≥500~<2 000	≥2 000~<10 000	≥10 000~<20 000	≥20 000	
	粉尘和烟雾/(mg/m^3)	<50	≥50~<500	≥500~<1 000	≥1 000~<5 000	≥5 000	
急性经口 LD_{50}/(mg/kg)		<5	≥5~<50	≥50~<300	≥300~<2 000	≥2 000	
急性经皮 LD_{50}/(mg/kg)		<50	≥50~<200	≥200~<1 000	≥1 000~<2 000	≥2 000	1
刺激与腐蚀性		pH ≤ 2 或 pH≥11.5;腐蚀作用或不可逆损伤作用	强刺激作用	中等刺激作用	轻刺激作用	无刺激作用	2

续表 6-3

分项指标	极度危害	高度危害	中度危害	轻度危害	轻微危害	权重系数
致敏性	有证据表明该物质能引起人类特定的呼吸系统致敏或重要脏器的变态反应性损伤	有证据表明该物质能导致人类皮肤过敏	动物试验证据充分，但无人类相关证据	现有动物试验证据不能对该物质的致敏性做出结论	无致敏性	2
生殖毒性	明确的人类生殖毒性：已确定对人类的生殖能力、生育或发育造成有害效应的毒物，人类母体接触后可引起子代先天性缺陷	推定的人类生殖毒性：动物试验生殖毒性明确，但对人类生殖毒性作用尚未确定因果关系，推定对人的生殖能力或发育产生有害影响	可疑的人类生殖毒性：动物试验生殖毒性明确，但无人类生殖毒性资料	人类生殖毒性未定论：现有证据或资料不足以对毒物的生殖毒性做出结论	无人类生殖毒性：动物试验阴性，人群调查结果未发现生殖毒性	3
致癌性	Ⅰ组，人类致癌物	ⅡA,组近似人类致癌物	ⅡB组，可能人类致癌物	Ⅲ组，未归入人类致癌物	Ⅳ组，非人类致癌物	4
实际危害后果与预后	职业中毒病死率≥10％	职业中毒病死率＜10％；或致残（不可逆损害）	器质性损害（可逆性重要脏器损害），脱离接触可治愈	仅有接触反应	无危害后果	5
扩散性（常温或工业使用时状态）	气态	液态，挥发性高（沸点＜50℃）；固态，扩散性极高（使用时形成烟或烟尘）	液态，挥发性中（沸点≥50～＜150℃）；固态，扩散性高（细微而轻的粉末，使用时可见尘雾形成，并在空气中保停留数分钟以上）	液态，挥发性低（沸点≥150℃）；固态，晶体、粒状固体，扩散性中，使用时能见到粉尘但很快落下，使用后粉尘留在表面	固态，扩散性低（不会破碎）的固体小球（块），使用时几乎不产生粉尘	3

续表 6-3

分项指标	极度危害	高度危害	中度危害	轻度危害	轻微危害	权重系数
蓄积性(或生物半减期)	蓄积系数(动物实验,下同)＜1;生物半减期≥4 000 h	蓄积系数≥1～＜3;生物半减期≥400 h～＜4 000 h	蓄积系数≥3～＜5;生物半减期≥40 h～＜400 h	蓄积系数＞5;生物半减期≥4 h～＜40 h	生物半减期＜4 h	1

(2)毒物危害程度分级　GBZ 2.1 中常见化学毒物危害程度(THI)分级见附表。

2.常见化学毒物的中毒症状和急救方法

1)常见化学毒物的中毒症状和急救方法　化验人员了解化学毒物性质、侵入途径、中毒症状和对应的救治方法,可以减少化学毒物引起的中毒事故,一旦发生中毒事故时,能争分夺秒地采取正确的自救措施,力求在毒物被身体吸收前实现抢救,使毒物对人体的损伤减至最小。表 6-4 列出了常见毒物进入人体的途径及中毒症状和救治方法。

表 6-4　常见毒物进入人体的途径、中毒症状和救治方法

毒物名称及入体途径	中毒症状	救治方法
氰化物或氢氰酸:呼吸道、皮肤	轻者刺激黏膜、喉头痉挛、瞳孔放大,重者呼吸不规则、逐渐昏迷、血压下降、口腔出血	立即移出毒区,脱去衣服,进行人工呼吸,可吸入含 5%二氧化碳的氧气,立即送医院
氢氟酸或氟化物:呼吸道、皮肤	接触氢氟酸气可出现皮肤发痒、疼痛、湿疹和各种皮炎,主要作用于骨骼,深入皮下组织及血管时可引起化脓溃疡,吸入氢氟酸气后,气管黏膜爱刺激可引起支气管炎症	皮肤被灼伤时,先用水冲洗,再用 5%小苏打液洗,最后用甘油-氧化镁(2∶1)糊剂涂敷,或用冰冷的硫酸镁液洗,也可涂可的松油膏
硝酸、盐酸、硫酸及氮的氧化物:呼吸道、皮肤	三酸对皮肤和黏膜有刺激和腐蚀作用,能引起牙齿酸蚀病,一定数量的酸落到皮肤即产生烧伤,且有强烈的疼痛,当吸入氧化氮时,强烈发作后可以有 2～12 h 的暂时好转,继而更加恶化,虚弱者咳嗽更加严重	吸入新鲜空气,皮肤烧伤时立即用大量水冲洗,或用稀苏打水冲洗,如有水泡出现,可涂红汞或紫药水,眼、鼻、咽喉受蒸气刺激时,也可用温水或 2%苏打水冲洗和含漱
砷及砷化物:呼吸道、消化道、皮肤、黏膜	急性中毒有胃肠型和神经型两种症状,大剂量中毒时,30～60 min 即觉口内有金属味,口、咽和食道内有灼烧感、恶心呕吐、剧烈腹痛。呕吐物初呈米汤样,后带血。全身衰弱,剧烈头痛,口渴与腹泻,大便初起为米汤样,后带血。皮肤苍白、面绀,血压降低,脉弱而快,体温下降,最后死于心力衰竭。 吸入大量砷化物蒸气时,产生头痛、痉挛、意识丧失、昏迷、呼吸和血管运动中枢麻痹等神经症状	吸入砷化物蒸气的中毒者必须立即离开现场,使吸入含 5%二氧化碳的氧气或新鲜空气,鼻咽部损害用 1%可卡因涂局部,含碘片或用 1%～2%苏打水含漱或灌洗,皮肤受损害时涂氧化锌或硼酸软膏,有浅表溃疡者应定期换药,防止化脓。专用解毒药(100 份密度为 1.43 的硫酸铁溶液,加入 300 份冷水,再用 20 份烧过的氧化镁和 300 份冷水制成的溶液稀释)用汤匙每 5 min 灌一次,直至停止呕吐

续表 6-4

毒物名称及入体途径	中毒症状	救治方法
汞及汞盐：呼吸道、消化道、皮肤	急性：严重口腔炎、口有金属味、恶心呕吐、腹痛、腹泻、大便血水样，患者带有虚脱、惊厥、尿中有蛋白和血细胞，严重时尿少或无尿，最后因尿毒症死亡。 慢性：损害消化系统和神经系统，口有金属味，齿龈及口唇处有硫化汞的黑淋巴结及唾腺肿大等症状。神经症状有嗜睡、头疼、记忆力减退、手指和舌头出现轻微震颤等	急性中毒早期时用饱和碳酸氢钠液洗胃，或立刻给饮浓茶、牛奶、吃生蛋白和蓖麻油，立即送医院救治
铅及铅化合物：呼吸道、消化道	急性：口内有甜金属味、口腔炎、食道和腹腔疼痛、呕吐、流黏泪、便秘等。 慢性：贫血、肢体麻痹瘫痪及各种精神症状	急性中毒时用硫酸钠或硫酸镁灌肠，送医院治疗
三氯甲烷（氯仿）：呼吸道	长期接触可发生消化障碍、精神不安和失眠等症状	重症中毒患者使呼吸新鲜空气，向颜面喷冷水，按摩四肢，进行人工呼吸，包裹身体保暖，送医院救治
苯及其同系物：呼吸道、皮肤	急性：沉醉状、惊悸、面色苍白，继而赤红、头晕、头疼、呕吐。 慢性：以造血器官与神经系统的损害为最显著	给急性中毒患者进行人工呼吸，同时输氧，送医院救治
四氯化碳：呼吸道、皮肤	皮肤接触：因脱脂而干燥皲裂	2%碳酸氢钠或1%硼酸溶液冲洗皮肤
	吸入：黏膜刺激、中枢神经系统抑制和胃肠道刺激症状	脱离中毒现场急救，人工呼吸、吸氧
	慢性：神经衰弱症候群，损害肝、肾	
铬酸、重铬酸钾等铬（Ⅵ）化合物：消化道、皮肤	对黏膜有剧烈的刺激，产生炎症和溃疡，可能致癌	用5%硫代硫酸钠溶液清洗受污染皮肤
石油烃类（饱和烃和不饱和烃）：呼吸道、皮肤	汽油对皮肤有脂溶性和刺激性，使皮肤干燥、龟裂，个别人起红斑、水疱	温水清洗
	吸入高浓度汽油蒸气，出现头痛、头晕、心悸、神志不清等	移至新鲜空气处，重症可给予吸氧
	石油烃能引起呼吸、造血、神经系统慢性中毒症状	医生治疗
	某些润滑油和石油残渣长期刺激皮肤可能引发皮癌	

续表 6-4

毒物名称及入体途径	中毒症状	救治方法
甲醇：呼吸道、消化道	吸入急性中毒：神经衰弱症，视力模糊，酸中毒症状 慢性：神经衰弱症，视力减弱，眼球疼痛 吞服：15 mL 可导致失明，70～100 mL 致死	皮肤污染用清水冲洗，溅入眼内，立即用 2%碳酸氢钠冲洗 误服，立即用 3%碳酸氢钠溶液洗胃后，由医生处置
芳香胺、芳香族硝基化合物：呼吸道、皮肤	急性中毒致高铁血红蛋白症，溶血性贫血及肝脏损伤	用温肥皂水（忌用热水）洗，苯胺可用 5%乙酸或 70%乙醇洗
氮氧化物：呼吸道	急性中毒：口腔咽喉黏膜、眼结膜充血，头晕、支气管炎，肺炎、肺水肿 慢性中毒：呼吸道病变	移至空气新鲜处，必要时吸氧
二氧化硫、三氧化硫：呼吸道	对上呼吸道及眼结膜有刺激作用，结膜炎、支气管炎、胸痛、胸闷	移至空气新鲜处，必要时吸氧，用 2%碳酸氢钠洗眼
硫化氢：呼吸道	眼结膜、呼吸及中枢神经系统损害，急性中毒时头晕、头痛，甚至抽搐昏迷	移至空气新鲜处，必要时吸氧，生理盐水洗眼

2）中毒急救的具体实施

（1）皮肤黏膜除毒　皮肤污染毒物时，应立即脱去污染衣服，若皮肤无创面，一般用清水（忌用热水）冲洗。若为不溶解于水的毒物，可用适当的溶剂（如酚可用 10%酒精或植物油）冲洗。另外有机磷农药污染皮肤时，可先用弱碱水或肥皂水清洗，然后再用清水冲洗。由酸引起的皮肤灼伤创面，在用清水洗后，可继续用 0.5%碳酸氢钠溶液冲洗；由碱引起的皮肤灼伤创面，则可选用 1%醋酸或 1%柠檬酸冲洗。如毒物侵入眼内，应立即用大量清水冲洗眼部结膜，冲洗时间不应少于 10 min。如为碱性毒物，再用 3%硼酸液冲洗，予以中和；如为酸性毒物，则用 2%碳酸氢钠溶液清洗中和。冲洗中和后可滴入 0.5%醋酸可的松以减轻局部炎症反应，并采用 0.5%氯霉素或 0.5%红霉素溶液滴眼。疼痛较剧烈时可予 1%丁卡因溶液滴眼。

（2）催吐　对口服中毒者，应力争将尚未被吸收的毒物迅速从胃中清除出来。若患者神志清醒，胃内含有食物或固体毒物，常不易被洗出，因而更适合催吐。常用催吐方法是先饮水 300～500 mL，然后用压舌板刺激软腭、咽后壁及舌根部，使之呕吐，反复多次，直至胃内容物吐尽为止。也可皮下注射阿扑吗啡 5 mg，有较强的催吐作用。对腐蚀性毒物（酸、碱）中毒，以及昏迷、惊厥、肺水肿、严重高血压、心力衰竭和休克的中毒病人禁用催吐。

（3）洗胃　服毒 6 h 内洗胃最有效，但即使超过 6 h，如无禁忌症，仍有洗胃的必要。插入胃管后，先抽出内容物，再灌注洗胃液。每次灌注量不超过 500 mL。反复灌洗直到洗出液澄清、无味为止。洗胃时，病人应侧卧，头部稍低于躯体，以防吸入性肺炎。病情严重、深度昏迷或腐蚀剂中毒者，不宜洗胃。

常用洗胃液有：

①水，适用于毒物性质不明时；

②2%～4%鞣酸溶液（或浓茶），适用于生物碱及若干金属化合物中毒；

③（1∶2 000）～（1∶5 000）高锰酸钾溶液，适用于巴比妥类、生物碱等中毒；

④1%～2%碳酸氢钠溶液，适用于硫酸亚铁、有机磷农药等中毒。

腐蚀性毒物(如强酸、强碱)误服中毒时,应用牛奶、蛋清、淀粉糊、氢氧化铝凝胶等灌入胃内,以减低腐蚀作用,保护胃黏膜。

(4)导泻及灌肠　清除进入肠道的毒物,并阻止毒物自肠道吸收。中毒导泻采用20%甘露醇作为导泻剂是理想的选择。因为20%甘露醇为高渗透液,口服在胃肠道内不被吸收,可使肠内容物的渗透压升高,阻止肠道内水分的吸收,使肠腔容积增大,肠道被扩张,因而刺激肠壁,增强肠道蠕动,使肠内容物迅速进入大肠,排出水样粪便,属于容积性泻药。洗胃后一次口服20%甘露醇250 mL,口服后30 min至2 h即可排便。甘露醇味甜,易为患者接受,可用于各种口服中毒者的导泻,且无硫酸镁中Mg^{2+}大量吸收和在体内蓄积导致中枢神经系统抑制的后顾之忧。老年人、严重便秘者口服甘露醇要慎重,前者易因腹泻严重导致休克,后者应注意腹部情况,以防肠道蠕动增强引起结肠梗阻而导致肠穿孔。

腐蚀性毒物中毒时禁用导泻药。灌肠液常采用温水、生理盐水或肥皂水,以1 000 mL作高位灌肠。

(5)利尿　对已吸收入体内的毒物,可采用多饮水、大量输液及使用利尿药物的办法,以增加尿量,促进毒物的排出。饮用大量饮料,如水、浓茶或橘子汁等软性饮料,以及绿豆汤。静脉注射50%葡萄糖40～60 mg,加维生素C 500 mg;或10%葡萄糖溶液1 000 mL,加维生素C 2 g静脉滴入。利尿药物可用速尿20 mg或20%甘露醇250 mL快速静脉滴注。有休克、心功能不全和肾脏严重病变者,则应慎用利尿药物。利尿过程中应注意水和电解质平衡。

3)中毒预防

(1)化验室工作人员一定要熟知本岗位的检验项目及所用药品的性质。

(2)所用的一切化学药品必须都有标签,剧毒药品要有明显的标志。

(3)严禁试剂入口,用移液管取试液时应用吸耳球操作而不能用嘴吸。

(4)严禁用鼻子贴近试剂瓶口鉴别试剂,正确做法是将试剂瓶远离鼻子,以手轻扇稍闻其气味即可。

(5)对于能够产生有毒气体或蒸气的实验,必须在通风橱内完成。

(6)使用毒物实验的操作者在实验过程中,一定要严格按照操作规程完成,实验结束后,必须用肥皂充分洗手。

(7)采取有毒试样时,一定要事先做好预防工作。

(8)装有煤气管道的化验室,应经常注意检查管道和开关的严密性,避免漏气。

(9)尽量避免手与有毒物质直接接触,严禁在化验室内饮食。

(10)实验过程中如出现头晕、四肢无力、呼吸困难、恶心等症状,说明可能中毒,应立即离开实验室,到户外呼吸新鲜空气,严重的应及时送往医院救治。

六、化验室废弃物的处理

化验室废弃物主要指实验中产生的废气、废水和废渣。由于各类化验室工作内容不同,产生的三废中所含的化学物质及其毒性不同,数量差别也大,为了保证化验人员的健康,防止环境污染,化验室三废的排放应遵守国家环境保护的有关规定。

1.化验室废气处理

1)化学实验室废气排放的种类　化验室在检验、鉴定、测试的过程中,由于实验的需要会产生各种废气，废气成分相对复杂，包括芳香族类（苯、甲苯、二甲苯、苯乙烯等）；酮类（丙酮、环己酮、甲乙酮等）；酯类（醋酸乙酯、醋酸丁酯、乙酸甲酯、香蕉水等）；醇类（甲醇、乙醇、丁醇、异丙醇）；醚类（乙醚、石油醚等）有机废气。也包括氮氧化物、硫酸雾、氯化氢、氟化氢、硫化氢、二氧化硫、一氧化碳、氨等无机废气；同时也有高温的燃烧废气、粉尘等。化验室排出的废气量较少、浓度较低时，一般可由通风装置直接排至室外，在大气中通过稀释和扩散，不会对空气质量造成危害。但对于大量的高浓度废气，未经处理直接排放入大气，势必会对周边环境造成污染，且会对人体造成器质性损伤。因此，在排放之前必须进行无害化处理，使排放的废气达到国家规定的排放标准。

2)化验室废气处理废气方法　化验室废气处理废气方法很多，主要有冷凝法、吸附法、吸收法、燃烧法、催化剂燃烧法等。

冷凝法是利用冷介质冷却凝结低沸点的废气或蒸气为液态，主要用以回收高浓度的有机蒸气和汞、砷、硫、磷等。

吸附法是使废气与多孔固体（吸附剂）接触，将有害物质吸附在固体表面，以分离污染物。目前吸附法以活性炭吸附为主，活性炭是一种主要由含碳材料制成的外观呈黑色，内部空隙结构发达、比表面积大、吸附能力强的一类微晶质碳素材料。活性炭材料中有大量肉眼看不见的微孔，1 g 活性炭材料中微孔，将其展开后表面积可高达 800～1 500 m^2，也就是说，在一个米粒大小的活性炭颗粒中，微孔的内表面积可能相当于一个客厅面积的大小。正是这些高度发达孔隙结构，使活性炭拥有了优良的吸附性能。

吸收法是利用某些物质易溶于水或其他溶液的性质，使废气中的有害物质进入溶液以净化气体，包括水吸收法和药液吸收法。如 NO_2、SO_2、Cl_2、H_2S、HF 等可用导管通入碱液中使其大部分吸收后排出，测定汞的废气可通到酸性高锰 酸钾溶液中吸收，含有氨的废气通往水或酸溶液中将氨吸收等。

燃烧法是将可燃物质加热后与氧气化合进行燃烧，使污染物转化为二氧化碳和水等，从而使废气净化后排放。如 CO、CH_4 等废气，经过燃烧后转变为二氧化碳和水，即可达到净化处理的目的。

催化剂燃烧法是利用不同催化剂对各类物质的不同催化活性，使废气中的污染物在催化剂表面氧化燃烧，转化成无害的化合物或水和二氧化碳，以达到净化有害气体的目的。如甲醇、甲醛在以氧化铝为载体的 Pt 催化剂（Pt/Al_2O_3）的作用下，室温下就开始燃烧，而直接燃烧法起始燃烧点通常为 300～600℃。

上述方法各有其优缺点和适用对象，现对以上各种方法的优缺点汇总比较如表 6-5 所示。

表 6-5　各种废气处理方法的优缺点比较

处理方法	原理及主要控制条件	优点	缺点
催化燃烧法	废气在催化作用下，使有机物废气在引燃温度下燃烧，生成 CO_2 和 H_2O 而被净化。 引燃温度为 200～400℃，停留时间为 0.14～0.24 s	1.与直接燃烧法相比，能低温下氧化分解，节省燃料（约节省 1/2 燃料）。 2.设备占地面积小。 3. NO_x 生成少	1.催化剂中毒和表面异物附着易失效。 2.必须进行良好的预处理除去尘埃、漆雾等。 3.催化剂和设备价格高

续表 6-5

处理方法	原理及主要控制条件	优点	缺点
直接燃烧法	废气引入燃烧室与火焰直接接触使有机废气燃烧，生成 CO_2 和 H_2O。 燃烧温度为 650～800℃，停留时间为 0.5～1 s	1. 燃烧效率高，管理容易。 2. 仅烧嘴需经常维护，整体维护简单，可靠性高。 3. 废气燃烧产生热量，可作烘干室的热源综合利用。 4. 有利于净化含量高的废气	1. 当单独配置设备处理时，设备装置价格高，燃烧费用高。 2. 处理废气浓度低大风量的废气不经济。 3. NO_x 排放量增大
活性炭吸附法	有机溶剂被吸附到吸附剂表面而净化，活性炭吸附剂饱和后可再生，连续使用。 废气流速 0.3～0.6 m/s 炭层厚度 0.8～1.5 mm	1. 可处理低浓度低温度的有机溶剂废气。 2. 可回收有机溶剂。 3. 处理程度可以控制。 4. 效率高，运行费用低	1. 需预处理去除漆雾、油等杂质。 2. 处理烘干室废气时，需先除尘、冷却。 3. 活性炭需要再生和补充，费用较高
吸附催化燃烧法	是吸附法和催化燃烧法组合处理废气的一种方法，先将废气用活性炭吸附，脱附下来被浓缩的有机气体送往催化燃烧室燃烧，生成 CO_2 和 H_2O 而被净化	1. 经脱附下来的气体提高浓度，大大缩小风量，降低催化炉造价、运行能耗。 2. 净化效率高且稳定，净化效率可达到 90% 以上。 3. 用催化燃烧后的废气进行活性炭脱附再生，不需外部热能再生，比较节能	1. 需预处理去除漆雾、油等杂质。 2. 处理烘干室废气时，需先除尘、冷却。 3. 催化剂中毒和表面异物会导致活性炭失效
液体吸收法	液体作为吸收剂，使废气中的有害物质被吸收，从而达到净化	仅以水作为吸收剂处理亲水性溶剂场合，并具有： 1. 设备费用低、运行费用少。 2. 无爆炸火灾等危险。 3. 适宜处理喷漆室和流平室排放的废气	1. 需要对产生的废水进行二次处理。 2. 对涂料品种有限制

2. 化验室废液处理

1）化验室废液种类　化验室废液是指化验室废物中的一般化学废液和剧毒化学废液。化验室废液种类繁多。有机废液包括：油脂类，如灯油、轻油、松节油、油漆、重油、杂酚油、锭子油、绝缘油脂（不含多氯联苯）、润滑油、切削油、冷却油及动植物油脂等；含卤素类有机溶剂类，如氯仿、二氯甲烷，二氟甲烷、四氯化碳、甲基碘等或含芳香族卤素类化合物，如氯苯、苯甲氯等；不含卤素类有机溶剂类，如乙醚、石油醚、乙醇、丙酮等。

无机废液包括含重金属废液、含氰废液、含汞废液、含氟废液、酸碱性废液、含六价铬废液等。

这些废液大多都具有易燃性、腐蚀性、反应性和毒害性，有的甚至还可以致癌，如果不加以任何处理直接将它们排放到环境中，就会严重污染环境，损害人体健康。

2）化验室废液处理达标排放依据　化验室每天进行化验操作，产生一定量的废液，废液的排放必需遵守我国环境保护的有关规定。对人体健康产生长远不良影响的污染物称为第一类污染物，对人体健康产生长远影响小于第一类的污染物质称为第二类污染物。含有第一类污染的废液，不分行业和废液排放方式，也不分受纳水体的功能类别，一律在产生装置或其他处理设施排放出口取样检验，含有第二类污染的废液，在排污单位排出口取样检验。掌握了废液的成分及浓度后，再依据 GB 8978—1996《污水综合排放标准》中第一类污染物最高允许排放浓度（表 6-6）和第二类污染物最高允许排放浓度（表 6-7）的规定，决定如何对废液进行处理。

表 6-6 第一类污染物最高允许排放浓度 mg/kg

序号	污染物	最高允许排放浓度
1	总汞	0.05
2	烷基汞	不得检出
3	总镉	0.1
4	总铬	1.5
5	六价铬	0.5
6	总砷	0.5
7	总铅	1.0
8	总镍	1.0
9	苯并(a)芘	0. 000 03
10	总铍	0.005
11	总银	0.5
12	总 α 放射性	1 Bq/L
13	总 β 放射性	10 Bq/L

表 6-7 第二类污染物最高允许排放浓度 mg/L

序号	污染物	一级标准	二级标准	三级标准
1	pH	6～9	6～9	6～9
2	色度（稀释倍数）	50	80	—
3	悬浮物（SS）	70	200	400
4	五日生化需氧量（BOD_5）	30	60	300
5	化学需氧量（COD）	100	150	500
6	石油类	10	10	30
7	动植物油	20	20	100
8	挥发酚	0.5	0.5	2.0
9	总氰化物	0.5	0.5	1.0

续表 6-7

序号	污染物	一级标准	二级标准	三级标准
10	硫化物	1.0	1.0	2.0
11	氨氮	15	25	—
12	氟化物	10	10	20
13	磷酸盐(以P计)	0.5	1.0	—
14	甲醛	1.0	2.0	5.0
15	苯胺类	1.0	2.0	5.0
16	硝基苯类	2.0	3.0	5.0
17	阴离子表面活性剂(LAS)	5.0	10	20
18	总铜	0.5	1.0	2.0
19	总锌	2.0	5.0	5.0
20	总锰	2.0	2.0	5.0
21	元素磷	0.1	0.3	0.3
22	有机磷农药(以P计)	不得检出	0.5	0.5

3)化验室废液处理原则　由于各种废液之间有可能发生化学反应而产生新的有害物质或发生其他事故，所以在实施废液处理过程中应考虑以下几个方面：

(1)统一使用规定类型的贮存容器。

(2)贮存废液的容器要洁净，以免交叉反应引进污染。

(3)废液应根据其主要成分的化学性质分类收集，禁止把不同类别或会发生异常反应的废液混放，以免发生剧烈的化学反应而引发事故。含有下列物质的废液严禁互相混合：①过氧化物与有机物；②氰化物、硫化物、次氯酸盐与酸；③盐酸、氢氟酸等挥发性酸与不挥发性酸；④浓硫酸、磺酸、羟基酸、聚磷酸等酸类与其他的酸；⑤铵盐、挥发性胺与碱；⑥剧毒废液单独收集，不能把几种剧毒废液混放在一个容器中。

(4)废液一律使用封闭容器贮存，防止挥发性气体逸出。

(5)废液的贮存应避光、远离火源、水源。

(6)贮存废液的容器上必须粘贴分类明确的标识，标明废液种类、成分、贮存时间、产生房间、联系人、联系电话等内容。

(7)对于各种危险化学品，应备有泄漏应急处理方法

(8)废液按要求放在指定的场所并及时处理，达标后方可排放。

(9)对于含有大量有机溶剂的废液，应尽可能回收，在不影响试验的条件下重复使用。

(10)对于某些成分较为复杂的混合性废液应倒入哪一类废液容器，可以考虑如下的先后顺序：

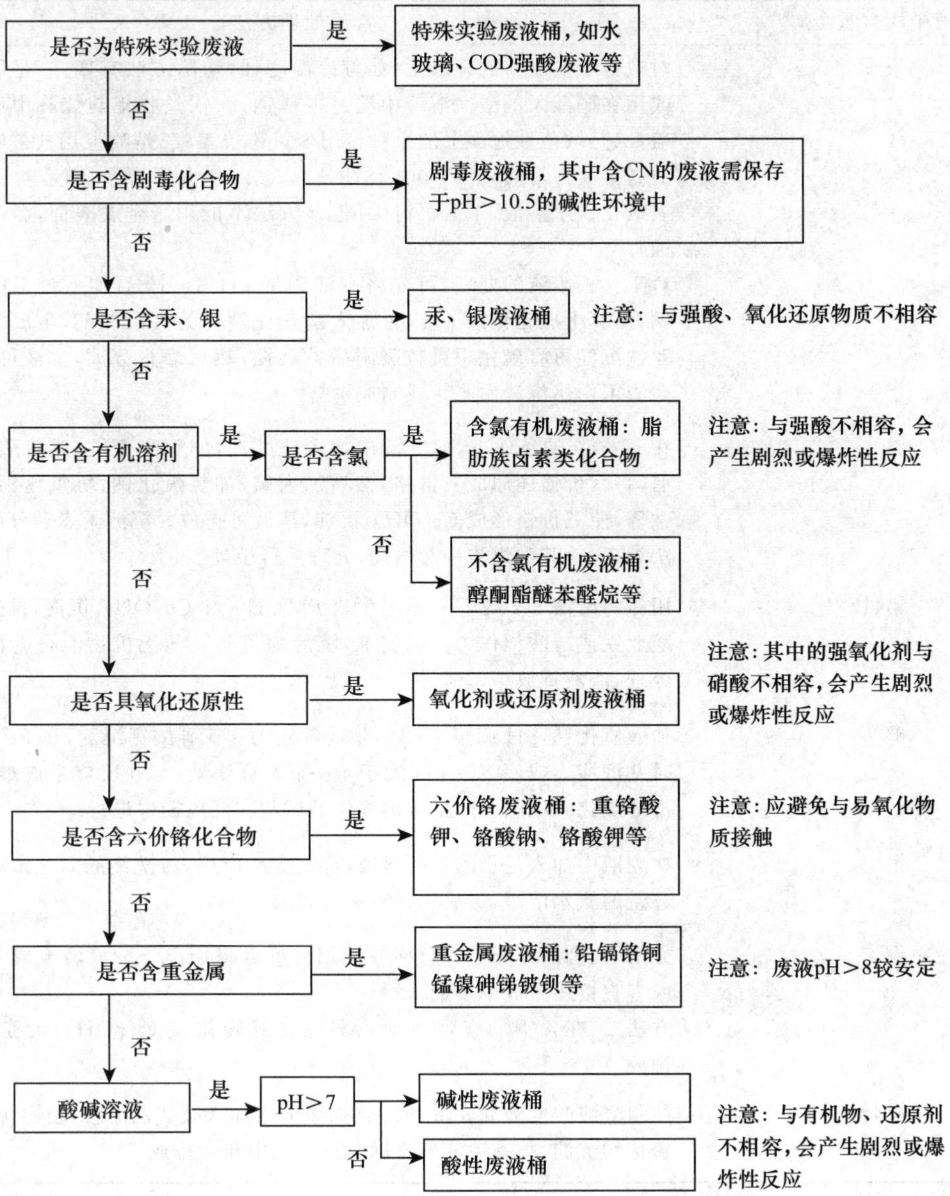

4）化验室废液处理方法

（1）无机酸、碱废液　无机酸、碱废液经济有效的处理方法是酸碱中和法，在废酸液中加入碳酸钠或氢氧化钙水溶液中和，或废酸、碱液相互中和，中和后用大量水稀释后排放。

（2）含汞、铬、铅、镉、砷、银、铜的废液　实验室对含汞、铬、铅、镉、砷、银、铜的废液常用处理方法如表 6-8 所示。

表 6-8　含汞、铬、铅、镉、砷、银、铜的废液处理方法

废液中所含重金属	常用处理方法
汞	对散落于实验室的金属汞（如打碎温度计）清除方法有四，一是用滴管或用在硝酸汞的酸性溶液中浸过得薄铜片、铜丝收集与烧杯中用水覆盖；二是散落在地面上的汞颗粒用硫黄粉覆盖；三是喷上用盐酸酸化过的高锰酸钾溶液（5∶1 000 体积比），过 1～2 h 后清除；四是喷上 20% 三氯化铁水溶液，干后再清除（但该方法不能用于金属表面，会产生腐蚀）。 对于含汞废液的处理，可先将废液调至 pH 8～10 后加入过量的硫化钠，使其生成硫化汞沉淀，再加入硫酸亚铁作为共沉淀剂，生成的硫化亚铁沉淀可将硫化汞微粒吸附后共沉淀，然后静止分离，清液可排放，残渣可用焙烧法回收汞或制成汞盐
铬	在 pH<3 的条件下，向废液中加入还原剂，如硫酸亚铁、亚硫酸钠、铁屑，将六价铬还原成三价铬，然后加入碱，如氢氧化钠、氢氧化钙、碳酸钠等，使三价铬形成 $Cr(OH)_3$ 沉淀，清液可排放。沉淀干燥后可用焙烧法处理，使其与煤渣一起焙烧，处理后可填埋
铅、镉	用碱将废液 pH 调至 8～10，生成 $Pb(OH)_2$ 和 $Cd(OH)_2$ 沉淀，再加入硫酸亚铁或硫酸铝作为共沉淀剂，沉淀物可与其他无机物混合进行烧结处理，清液排放
砷	加入氧化钙，pH 调至 7～10，生成砷酸钙和亚砷酸钙沉淀，在 Fe^{3+} 存在时共沉淀。或使溶液 pH 大于 10，加入硫化钠，与砷反应生成难容、低毒的硫化砷沉淀。产生含砷气体的试验在通风橱中进行
银	在废液中加入足量的盐酸溶液，待完全反应后，将洗涤的氯化银沉淀用过量的氨水溶解，最后用锌粉进行置换
铜	方法一、利用还原法进行回收利用。可以将铜离子废液转换成 $CuSO_4$ 或者直接还原成单质铜。 方法二、在含铜的废液中加入弱碱将其转化成 $Cu(OH)_2$ 沉淀，清液排放
锑、铋	控制溶液酸度为 0.3 mol/L，再向废液中加入硫代乙酰胺，使锑、铋生成硫化物沉淀，检查清液不含锑、铋后，先中和后排放

(3)含氰化物的废液　氰化物是剧毒物质，含氰废液必须认真处理。少量的含氰废液可先加氢氧化钠调 pH>10，再加入废液质量 3% 的高锰酸钾粉末，使 CN^{-1} 氧化分解。量大的含氰废液可用碱性氯化法处理。先用碱调至 pH>10，再加入次氯酸钠或漂白粉，使 CN^{-1} 氧化成氰酸盐，并进一步分解为二氧化碳和氮气，放置 24 h 后排放。

(4)含酚废液　低浓度含酚废液可加入次氯酸钠或漂白粉，使酚氧化为水和二氧化碳。高浓度可使用丁酸乙酯萃取，在用少量氢氧化钠溶液反复萃取。调节 pH 后，进行重蒸馏，提纯后使用。

(5)含氯仿的废液　在分析砷、挥发酚、阴离子洗涤剂等项目时使用氯仿（三氯甲烷），比色结束后含有氯仿的废液毒素较强。处理时将氯仿废液置于分液漏斗中，依次用水、浓硫

酸(用量为氯仿的 1/10)、纯水、盐酸羟胺(0.5%,分析纯)洗涤。用重蒸馏水洗后,再用无水碳酸钾脱水,放置几天,过滤后蒸馏,收集 60～62℃的馏分,保存于棕色试剂瓶中(不可用橡胶塞)。

(6)含四氯化碳的废液 分析矿物油项目时使用四氯化碳,分析结束后产生一定的四氯化碳废液,毒性较大。处理时将含有铜试剂的四氯化碳置于分液漏斗中,用纯水洗 2 次,再用无水氯化钙干燥,过滤后蒸馏,收集 76～78℃的馏分(含二硫腙的四氯化碳要先用硫酸洗 1 次,然后同上述操作)。

(7)混合废液 用酸、碱调节废液 pH 为 3～4,加入铁粉,搅拌 30 min,然后用碱调节 pH 为 9 左右,继续搅拌 10 min,加入硫酸铝或碱式氯化铝混凝剂,进行混凝沉淀,上清液可直接排放,沉淀以废渣方式处理。

(8)有机废液的焚烧法处理 可燃性的有机物废液,可置于燃烧炉中燃烧,焚烧炉的设计应确保安全,保证充分燃烧。对由于燃烧而产生 NO_2、SO_2 或 HCl 之类有害气体的废液,必须用配备有 洗涤器的焚烧炉燃烧。此时,必须用碱液洗涤燃烧废气,除去其中的有害气体。

(9)有机废液的溶剂萃取法处理 对含水的低浓度有机废液,用与水不相混溶的正己烷之类挥发性溶剂进行萃取,分离出溶剂层后进行焚烧处理。再用吹入空气的方法,将水层中的溶剂吹出。

(10)有机废液的水解法处理 对有机酸或无机酸的酯类,以及一部分有机磷化合物等容易发生水解的物质,可加入氢氧化钠或氢氧化钙,在室温或加热下进行水解。水解后,若废液无毒害时,中和、稀释后即可排放。如果含有有害物质时,用焚烧等适当的方法加以处理。

(11)有机废液的吸附法处理 将有机废液用活性炭、硅藻土、矾土、层片状织物、聚丙烯聚酯片、氨基甲酸乙酯、稻草屑及锯末之类能良好吸附溶剂的物质使其充分吸附后与吸附剂一起焚烧。

(12)黄曲霉毒素 可用 2.5%的次氯酸钠溶液浸泡达到去毒的效果。2.5%的次氯酸钠溶液配制方法:取 100 g 漂白粉,加入 500 mL 水,搅拌均匀,另将 80 g 工业用碳酸钠溶于 500 mL 温水中,将两液搅拌混合,澄清后过滤,滤液含 2.5%的次氯酸钠。

3.化验室废渣处理

化验室固体废弃物包括分析过程产生的沉淀、多余样品、消耗或破损的实验用品(如纱布和玻璃器皿等)、残留或失效的化学试剂、废液处理的残渣等。这些固体废物成分复杂,涵盖各类生物、化学污染物,尤其是不少过期失效的化学试剂,处理稍有不慎,很容易导致严重的污染事故。化验室固体废弃物的处理原则是:分类收集、存放,分别集中处理。根据废渣的用途、价值、毒性或危险性的情况,采取不同的方法处理。例如,金属硫化物可采用回收的方法,集中收集后送冶炼厂重新利用;有机固体废弃物可采用焚烧的方法;对于不易燃烧的固体废弃物,可选择合适的化学方法或通过高温分解的方式等解毒,使废渣中的毒性减小到最低限度后挖坑深埋;实验室垃圾、纸屑、木片、碎玻璃、废塑料、空试剂瓶等无害的固体废弃物也不得乱扔乱放,须用垃圾袋或垃圾桶存放于各个实验室,达到一定量时统一处理。另外,化验室废弃的有害固体药品或反应中得到的沉淀严禁与生活垃圾混合。

七、化验室水、电安全管理

1.化验室用电安全守则

(1)化验室内的电气设备的安装和使用管理，必须符合安全用电管理规定，实验室供电线路安装布局合理、方便。

(2)化验室用电要根据设备及房间用电总功率配备电源，大功率化验设备用电必须使用专线，多台大功率的电器设备要分开电路安装，每台电器设备有各自的熔断器，严禁与照明线共用，谨防因超负荷用电着火。

(3)化验室用电容量的确定要兼顾事业发展的增容需要，留有一定余量。但不准乱拉乱接电线。

(4)化验室电源电压要稳定，精密仪器需要有稳压器。化验室电源要有地线，三相五线制。一切电源裸露部分都应装备绝缘装置，电开关应有绝缘闸，电线接头必须包以绝缘胶布或套胶管。所有电器设备的金属外壳应接上地线。

(5)不准使用绝缘损坏或老化的线路及电器设备，修理或安装电器设备时，必须先切断电源。已损坏的接头或绝缘不好的电线应及时更换，更不能直接用手去摸绝缘不好的通电电器。

(6)化验室内的用电线路和配电盘、板、箱、柜等装置及线路系统中的各种开关、插座、插头等均应经常保持完好可用状态，熔断装置所用的熔丝必须与线路允许的容量相匹配，严禁用其他导线替代。

(7)可能散发易燃、易爆气体或粉体的建筑内，所用电器线路和用电装置均应按相关规定使用防爆电气线路和装置。

(8)对化验室内可能产生静电的部位、装置要心中有数，要有明确标记和警示，对其可能造成的危害要有妥善的预防措施。

(9)化验室内所用的高压、高频设备要定期检修，要有可靠的防护措施。凡设备本身要求安全接地的，必须接地；定期检查线路，测量接地电阻。自行设计、制作对已有电气装置进行自动控制的设备，在使用前必须经化验室与设备处技术安全办公室组织的验收合格后方可使用。自行设计、制作的设备或装置，其中的电气线路部分，也应请专业人员查验无误后再投入使用。

(10)在用高压电操作时，要穿上胶鞋并戴上橡皮手套，地面铺上橡皮。不能用试电笔去试高电压。禁止高温热源靠近电线。

(11)每个实验室有规定允许使用的最大电流，每路电线也有规定的限定电流，超过时会使导线发热着火，导线不慎短路也容易引起事故。控制负荷超载的简便方法是按限定电流使用熔断片，更换保险丝时应按规定选用，不可用铜、铝等金属丝代替保险丝，以免烧坏仪器或发生火灾。

(12)电线接头间要接触良好、紧固，避免在振动时产生电火花。电火花可能引起实验室的燃烧或爆炸。

(13)保持电器及电线的干燥，操作电器时，手必须干燥，因为手潮湿时电阻显著变小，易于引起触电。严禁使用湿布擦拭正在通电的设备、电门、插座、电线等，严禁洒水在电器设备上和线路上。严禁使用水槽旁的电器插座(防止漏电或感电)。

(14)实验室的电器设备和电路不得私自拆动及任意进行修理,也不能自行加接电器设备和电路,必须由专门的技术人员进行。

(15)正确操作闸刀开关,应使闸刀处于安全合上或完全拉断的位置,不能若即若离,以防接触不良打火花。

(16)实验室若有电器失火,应立即切断电源,用湿抹布、石棉布、沙子覆盖灭火或用灭火器灭火,在未切断电源前,切忌用水和泡沫灭火器灭火。若火势较猛,应立即与有关部门联系,请求救援。

(17)有人受到电伤害时,要立即用不导电的物体把电线从触电者身上挪开,切断电源。把触电者转移到空气新鲜的地方进行人工呼吸,并迅速与医院联系。

(18)化验室内不得使用明火取暖,严禁抽烟。必须使用明火化验的场所,须经批准后,才能使用。

(19)化验室内的专业人员必须掌握本室的仪器、设备的性能和操作方法,严格遵守操作规程操作。

(20)电器插座请勿接太多插头,以免负荷不了,引起电器火灾。

(21)如电器设备无接地设施,请勿使用,以免产生静电。

(22)实验室内应使用空气开关并配备必要的漏电保护器。

(23)每个化验室都应有电源总闸,停止工作时,必须把总电闸关掉。

2.用水安全

(1)了解实验楼自来水各级阀门的位置。

(2)水龙头或水管漏水、下水道堵塞时,应及时联系修理、疏通。

(3)水槽和排水渠道必须保持畅通。

(4)杜绝自来水龙头打开而无人监管的现象。

(5)定期检查冷却水装置的连接胶管接口和老化情况,及时更换,以防漏水。

(6)需在无人状态下用水时,要做好预防措施及停水、漏水的应急准备。

八、气瓶的安全使用

1.瓶装气体的分类

根据GB/T 16163—2012《瓶装气体分类》的规定,按照气体的临界温度分为三类:

临界温度是通过加压使气体液化时所允许的最高温度。在这个温度以上物质只能处于气体状态,不能单用压缩方法使之液化。

临界温度低于等于－50℃的气体为压缩气体(永久气体)和低温液化气体,临界温度高于－50℃的气体为液化气体,也是高压液化气体和低压液化气体的统称。临界温度高于－50℃且低于65℃的气体为高压液化气体,临界温度高于65℃的气体为低压液化气体。

1)第1类　压缩气体和低温液化气体

a组　不燃无毒和不燃有毒气体

b组　可燃无毒和可燃有毒气体

c组　低温液化气体(深冷型)

a组和b组气体在正常环境温度(－40～60℃,下同)下充装、贮运和使用过程中均为气体。c组气体在充装时及在绝热焊接气瓶中运输为深冷液体形式,在使用过程中是以液态或液体汽化及常温气态使用。

2)第2类　液化气体

(1)高压液化气体

a组　不燃无毒和不燃有毒气体

b组　可燃无毒和可燃有毒气体

c组　易分解或聚合的可燃气体

此类气体,在正常环境温度下充装、贮运和使用过程中随着气体温度、压力的变化,其状态在气、液两态间变化,当气体的温度超过气体的临界温度时为气态。

(2)低压液化气体

a组　不燃无毒和不燃有毒气体

b组　可燃无毒和可燃有毒气体

c组　易分解或聚合的可燃气体

在充装、贮运和使用过程中,正常环境温度均低于此类气体的临界温度。

3)第3类　溶解气体

a组　易分解或聚合的可燃气体

此类气体在压力下溶解于气瓶内的溶剂中,在15℃以下低压达0.5 MPa以上,若单纯高压压缩,可产生分解、爆炸等危险,如乙炔。

2. 常用气体气瓶的公称工作压力

1)气瓶的公称工作压力　GB/T 13005—2011对气瓶的公称工作压力定义为:对于盛装压缩气体的气瓶,系指在基准温度(一般为20℃)下,瓶内气体达到完全均匀状态时的限定压力;对于盛装液化气体的气瓶,系指温度为60℃时瓶内气体压力的上限值;对于充装溶解气体的气瓶,系指瓶内介质达到化学、热量以及扩散平衡条件下静置压力;对于焊接绝热气瓶,系指在气瓶正常工作状态下,内胆顶部气相空间可能达到的最高压力。

2)常用气体气瓶的公称工作压力　常用气体气瓶的公称工作压力如表6-9所示。

表6-9　常用气体气瓶的公称工作压力

气体类别	公称工作压力/MPa	常用气体
压缩气体(永久气体)$T_c<-50$℃	30	空气、氧、氢、氮、氩、氦、氖、氪、甲烷、煤气、天然气、氟等
	20	
	15	空气、氧、氢、氮、氩、氦、氖、氪、甲烷、煤气、三氟化硼、四氟甲烷、一氧化碳、一氧化氮、氘等
	20	二氧化碳、一氧化二氮、乙烷、乙烯、硅烷、磷烷、乙硼烷等
	15	

续表 6-9

气体类别		公称工作压力/MPa	常用气体
液化气体 $T_c \geqslant -50℃$	高压液化气体 $-50℃ \leqslant T_c \leqslant 65℃$	12.5	氙、一氧化二氮、六氟化硫、氯化氢、乙烷、乙烯、三氟氯甲烷、三氟甲烷、六氟乙烷、1,1-二氟乙烯、氟乙烯、三氟溴甲烷等
		8	六氟化硫、三氟氯甲烷、1,1-二氟乙烯、六氟乙烷、氟乙烯、三氟溴甲烷等
	低压液化气体 $T_c \geqslant 65℃$	5	溴化氢、硫化氢、碳酰二氯、硫酰氟等
		3	氨、二氟氯甲烷、1,1,1-三氟乙烷等
		2	氯、二氧化硫、环丙烷、六氟丙烯、二氟二氯甲烷、1,1-二氟乙烷、氯甲烷、二甲醚、二氧化氮、三氟氯乙烯、溴甲烷、氟化氢、五氟氯乙烷等
		1	正丁烷、异丁烷、1-丁烯、1,3-丁二烯、一氟二氯甲烷、四氟二氯乙烷、二氟氯乙烷、二氟溴氯甲烷、氯乙烷、氯乙烯、溴乙烯、甲胺、二甲胺、三甲胺、乙胺、乙烯基甲醚、环氧乙烷、八氟环丁烷、(顺)2-丁烯、(反)2-丁烯、三氯化硼、甲硫醇、三氟氯乙烷等

3. 气瓶的钢印标记

气瓶的钢印标记是识别气瓶的依据,钢印标记必须准确、清晰、完整,以永久标记的形式打印在瓶肩或不可拆卸的附件上,应尽量采用机械方法打印钢印标记。气瓶的钢印标记包括制造(出厂)钢印标记和检验钢印标记,钢印标记打在瓶肩上时,其位置如图 6-2 所示,打在护罩上时,如图 6-3 所示。检验钢印标记也可打在金属检验标记环上,制造钢印标记和检验钢印标记的内容如图 6-4 至图 6-6 所示。

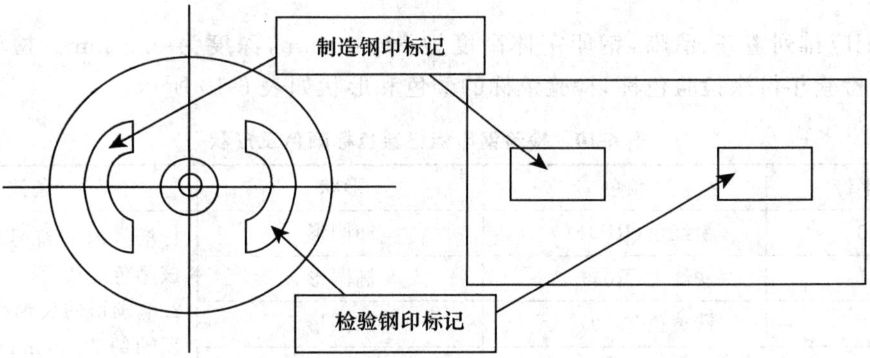

图 6-2　钢印打在瓶肩上　　　图 6-3　钢印打在护罩上

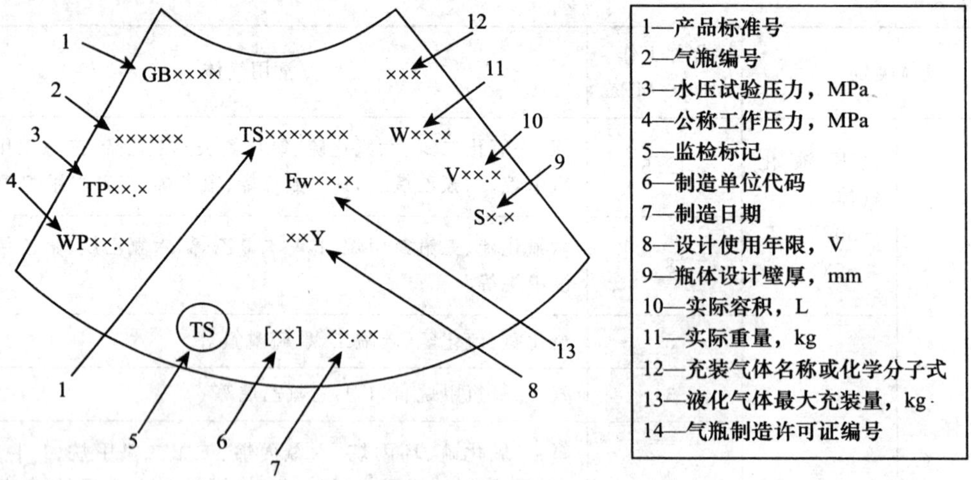

图 6-4　气瓶制造钢印的项目和排列

（溶解乙炔气瓶及焊接绝热气瓶除外）

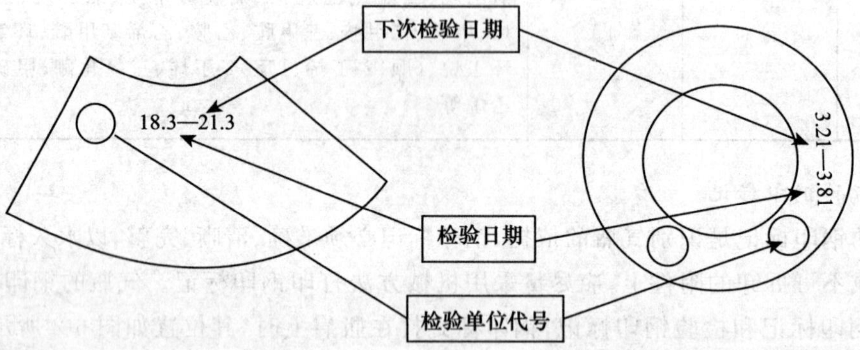

图 6-5　检验钢印标记　　　图 6-6　打在金属检验标记环上的检验钢印标记

印标记应排列整齐、清晰，钢印字体高度为 5～10 mm，深度为 0.5 mm。检验钢印标记上，还应按检验年份涂检验色标，检验色标的颜色和形状如表 6-10 所示。

表 6-10　检验钢印标记涂色标颜色及形状

检验年份	颜色	形状	备注
2010	粉红色(RP01)	椭圆形	1. 括号内的符号和数字表示该颜色的代号 2. 椭圆形的长轴约为 80 mm，短轴约为 40 mm；矩形约为 80 mm×40 mm 3. 检验色标每 10 年为一个循环周期
2011	铁红色(R01)	椭圆形	
2012	铁黄色(Y09)	椭圆形	
2013	淡紫色(P01)	椭圆形	
2014	深绿色(G05)	椭圆形	
2015	粉红色(RP01)	矩形	

续表 6-10

检验年份	颜色	形状	备注
2016	铁红色(R01)	矩形	1.括号内的符号和数字表示该颜色的代号 2.椭圆形的长轴约为 80 mm，短轴约为 40 mm；矩形约为 80 mm×40 mm 3.检验色标每 10 年为一个循环周期
2017	铁黄色(Y09)	矩形	
2018	淡紫色(P01)	矩形	
2019	深绿色(G05)	矩形	
2020	粉红色(RP01)	椭圆形	

4.气瓶年检

(1)盛装腐蚀性气体的气瓶(如二氧化硫、硫化氢等)，每两年检验一次。

(2)盛装一般气体的气瓶(如空气、氧气、氮气、氢气、乙炔等)，每三年检验一次。

(3)液化石油气瓶，使用不超过 20 年的，每五年检验一次，超过 20 年的，每两年检验一次。

(4)盛装惰性气体的气瓶(氩、氖、氦等)，每五年检验一次。

(5)低温绝热气瓶，每三年检验一次。

(6)车用液化石油气钢瓶每五年检验一次，车用压缩天然气钢瓶，每三年检验一次，汽车报废时，车用气瓶同时报废。

5.气瓶的安全附件

1)安全泄压装置　气瓶的安全泄压装置是为了防止气瓶在遇到火灾等高温时，瓶内气体受热膨胀而发生破裂爆炸，气瓶常见的泄压附件有爆破片和易熔塞，爆破片将在瓶阀上，易熔塞一般装在低压气瓶的瓶肩上。

2)防震圈　气瓶上装有两个防震圈，是气瓶瓶体的保护装置。气瓶在充装、使用和搬运过程中，常常会因滚动、震动、碰撞而损伤瓶壁，以致发生脆性破坏，这是气瓶发生爆炸事故常见的一种直接原因。

3)瓶帽　瓶帽是瓶阀的防护装置，它可避免气瓶在搬运过程中因碰撞而损坏瓶阀，保护出气口螺纹不被损坏，防止灰尘、水分或油脂等杂物落入阀内。其要求是：

(1)有良好的抗撞击性；

(2)不得用灰口铸铁制造；

(3)无特殊要求的，应配置固定式瓶帽，同一工厂制造的同一规格的固定式瓶帽，重量允许差不超过 5%。

4)瓶阀　瓶阀是控制气体出入的装置，一般是由黄铜或钢制造。充装可燃性气体的钢瓶的瓶阀，其出气口螺纹为左旋，盛装助燃气体的气瓶，其出气口螺纹为右旋。钢瓶的这种结构，可有效防止可燃气体与非可燃气体的错装。对瓶阀的要求是：

(1)瓶阀材料应符合相应标准的规定，所用材料既不与瓶内盛装气体发生化学反应，也不影响气体的质量。

(2)瓶阀上与气瓶连接的螺纹，必须与瓶口内螺纹相匹配，并符合相应标准的规定，瓶阀出气口的结构，应有效地防止气体错装、错用。

(3)氧气和强氧化性气体气瓶的瓶阀密封材料，必须采用无油的阻燃材料。

(4)液化石油气瓶阀的手轮材料，应具有阻燃性能。

(5)瓶阀阀体上如装有爆破片，其公称爆破压力应为气瓶的水压试验压力。

(6)同一规格、型号的瓶阀,重量允差不超过 5%。

(7)非重复充装瓶阀必须采用不可拆卸方式与非重复充装气瓶装配。

(8)瓶阀出厂时,应逐只出具合格证。

5)减压阀　实验时,气瓶内的高压气体要通过一个减压装置,使从高压气瓶中放出的气体压力符合实验所需要的压力,这个减压装置就是减压阀。不同工作气体有不同的减压阀,减压阀外表用涂有不同的颜色加以标志,此颜色标志与气瓶所漆的颜色标志一致。

在安装减压阀时,必须注意减压阀的管接头,防止丝扣滑牙,以免装旋不牢而漏气或被高压射出。卸下时要注意轻放,妥善保存,避免撞击、振动,不要放在有腐蚀性物质的地方,并防止灰尘落入表内,以免阻塞失灵。

实验结束后,先关闭气瓶气门,放尽减压阀内气体,然后将调压螺杆旋松,若不旋开调压螺杆,则弹簧长期受压,将会使减压阀的压力表失灵。

6. 气瓶颜色标志

根据 GB/T 7144—2016《气瓶颜色标志》的规定,气瓶颜色标志是针对气瓶不同的充装介质,按照有关标准对气瓶外表面涂敷的涂膜颜色、字样、字色、色环等内容进行规定的组合,作为识别瓶装气体的标志。

其中:

色环是公称工作压力不同的气瓶充装同一种气体而具有不同充装压力或不同充装系数的识别标志。按照 TSG 0006《常用气体气瓶的公称工作压力分级》,同种瓶装气体的公称工作压力最低的为起始级,公称工作压力比规定的起始级高一级的涂一道色环(简称单环),比起始级高两级的涂两道色环(简称双环)。

字样是指气瓶充装气体的名称、气瓶所属单位名称和其他内容(如溶解乙炔气瓶的“不可近火”)等的文字标记。充装气体名称一般用汉字表示,液化气体的名称前一般加注“液”或“液化”字样,医用或呼吸用气体,在气体名称前应分别加注“医用”或“呼吸用”字样。

充装常用气体的气瓶颜色标志如表 6-11 所示。

表 6-11　气瓶颜色标志一览表

<table>
<tr><th>序号</th><th>充装气体</th><th>化学式
(或符号)</th><th>体色</th><th>字样</th><th>字色</th><th>色环</th></tr>
<tr><td>1</td><td>空气</td><td>Air</td><td>黑</td><td>空气</td><td>白</td><td rowspan="2">$P=20$,白色单环
$P\geqslant30$,白色双环</td></tr>
<tr><td>2</td><td>氩</td><td>Ar</td><td>银灰</td><td>氩</td><td>深绿</td></tr>
<tr><td>3</td><td>氟</td><td>F_2</td><td>白</td><td>氟</td><td>黑</td><td></td></tr>
<tr><td>4</td><td>氦</td><td>He</td><td>银灰</td><td>氦</td><td>深绿</td><td rowspan="3">$P=20$,白色单环
$P\geqslant30$,白色双环</td></tr>
<tr><td>5</td><td>氪</td><td>Kr</td><td>银灰</td><td>氪</td><td>深绿</td></tr>
<tr><td>6</td><td>氖</td><td>Ne</td><td>银灰</td><td>氖</td><td>深绿</td></tr>
<tr><td>7</td><td>一氧化氮</td><td>NO</td><td>白</td><td>一氧化氮</td><td>黑</td><td></td></tr>
<tr><td>8</td><td>氮</td><td>N_2</td><td>黑</td><td>氮</td><td>白</td><td rowspan="2">$P=20$,白色单环
$P\geqslant30$,白色双环</td></tr>
<tr><td>9</td><td>氧</td><td>O_2</td><td>淡(酞)蓝</td><td>氧</td><td>黑</td></tr>
</table>

续表 6-11

序号	充装气体	化学式（或符号）	体色	字样	字色	色环
10	二氟化氧	OF_2	白	二氟化氧		
11	一氧化碳	CO	银灰	一氧化碳	大红	
12	氘	D_2	银灰	氘		
13	氢	H_2	淡绿	氢	大红	$P=20$，大红单环 $P\geqslant30$，大红双环
14	甲烷	CH_4	棕	甲烷	白	$P=20$，白色单环 $P\geqslant30$，白色双环
15	天然气	CNG	棕	天然气	白	
16	空气（液体）	Air	黑	液化空气	白	
17	氩（液体）	Ar	银灰	液氩	深绿	
18	氦（液体）	He	银灰	液氦	深绿	
19	氢（液体）	H_2	淡绿	液氢	大红	
20	天然气（液体）	LNG	棕	液化天然气	白	
21	氮（液体）	N_2	黑	液氮	白	
22	氖（液体）	Ne	银灰	液氖	深绿	
23	氧（液体）	O_2	淡（酞）蓝	液氧	黑	
24	三氟化硼	BF_3	银灰	三氟化硼	黑	
25	二氧化碳	CO_2	铝白	液化二氧化碳	黑	$P=20$，黑色单环
26	碳酰氟	CF_2O	银灰	液化碳酰氟	黑	
27*	三氟氯甲烷	CF_3Cl	铝白	液化三氟氯甲烷 R-13	黑	$P=12.5$，黑色单环
28	六氟乙烷	C_2F_6	铝白	液化六氟乙烷 R-116	黑	
29	氯化氢	HCl	银灰	液化氯化氢	黑	
30	三氟化氮	NF_3	银灰	液化三氟化氮	黑	
31	一氧化二氮	N_2O	银灰	液化气	黑	$P=15$，黑色单环
32	五氟化磷	PF_5	银灰	液化五氟化磷	黑	
33	三氟化磷	PF_3	银灰	液化三氟化磷	黑	
34	四氟化硅	SiF_4	银灰	液化四氟化硅 R-764	黑	
35	六氟化硫	SF_6	银灰	液化六氟化硫	黑	$P=12.5$，黑色单环
36	四氟甲烷	CF_4	铝白	液化四氟甲烷 R-14	黑	
37	三氟甲烷	CHF_3	铝白	液化三氟甲烷 R-23	黑	

续表 6-11

序号	充装气体	化学式（或符号）	体色	字样	字色	色环
38	氙	Xe	银灰	液氙	深绿	$P=20$,白色单环 $P=30$,白色双环
39	1，1-二氟乙烯	$C_2H_2F_2$	银灰	液化偏二氟乙烯 R-1132a	大红	
40	乙烷	C_2H_6	棕	液化乙烷	白	$P=15$,白色单环 $P=20$,白色双环
41	乙烯	C_2H_4	棕	液化乙烯	淡黄	
42	磷化氢	H_3P	白	液化磷化氢	大红	
43	硅烷	SiH_4	银灰	液化硅烷	大红	
44	乙硼烷	B_2H_6	白	液化乙硼烷	大红	
45	氟乙烯	C_2H_3F	银灰	液化氟乙烯 R1141	大红	
46	锗烷	GeH_4	白	液化锗烷	大红	
47	四氟乙烯	C_2F_4	银灰	液化四氟乙烯	大红	
48	二氟溴氯甲烷	$CBrClF_2$	铝白	液化二氟溴氯甲烷 R-12B1	黑	
49	三氯化硼	BCl_3	银灰	液化三氯化硼	黑	
50	溴三氟甲烷	$CBrF_3$	铝白	液化溴三氟甲烷 R-13B1	黑	$P=12.5$ 黑色单环
51	氯	Cl_2	深绿	液氯	白	
52	氯二氟甲烷	$CHClF_2$	铝白	液化氯二氟甲烷 R-22	黑	
53*	氯五氟乙烷	CF_3-$CClF_2$	铝白	液化氟氯烷 R-115	黑	
54	氯四氟甲烷	$CHClF_4$	铝白	液化氟氯烷 R-124	黑	
55	氯三氟乙烷	CH_2Cl-CF_3	铝白	液化氯三氟乙烷 R-133a	黑	
56*	二氯二氟甲烷	CCl_2F_2	铝白	液化二氯二氟甲烷 R-12	黑	
57	二氯氟甲烷	$CHCl_2F$	铝白	液化氟氯烷 R-21	黑	
58	三氧化二氮	N_2O_3	白	液化三氧化二氮	黑	
59*	二氯四氟乙烷	$C_2Cl_2F_4$	铝白	液化氟氯烷 R-114	黑	
60	七氟丙烷	CF_3CHFCF_3	铝白	液化七氟丙烷 R-227e	黑	
61	六氟丙烷	C_3F_6	银灰	液化六氟丙烷 R-1216	黑	

续表 6-11

序号	充装气体	化学式(或符号)	体色	字样	字色	色环
62	溴化氢	HBr	银灰	液化溴化氢	黑	
63	氟化氢	HF	银灰	液化氟化氢	黑	
64	二氧化氮	NO_2	白	液化二氧化氮	黑	
65	八氟环丁烷	C_4H_8	铝白	液化氟氯烷 R-C318	黑	
66	五氟乙烷	$CH_2F_2CF_3$	铝白	液化五氟乙烷 R-125	黑	
67	碳酰二氯	$COCl_2$	白	液化光气	黑	
68	二氧化硫	SO_2	银灰	液化二氧化硫	黑	
69	硫酰氟	SO_2F_2	银灰	液化硫酰氟	黑	
70	四氟乙烷	CH_2FCF_3	铝白	液化四氟乙烷 R-134a	黑	
71	氨	NH_3	淡黄	液氨	黑	
72	锑化氢	SbH_3	银灰	液化锑化氢	大红	
73	砷烷	AsH_3	白	液化砷化氢	大红	
74	正丁烷	C_4H_{10}	棕	液化正丁烷	白	
75	1-丁烯	C_4H_8	棕	液化丁烯	淡黄	
76	(顺)2-丁烯	C_4H_8	棕	液化顺丁烯	淡黄	
77	(反)2-丁烯	C_4H_8	棕	液化反丁烯	淡黄	
78	氯二氟乙烷	CH_3CClF_2	铝白	液化氯二氟乙烷 R-142b	大红	
79	环丙烷	C_3H_6	棕	液化环丙烷	白	
80	二氯硅烷	SiH_2Cl_2	银灰	液化二氯硅烷	大红	
81	偏二氟乙烷	CF_2CH_3	铝白	液化偏二氟乙烷 R-152a	大红	
82	二氟甲烷	CH_2F_2	铝白	液化二氧化甲烷 R-32	大红	
83	二甲胺	$CH_3)_2NH$	银灰	液化二甲胺	大红	
84	二甲醚	C_2H_6O	淡绿	液化二甲醚	大红	
85	乙硅烷	$SizH_6$	银灰	液化乙硅烷	大红	
86	乙胺	$C_2H_6NH_2$	银灰	液化乙胺	大红	
87	氯乙烷	C_2H_5Cl	银灰	液化氯乙烷 R-160	大红	
88	硒化氢	H_2Se	银灰	液化硒化氢	大红	
89	硫化氢	H_2S	白	液化硫化氢	大红	
90	异丁烷	C_4H_{10}	棕	液化异丁烷	白	

续表 6-11

序号	充装气体		化学式（或符号）	体色	字样	字色	色环
91	异丁烯		C_4H_8	棕	液化异丁烯	淡黄	
92	甲胺		CH_3NH_2	银灰	液化甲胺	大红	
93	溴甲烷		CH_3Br	银灰	液化溴甲烷	大红	
94	氯甲烷		CH_3Cl	银灰	液化氯甲烷	大红	
95	甲硫醇		CH_3SH	银灰	液化甲硫醇	大红	
96	丙烷		C_3H_8	棕	液化丙烷	白	
97	丙烯		C_3H_6	棕	液化丙烯	淡黄	
98	三氯硅烷		$SiHCl_3$	银灰	液化三氯硅烷	大红	
99	1,1,1-三氟乙烷		CF_3CH_3	铝白	液化三氟乙烷 R-143a	大红	
100	三甲胺		$(CH_3)_3N$	银灰	液化三甲胺	大红	
101	液化石油气	工业用		棕	液化石油气	白	
		民用		银灰	液化石油气	大红	
102	1,3-丁二烯		C_4H_6	棕	液化丁二烯	淡黄	
103	氯三氟乙烯		C_2F_3Cl	银灰	液化氯三氟乙烯 R-1113	大红	
104	环氧乙烷		CH_2OCH_2	银灰	液化环氧乙烷	大红	
105	甲基乙烯基醚		C_3H_6O	银灰	液化甲基乙烯基醚	大红	
106	溴乙烯		C_2H_3Br	银灰	液化溴乙烯	大红	
107	氯乙烯		C_2H_3Cl	银灰	液化氯乙烯	大红	
108	乙炔		C_2H_2	白	乙炔　不可近火	大红	

注 1：色环栏内的 P 是气瓶的公称工作压力，单位为兆帕（MPa）；车用压缩天然气钢瓶可不涂色环。

注 2：序号加＊的，是 2010 年后停止生产和使用的气体。

注 3：充装液氧、液氮、液化天然气等不涂敷颜色的气瓶，其体色和字色指瓶底标签的底色和字色。

充装如表 6-11 所示以外的气体的气瓶，其涂敷配色如表 6-12 所示，再配以相应的字样和色环即构成某气体的气瓶颜色标志。

表 6-12　气瓶涂敷配色类型

充装气体类型		气瓶涂膜配色类型		
		体色	字色	环色
烃类	烷烃	YR05　棕	白	
	烯烃			
稀有气体类		B04　银灰	G05　深绿	R03 大
氟氯烷类		铝白	可燃性:R03 大红 不燃性:黑	
毒性类		Y06　淡黄		
其他气体		B04　银灰		

7. 气瓶的验收安全管理

(1)采购和使用有制造许可证的企业的合格产品或充装气瓶,不使用超期未检的气瓶;

(2)对检查不合格的气瓶不得接收;

(3)气瓶使用单位应指定气瓶现场管理人员,在接收气瓶时以及在气瓶使用过程中定期对气瓶的外表状态进行检查;

(4)查气瓶有无定期检验,有无钢印,气瓶是否超过定期检验周期;

(5)查气瓶出厂合格证;

(6)查外表是否有清晰可见的外表涂色和警示标签,是否存在腐蚀、变形、磨损、裂纹等严重缺陷;

(7)查气瓶气嘴有无变形、开关有无缺失、附件(防震圈、防护瓶帽、瓶阀、气瓶手轮)是否齐全符合安全要求;

(8)查气瓶的使用状态标识(满瓶、使用中、空瓶);

(9)气瓶检查合格后验收登记。

8. 气瓶的存放及安全使用

1)气瓶的安全存放

(1)气瓶宜存储在室外阴凉、通风、干燥有遮阳、雨篷设施的场所,防止雨(雪)淋、水浸,避免阳光直射,严禁气瓶曝晒;存储在室内时,建筑物应符合有关标准要求,地面应平整、干燥、且为不燃材料或不发生火花地面。存储室不得设在地下室或半地下室,应与办公、居住区保持10 m以上的距离。

(2)气瓶的放置地点不得靠近热源,周围10 m范围内禁止明火。存储可燃、爆炸性气体气瓶的库房内照明设备必须防爆,电器开关和熔断器都应设置在库房外,同时应设避雷装置,禁止将气瓶放置在可能导电的地方。

(3)气瓶在库内应直立存放、排列整齐、留有安全通道,应用横杆(拉绳、支架等)固定稳定。允许横卧的气瓶,应采取防止气瓶滚动的措施,头部应朝一个方向。堆放高压气瓶,每垛最高不得超过5层。

(4)气瓶应分类存储:装有有毒气体的气瓶,应单独存放,不得与存有易燃气体的气瓶混放,并应在该仓库附近备有专用防毒设备;盛装化学性质相抵触,即互相接触可能引起燃烧、爆炸的气瓶严禁混放。例如,氢气瓶与氧气瓶、液化石油气瓶与氧气瓶、乙炔气瓶与氧气瓶、氯气瓶与氢气瓶等不得混放。

(5)盛装乙炔、乙烯等容易发生聚合反应的、不稳定的气体气瓶，必须规定储存期限，应先进库先用，避免久存，以免发生聚合反应引起气瓶爆炸。

(6)气瓶(包括空瓶)存储时应将瓶阀关闭，卸下减压阀，戴上并旋紧气瓶帽。

(7)盛装不宜长期存放或限期存放气体的气瓶，如氯乙烯、氯化氢、甲醚等气瓶，应注明存放期限，存放到期后，及时处理。

(8)气瓶阀用手关紧后仍漏气，不准使用扳手扳紧，不准随便修理。应放路在安全区域内，并针对内盛物特性，采取水封、酸碱中和或消毒等针对性的安全措施处理。处理后应在瓶身标名“漏气严禁使用”字样。

(9)退库气瓶必须留有余压，余压应为0.2 MPa左右，至少不得低于0.05 MPa，否则不许放库储存；使用后的气瓶(尚有余压)和满瓶严格分开存放，并对使用后的空瓶做出明显标志，用于和满瓶区分。

(10)应定期对存储场所的用电设备、通风设备、气瓶搬运工具和栅栏、防火和防毒面具等器具进行检查，发现问题及时处理。

2)气瓶的安全使用

(1)使用气瓶前应对气瓶进行安全状况检查，不符合安全技术要求的气瓶严禁使用，检查重点包括：对盛装气体进行确认，盛装气体是否符合作业要求；瓶体是否完好；减压阀、流量表、软管、防火装置是否有泄漏、磨损及接头松懈等现象。

(2)气瓶应在通风良好的场所使用，如果通风条件差或场地狭窄，应采取强制通风、氧气监测、气体检测等安全措施，以防止氧气不足或危险气体浓度增大的现象。

(3)气瓶应立放使用，严禁卧放，并用铁链或结实的带子等固定在墙上、气瓶柜里或防倾倒装置上；严禁敲击、碰撞气瓶，严禁在气瓶上进行电焊引弧。

(4)每种气体要安装专用的减压器，严格禁止氧气减压器用于易燃、可燃气体的气瓶上。减压器有倒、顺两种螺纹，旋紧方向相反，必须正确选用。安装减压器必须仔细、认真，通常应旋入7圈螺纹。

(5)开启或关闭瓶阀时，应用手或专用扳手，开阀时要慢慢开启，防止加压过速，对可燃气体可防止因此产生的高静电压引起的火灾、爆炸事故；打开气瓶阀门时，操作人员要站在气瓶出气口的侧面上风位置。

(6)使用过程中发现瓶阀螺杆根部因漏气而嗞嗞作响时，应立即停止使用，旋紧瓶阀，并在瓶身上用粉笔写明“漏气、退库”字样。

(7)液化气体气瓶在冬季可因使用时间较长，瓶内压力下降而出气缓慢时，可用温水加热瓶身(民用液化石油气除外)，不得使用明火、蒸汽等高热源加热；气瓶瓶阀冻结时，应用温水解冻，禁止使用明火烘烤可使用蒸汽喷射气瓶。

(8)乙炔气瓶使用前，必须先直立20 min，然后连接减压阀使用；使用乙炔气瓶现场，乙炔气的存储不得超过30立方(相当于公称容积40 L的乙炔5瓶)；氧气瓶和乙炔气瓶需同时使用时应分开放置，至少保持5 m间距，距明火10 m以上。

(9)瓶内气体不得用尽，必须留有剩余压力，一般应保持0.1～1 MPa的余压，压缩气体的剩余压力不应小于0.05 MPa，液化气体瓶应留有不少于0.5%～1%规定充装量的剩余气体。

(10)在可能造成回流的使用场合，使用设备上必须配置防止回流的装置，如单向阀、止回阀、缓冲器等。

(11)气瓶上应粘贴状态标签:"空瓶""使用中""满瓶"。

(12)气瓶使用完毕后,关闭瓶阀时用手拧紧,不得使用工具硬扳,以免损伤瓶阀,造成渗漏。

(13)严禁擅自更改气瓶钢印和颜色标志。

九、化验室外伤的救治

化验室外伤是指意外受到的烧伤、化学灼伤、炸伤、创伤、冻伤和电击伤等。

1.烧伤

烧伤包括烫伤和火伤,它是由灼热的液体、固体、气体、电热或放射线等所引起的损伤。烧伤的伤势一般按烧伤深度不同分为三度,烧伤的急救办法应根据伤势程度分别处理。

1)一度烧伤　只损伤表皮,皮肤呈红斑,微痛,微肿,无水泡。一度烧伤的常用急救方法有:用药棉浸90%～95%的酒精涂伤处、用冷水疗法止痛、用凡士林或烫伤膏涂伤处等。

2)二度烧伤　损伤表皮及真皮层,皮肤起水泡,疼痛,水肿明显。创面如污染严重,先用清水或生理盐水冲洗,再用消毒剂消毒,注意不要挑破水泡,用消毒纱布轻轻包扎好,送医治疗。

3)三度烧伤　损伤皮肤全层,包括皮下组织,肌肉,骨骼,创面呈灰白色或焦黄色,无水泡,不痛,感觉消失。在三度烧伤面前,时间就是生命,应在最短时间内送医救治,在送医院前,主要是防止感染和休克,可用消毒纱布轻轻包扎好,给伤者保暖和供氧,必要时注射吗啡止痛。

烧伤面积实际比烧伤深度更重要,成人烧伤面积在15%以下的二度烧伤都列为小面积烧伤,超过15%者,都列为大面积烧伤,即使是一度烧伤也是严重的。根据烧伤的范围,将烧伤分为轻度烧伤、中度烧伤、重度烧伤和特重烧伤四级。

轻度烧伤:二度烧伤面积10%以下。

中度烧伤:二度烧伤面积11%～30%或三度烧伤面积不足10%。

重度烧伤:烧伤总面积31%～50%;或三度烧伤面积11%～20%;或二、三度烧伤面积虽达不到上述百分比,但已发生休克等并发症、呼吸道烧伤或有较重的复合伤。

特重烧伤:烧伤总面积50%以上,或三度烧伤面积20%以上,或已有严重并发症。

2.化学灼伤

由于化学物质直接接触皮肤所造成的损伤称为化学灼伤。化学灼伤的损害程度,与化学品的性质、剂量、浓度、物理状态(固态、液态、气态)、接触时间和接触面积的大小,以及当时急救措施等有着密切的关系。化学灼伤不同于一般的热力烧伤,化学灼伤的致伤因子与皮肤接触时间往往较热烧伤的长,因此某些化学灼伤可以是局部很深的进行性损害,甚至通过创面等途径的吸收,导致全身各脏器的损害。

常见化学灼伤的急救和治疗方法如表6-13所示。

表 6-13　常见化学灼伤的急救和治疗

化学试剂种类	急救或治疗方法
碱类：氢氧化钠(钾)、氨、氧化钙、碳酸钾	立即用大量水冲洗，再用2%醋酸或3%硼酸溶液进一步冲洗，或撒硼酸粉于灼伤处，如为氧化钙灼伤，可用植物油涂敷伤处。眼灼伤先用大量流水冲洗，再选择适当的中和药物如2%硼酸溶液大量冲洗
碱金属氰化物、氢氰酸	先用大量水冲洗，冲洗后用3%硼酸水湿敷，或1∶4 000高锰酸钾溶液冲洗，再用硫化铵溶液冲洗
溴	立即用20% $Na_2S_2O_3$溶液冲洗，再用大量水冲洗干净；或用1体积25%氨水+1体积松节油+10体积95%乙醇混合液处理；如眼睛受到溴蒸气刺激，暂时不能睁开时，可对着盛有氯仿或酒精的瓶内注视片刻
氢氟酸	先用大量冷水冲洗至少半小时，直至伤口表面发红，然后用5%的碳酸氢钠溶液洗，再以甘油与氧化镁(2∶1)悬浮液涂抹，再用消毒纱布包扎；或用0.1%氯化苄烷铵水或冰镇乙醇浸泡；或用饱和氯化钙或25%硫酸镁溶液浸泡
铬酸	大量水冲洗后用5%硫代硫酸钠溶液或1%硫酸钠溶液洗涤，再用净水冲洗，或涂上2%二硫基丙醇膏，亦可用5%硫代硫酸钠软膏或10%依地酸钙软膏；或大量水冲洗后用硫化铵稀溶液漂洗
磷	及时脱去污染的衣物，并立即用清水冲洗，再用2%碳酸氢钠溶液浸泡，然后用1%硫酸铜溶液轻涂伤处，用0.01%高锰酸钾湿敷包扎，不能将创伤面暴露于空气中，不能涂抹油脂类物质
苯酚	立即用30%～50%酒精揩洗数遍，再用大量清水冲洗干净而后用硫酸钠饱和溶液湿敷4～6 h，由于酚用水冲淡1∶1或2∶1浓度时，在瞬间可使皮肤损伤加重而增加酚的吸收，故不可先用水冲洗污染面
硝酸银	先用水冲洗，再用5%的碳酸氢钠漂洗，涂油膏及磺胺粉
酸类：硫酸、盐酸、硝酸、乙醇、甲酸、草酸、苦味酸	皮肤被酸灼伤后立即用大量流动清水冲洗(皮肤被浓硫酸沾污时切忌先用水冲洗，以免硫酸水合时强烈放热而加重伤势，应先用干抹布吸去浓硫酸，然后再用清水冲洗)，彻底冲洗后可用2%～5%的碳酸氢钠溶液、淡石灰水或肥皂水进行中和
硫酸二甲酯	不能涂油，不能包扎，应暴露伤处任其挥发
三氯化砷	先用水冲洗，再用25%氯化铵溶液湿敷，最后用2%二巯基丙醇软膏涂
二氯酚	先用大量流动的清水冲洗，再用50%酒精拭擦创面或用5%碳酸氢钠溶液冲洗或用浸过甘油聚乙二醇或聚乙醇与酒精的混合液(7∶3)棉花或纱布拭抹创面

3. 炸伤

化验工作中常因剧烈的化学反应，或做加压、减压实验时，容器耐压不够而发生爆炸，也可能因室内空气中含可燃性气体达到爆炸范围遇火发生爆炸，爆炸时可能将人炸伤或烧伤。其急救措施基本同烧伤处理，但炸伤后伤口往往大量出血，这时应立即将伤口上部扎紧，防止流血过多。如发生昏迷、休克等，应进行人工呼吸，给氧，并送医院治疗。

4. 电击伤

电击伤俗称触电，是由电流通过人体所引起的损伤。若电压很高、电流很强，全身肌肉发生强烈收缩，有时可使身体弹离电源，这样可减轻损伤。但手掌触电时，因引起手指屈曲，会抓住电源不放，增加触电时间，造成严重休克，呼吸停止，心脏停跳。急救时首先使触电者脱离电源，为此可拉下电闸或用木棍将触电者从电源上拨开，但应当心别把触电者摔伤。断开电源后，检查伤员的呼吸和心跳情况，若呼吸停止，立即进行人工呼吸。对心跳已停者要同时进行心脏按压以争取复苏心跳。触电处的皮肤常因高热火花烧伤，要防止感染。电击伤比较轻微者，很快能恢复健康，重者必须请医生治疗。应该注意，触电者进行急救时，一般不要注射强心剂和兴奋剂。

5. 冻伤

化验室人员的冻伤多数是使用液化气体或深冷设备方法不当，由冷冻剂等造成的伤害。

轻度冻伤时，虽然皮肤发红并有不舒服感觉，但经数小时后即会恢复正常，中等程度冻伤时，产生水疱，严重冻伤时，则会溃烂。冻伤的应急处理方法如下：

把冻伤部位放入 40℃（不要超过此温度）的热水中浸 20～30 min。即便恢复到正常温度后，仍需把冻伤部位抬高，在常温下，不包扎任何东西，也不要绷带，保持安静。没有热水或者冻伤部位不便浸水，如耳朵等部位，可用体温（手、腋下）将其暖和。要脱去湿衣服，也可饮适量酒精饮料暖和身体。但香烟会使血管收缩，故要严禁吸烟；不可做运动或用雪、冰水等进行摩擦取暖。

6. 创伤

创伤主要是来自机械和玻璃仪器破损造成的伤害，常见的创伤有割伤、刺伤、撞伤、挫伤等。

1）创伤的紧急处理　作为紧急处理，首先要止血，因为大量流血时，有发生休克的危险。紧急止血法原则上可采用直接压迫损伤部位进行止血，即使受损伤的是动脉血管，也可用手指或纱布直接压迫损伤部位，同样会起到止血的效果。由玻璃碎片造成的外伤，压迫止血前，必须先除去碎片，若不除去，当压迫止血时，会把它压深而加重损伤。

损伤四肢的血管时，还可用手巾等物品捆扎在靠近损伤部位上方的关键位置，降低血流量，也可起到缓解出血的作用，但长时间捆扎，会使末梢部位供血不足，产生疼痛或麻木，可平均 5 min 放松毛巾一次，约经过 1 min 再捆扎起来。

2）特殊的创伤部位

（1）头部　头部受伤时，因其血管多而容易出血，同时由于头部皮下血管纵然被切断也不能收缩，因此，即使小伤也会引起大量出血。

头部受伤出血时，最好用手指压迫靠近耳朵附近触及脉搏的地方，然后用包头布把头部周围紧紧包扎起来。

（2）脸部　脸部同头部一样，血管很多，容易出血，但也容易痊愈。此部位因有鼻、嘴等器官，因此当脸部外伤出血时，有堵塞呼吸道的危险。要使患者俯伏着，这样容易排出分泌物或流出的血，也可防止舌头下坠堵塞气管。

（3）颈部　颈部分布着呼吸器官、消化器官、大动脉和神经等，故颈部受伤严重时甚至危及生命，必须进行恰当的处理。大量出血时，可压迫颈部稍后的颈总动脉，立即送医治疗，但压迫时要注意防止窒息。出现休克症状时，要把下肢抬高。

7. X 射线防护

X 射线被人体组织吸收后，对人体健康是有害的。一般晶体 X 射线衍射分析用的软 X 射线（波长较长、穿透能力较低）比医院透视用的硬 X 射线（波长较短、穿透能力较强）对人体组织的伤害更大，轻的造成局部组织灼伤，如果长时期接触，重的可造成白细胞下降，毛发脱落，发生白血病等严重的射线病。对于放射线引起的危险，目前还没有适当的治疗方法，因此，在实际工作中主要是以预防为主。

预防 X 射线最基本的一条是防止身体各部（特别是头部）受到 X 射线照射，尤其是受到 X 射线的直接照射，因此要注意 X 光管窗口附近用铅皮（厚度在 1 mm 以上）挡好，使 X 射线尽量限制在一个局部的小范围内，不让它散射到整个房间，在进行操作（尤其是对光）时，应戴上防护用具（特别是铅玻璃眼镜），操作人员站的位置应避免直接照射。操作完，用铅屏把人与 X 光机隔开，暂时不工作时应关好窗口，非必要时，人员应尽量离开 X 光实验室。室内应保持良好通风，以减少由于高电压和 X 射线电离作用产生有害气体对人体的危害。

十、动物疫病检测实验室安全

动物类产品或活体样品送至实验室检测，必须保证其样品的"真实性"和"完整性"，并确保人畜共患病对实验人员不会造成伤害。这就要求送检样品既要避免受到污染，也必须保证实验室人员安全。实验室人员应该掌握人畜共患传染病污染及预防知识，进行科学有效自我防护，并且确保实验数据的客观、准确、有效。

1. 口蹄疫病毒传染及预防

口蹄疫病毒（food and mouth disease virus）是引起偶蹄兽口蹄疫（一种接触性急性传染病）的病原，多见于牛、羊、猪。病畜的唾液、粪尿、肉和乳汁中含有口蹄疫病毒。有个别口蹄疫病毒的变种可传染给人。人常因食用生乳或其他未消毒的畜产品，以及接触病畜而感染。口蹄疫病毒是动物传染病中传播速度最快、发病率最高、流行最猛烈，对畜牧业生产的危害最严重的传染病之一。

1）传染源及传播途径　口蹄疫病毒能感染牛、羊、猪、驼和人等 30 多种动物。口蹄疫一年四季均可发生，但以冬春、秋季气候较寒冷时多发，尤以春秋最为流行。传播方式有蔓延式和跳跃式两种。病畜、带毒畜是最主要的直接传染源，另外病畜的尿、粪、呼出的气、唾液、精液、毛、内脏等，以及污染的圈舍、饲料、水、用具等可成为间接传染源，牛、羊、猪、驼可互相传染。病毒可通过消化道、呼吸道、破损的皮肤、黏膜、眼结膜、人工授精、鼠类、鸟类、昆虫等途径传播。

2）口蹄疫病畜的鉴定与处理　病畜体温升高，在蹄部、口腔黏膜、乳房、皮肤出现水疱，继而发生溃疡，形成黄色痂皮，严重者可造成蹄壳脱落，出现跛行。

根据临床症状及流行特点诊断，患病畜立即销毁；可能被感染的体温正常的同群屠畜，其肉尸进行剔骨和内脏一起经产酸处理后出厂，若不能进行产酸处理，就高温处理后出厂。

3）预防措施　首先封锁厂（场）区停止牲畜流动，报告当地有关部门采取防疫措施，并送检病科确诊；将同批牲畜在当日全部宰完；病畜的粪便、胃肠内容物、污物和污染水经消毒后方可运出或排出，病畜停留过的场地、圈舍和车间进行消毒处理；所有设备、工具和工作人员的工作服、帽、靴应进行彻底消毒。

2. 猪水疱病毒传染及预防

猪水疱病毒(swine vesicular disease virus)是引起猪急性水疱性传染病的病原。主要以猪的危害严重,在某些研究室曾有从事研究的人员染病。

1)传染源及传播途径　传染源主要是病猪、带毒猪。病毒由粪、尿、水疱液、乳等排出,通过接触或经污染的饲料进入消化道传播。本病的流行性强,发病率高。

2)猪水疱病的鉴定与处理　病猪主要表现主趾和附趾的蹄冠出现水疱,鼻盘、舌、唇和母猪的乳头也有发生。水疱破裂出现溃疡,甚至化脓。临床症状与口蹄疫相似,较难区别。具体鉴定方法如表 6-14 所示。

表 6-14　猪水疱病毒与口蹄疫病毒鉴别

项目	试验内容	猪水疱病毒	猪口蹄疫(O 型)病毒
不同日龄乳鼠感染试验	2 日龄	死亡	死亡
	7～9 日龄	健活	死亡
抗酸试验		能耐 pH 5.0	对 pH 5.0 敏感
血清中和试验	猪水疱病血清	能中和	不能中和
	猪口蹄疫(O 型)血清	不能中和	能中和
血清保护试验	猪水疱病免疫血清	能保护	不能保护
	猪口蹄疫(O 型)免疫血清	不能保护	能保护
反向间接血凝试验	猪水疱病免疫球蛋白致敏红细胞	阳性	阴性
	猪口蹄疫(O 型)免疫球蛋白致敏红细胞	阴性	阳性

病猪应销毁;可能被感染的同群猪应全部宰完,其肉尸、内脏、头、蹄、血液和骨骼等高温处理后出厂。毛皮经消毒后出厂,屠宰场所须用 3%～4%的热碱水消毒,工作服用蒸汽或煮沸消毒。

3)预防措施　预防措施与预防口蹄疫相同。

3. 猪瘟病毒传染及预防

猪瘟病毒(hog cholera virus)是猪瘟的病原。传染性强,病死率高,严重威胁着养猪业的发展。在自然情况下,除猪外,对人和其他畜禽均无致病性,但在发病过程中,常有沙门菌及大肠杆菌继发感染。因此,未经适当处理的病猪肉及其副产品,除了散播病原外,还可能成为细菌性食物中毒的原因。

1)传染源及传播途径　猪瘟病毒仅发生于猪和野猪,病猪是主要传染源,由粪、尿和各种分泌物排出病毒,经肉品、废料和废水厂散毒,经消化道、呼吸道、眼结膜及皮肤伤口等感染。

2)猪瘟的鉴定及处理　病猪表现发热,食欲减退及废绝,皮肤有出血点、发紫,有腹泻及便秘等症状。宰后常发现全身淋巴结肿大,边缘出血或网状出血呈大理石状,内脏器官广泛出血、坏死、脾边缘梗死,亚急性和慢性病例在盲结肠黏膜上出现纽扣状肿,骨骺线增厚。

有显著病变者,其肉尸及内脏和血液销毁或作工业用材料;有轻微变病者(含疹块型及慢性猪丹毒),割除病变肉尸及内脏病变部分,应在 24 h 内高温处理后出场,血液作工业用材料或销毁,猪皮消毒后出场,脂肪炼制食用油。

3)预防措施　必须加强猪瘟的防治,加强肉品卫生检验和处理制度。

4.疯牛病BSE朊病毒传染及预防

疯牛病(mad-cow disease)是牛海绵状脑病(bovine spongiform encephalopathy,BSE)的俗称,为一种慢性、具有传染性的致死性中枢神经系统疾病。1985年4月首先发现于英国,于1986年11月定名为BSE。BSE自1986年首诊以来,全世界已发现18万头以上的病牛,其中90%的病牛都发生在英国。目前,在欧洲呈蔓延趋势。BSE的流行给养牛业、饲料加工业、牛肉及其产品、活牛、牛精液和胚胎的贸易都造成了严重损失,同时也严重威胁着人类的生命和健康。

1)传染源及传播途径　BSE朊病毒的自然感染和实验感染的宿主范围很广,如小白鼠、绵羊、山羊、猪、猫、羚羊、金丝猴等动物皆可表现典型的海绵状脑病。乳牛的发病率明显高于肉牛。英国暴发疯牛病是高蛋白补充饲料肉骨粉被痒病朊病毒污染所致。因此,肉骨粉是导致本病流行的主要途径。

关于人吃了带有疯牛病病原体的牛肉,是否会引起人的“BSE”,目前尚无定论。但许多科学家都坚信,疯牛病和最近出现的人类的新型克雅病存在着必然的联系。迄今为止,约有上百人因疯牛病传染而患上新型克雅病。

2)疯牛病的鉴定

(1)疯牛病的临床表现　牛的体质下降、产奶量减少、体温偏高、心搏缓慢、呼吸频率增加,但血液生化指标无明显变化,很多病牛食欲仍然良好。精神上表现为恐惧、神经质、狂暴,具有攻击性;运动上表现为共济失调,站立困难,步态不稳,头部和肩部肌肉震颤,后肢伸展过度;感觉出现异常,如对声音、气味和触觉过度敏感。

(2)疯牛病的病理变化　剖检肉眼可见变化不明显。病理组织学变化的特征主要是脑灰质呈空泡变性、神经元消失和原胶质细胞肥大。根据临床症状、病理组织学变化、脑电图、免疫学和尿液电化学检测等进行诊断。目前公认的最可靠的诊断方法是:对疑似牛进行剖检,采取其脑部组织按常规方法制作切片经HE染色后镜检,根据患牛脑干核的神经元空泡变化和海绵状变化的出现与否进行判定。

3)预防措施　由于目前对疯牛病了解不多,尚无有效的预防控制方法。目前的具体措施有:

(1)增强防范意识,发现疫情后及时上报,妥善处理;

(2)加大防疫力度,严厉打击肉品走私活动,提高我国肉品信誉,保证质量;

(3)严格入境检疫,禁止疫区的动物及其产品入境,对来自疫区的交通工具进行严格的消毒处理,加强对入境货物、邮寄品的检查,对途经或停留我国境内的航班、船只废弃物等作无害化处理;

(4)严把饲料质量关,在饲料生产上要保证消灭病原因子,禁止给反刍动物饲喂反刍动物组织;

(5)交换遗传材料(精液、胚胎)方面要注意防范病原因子的引入;

(6)一旦发现有可疑病畜即焚毁;

(7)加强食品卫生检疫,杜绝经食物链引入BSE;

(8)加大研究力度,促进防治朊病毒病药物的研制开发。一旦发现疯牛病病牛及患痒病的羊,对它们的后代以及与其有过紧密接触的牛、羊,迅速扑杀、焚烧;停喂带有疯牛病和痒病病原的肉骨粉饲料,切断其传播途径。

十一、安全标志与危险化学品标志

标志对提醒人们注意不安全因素，防止事故发生起着积极的作用。

1.常见的安全标志

GB 2894—2008《安全标志及其使用导则》定义安全标志为：用以表达特定安全信息的标志，由图形符号、安全色、几何形状(边框)或文字构成，传递安全信息含义的颜色，包括红、蓝、黄、绿四种颜色。

安全标志分为禁止标志、警告标志、指令标志、提示标志四大类型。

1)禁止标志　禁止标志是禁止人们不安全行为的图形标志(图 6-7 和图 6-8)。禁止标志的基本形式是带斜杠的圆边框。GB 2894 中共规定 40 个禁止标志。

图 6-7　禁止触摸

图 6-8　禁止入内

2)警告标志　警告标志是提醒人们对周围环境引起注意，以避免可能发生危险的图形标志(图 6-9 和图 6-10)。警告标志的基本形式是正三角形边框。GB 2894 中共规定 39 个警告标志。

图 6-9　当心火灾

图 6-10　当心中毒

3)指令标志　指令标志是强制人们必须做出某种动作或采用防范措施的图形标志(图 6-11 和图 6-12)。指令标志的基本形式是圆形边框。GB 2894 中共规定 16 个指令标志。

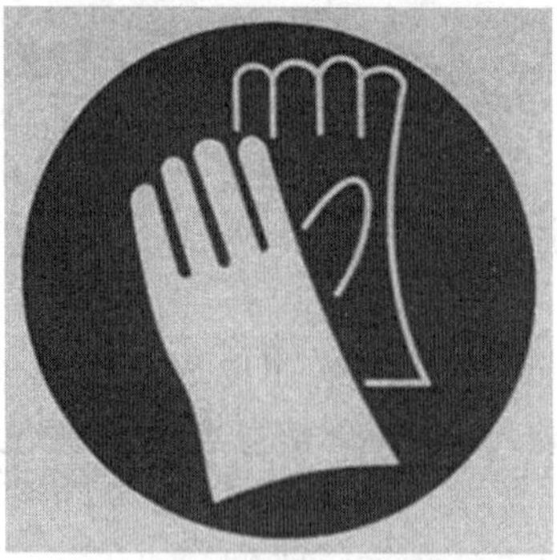

图 6-11　必须戴防护手套

图 6-12　必须加锁

4)提示标志　提示标志是向人们提供某种信息(如标明安全设施或场所等)的图形标志。提示标志的基本形式是正方形边框。提示标志提示目标的位置时要加方向辅助标志,按实际需要指示左向时,辅助标志应放在图形标志的左方;指示右向时,则应放在图形标志的右方。GB 2894 中共规定了 8 个提示标志,如紧急出口标志如图 6-13 所示。

图 6-13　紧急出口

5)文字辅助标志　文字辅助标志的基本形式是矩形边框,有横写和竖写两种形式。

横写时,文字辅助标志写在标志的下方,可以和标志连在一起,也可以分开。禁止标志、指令标志为白色字;警告标志为黑色字。禁止标志、指令标志衬底色为标志的颜色,警告标志衬底色为白色(图 6-14)。

图 6-14　文字辅助标志(横写)

竖写时，文字辅助标志写在标志杆的上部，禁止标志、警告标志、指令标志、提示标志均为白色衬底，黑色字，标志杆下部色带的颜色应和标志的颜色相一致(图 6-15)。

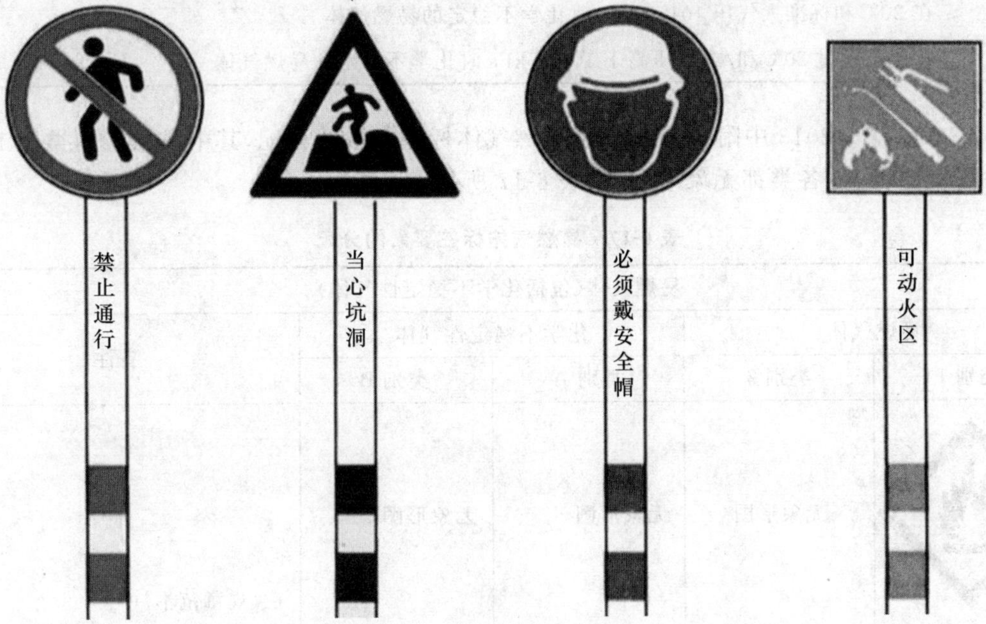

图 6-15　文字辅助标志(竖写)

2. 常用危险化学品标志

目前，我国规定常用危险化学品标志的国家标准 GB 13690—92《常用危险化学品的分类及标志》已被 GB 13690—2009《化学品分类和安全通则》代替，而 GB 13690—2009 中并没有对各类危险化学品标志做出具体的规定，同时，我国为履行推动《全球化学品统一分类和标签制度》(GHS)实施的国际承诺并接轨 GHS 的第四次修订，将已经发布执行的关于化学品分类、警示标签和警示性说明安全规范的 26 项强制性国家标准、新增加的“吸入危害”和“对臭氧层的危害”两个部分以及 GB 13690—2009 合并为 GB 30000.1—30《化学品分类和标签规范》系列标准，该系列标准中，除 GB 30000.1《化学品分类和标签规范　第 1 部分　通则》(将代替 GB 13690—2009)和 GB 30000.30《化学品作业场所警示性标志》尚未发布外，其余从 2014 年起均已陆续发布执行。因此，目前，我国各类危险化学品标志应分别以 GB 30000.2—29 系列标准为依据，现以 GB 30000.3—2013 为例加以说明，其他请参阅 GB 30000.2—29 系列标准中的相关规定。

GB 30000.3—2013《化学品分类和标签规范 第 3 部分：易燃气体》第 4 条款，分类标准中，将易燃气体和化学不稳定性气体分为四类，如表 6-15 和表 6-16 所示。

表 6-15　易燃气体、化学不稳定性气体分类

类别	标准
1	在 20℃和标准大气压 101.3 kPa 时的气体： a)在与空气的混合物中体积分数为 13%或更少时可点燃的气体；或 b)不论易燃下限如何，与空气混合，可燃范围至少为 12 个百分点的气体
2	在 20℃和标准大气压 101.3 kPa 时，除类别 1 中的气体外，与空气混合时有易燃范围的气体

注：在有法规规定时，氨和甲基溴化物可以视为特例。

[a]气溶胶不应分类为易燃气体，见 GB 30000.4。

表 6-16　化学不稳定性气体分类

类别	标准
A	在 20℃和标准大气压 101.3 kPa 时化学不稳定的易燃气体
B	在温度超过 20℃和/或气压高于 101.3 kPa 时化学不稳定的易燃气体

GB 30000.3—2013 中附录 B 规定了易燃气体标签要素的分配，其中易燃气体类别 1 规定有危险象形图，其他各类都无象形图，如表 6-17 所示。

表 6-17　易燃气体标签要素的分配

易燃气体（包括化学不稳定性气体）				
易燃气体		化学不稳定性气体		备注
类别 1	类别 2	类别 A	类别 B	
	无象形图	无象形图	无象形图	在《规章范本》中： 1)图形符号的颜色 • 图形符号、数字和边线可采用黑色而不一定采用白色。 • 背景色两种情况都保持红色。 2)图中数字 2 为 GB 6944—2012 中的第 2 类。 3)货物运输图形标志的最小尺寸为 100 mm×100 mm
危险 极易燃气体	警告 易燃气体	无附加信号词 无空气也可能迅速反应	无附加信号词 在升高的大气压和/或温度无空气也可能迅速反应	
	《规章范本》中未做要求			

十二、安全生产警句

(1)安全第一，预防为主，综合治理。

(2)事故出于麻痹，安全来自警惕。

(3)隐患险于明火，防范胜于救灾，责任重于泰山。

(4)质量是安全基础，安全为生产前提。

(5)安全生产，人人有责；一分责任，十分落实。

(6)千条万条，安全生产第一条；千计万计，安全教育第一计。

(7)安全来于警惕，事故出于麻痹。巧干带来安全，蛮干招来祸端。

(8)一人把关一人安,众人把关稳如山。
(9)骄傲自满是事故的导火索,谦虚谨慎是安全的铺路石。
(10)安全是生命的基石,安全是欢乐的阶梯。
(11)安全是生命之本,违章是事故之源。
(12)冒险是事故之友,谨慎为安全之本。
(13)细小漏洞不补,事故洪流难堵。
(14)寒霜偏打无根草,事故专找大意人。
(15)事故牵动千万家,安全要靠你我他。
(16)无知加大意必危险,防护加警惕保安全。
(17)人人把好安全关,处处设防隐患少。
(18)安全是最大的节约,事故是最大的浪费。
(19)管生产必须管安全。
(20)高高兴兴上班,平平安安回家。
(21)安全为了生产,生产必须安全。
(22)防火须不放过一点火种,防事故须勿存半点侥幸。
(23)居安思危,常备不懈。
(24)出门无牵挂,先把火源查。火灾不难防,重在守规章。
(25)安全人人抓,幸福千万家。安全两天敌,违章和麻痹。
(26)安全要讲,事故要防,安不忘危,乐不忘忧。
(27)安全法规血写成,违章害己害亲人。
(28)时时注意安全,处处预防事故。
(29)安全是职工的生命线,职工是安全的负责人。
(30)质量是企业的生命,安全是职工的生命。
(31)以人为本,安全第一。
(32)安全生产只有起点,没有终点;只有更好,没有最好。
(33)安全投入不可少,隐患排查最重要。
(34)生命至高无上,安全责任为天。
(35)宁可千日不松无事,不可一日不防酿祸。
(36)容忍危险等于作法自毙,谨慎行事才能安然无恙。
(37)无情于违章惩处,有情于幸福家庭。
(38)安全来自长期警惕,事故源于瞬间麻痹。
(39)抓基础从大处着眼,防隐患从小处着手。
(40)隐患险于明火,防范胜于救灾。
(41)与其处理事故忙,不如平日早点防。
(42)严格安全检查,避免严重后果。
(43)宝剑锋从磨砺出,安全好从严中来。
(44)安全生产,警钟长鸣。
(45)没有拉不直的绳子,也没有消不除的隐患。
(46)眼睛容不下一粒砂子,安全来不得半点马虎。

(47)绳子总在磨损地方折断,事故常在薄弱环节出现。
(48)你对违章讲人情,事故对你不留情。
(49)事事落到实处,安全有备无患。
(50)专心工作为首要,质量安全皆顾到。
(51)放过一次违章操作,等于为十次事故开绿灯。
(52)工作尽心,安全放心,回家舒心。
(53)安全编织幸福花环,违章酿成悔恨苦酒。
(54)安全经验是明灯,事故教训是镜子。
(55)规章制度是前人用鲜血和生命写成,任何人没有必要再用自己的鲜血和生命去论证。
(56)领导违章指挥等于犯罪,职工违章作业等于自杀。
(57)一分钟的疏忽,一辈子的痛苦。
(58)违规一闪念,事故一瞬间。
(59)今天隐患,明日灾难。
(60)以安全之桨,撑发展之舟。
(61)疏忽一时酿祸害,痛苦一生追悔迟。
(62)眼睛容不下一粒砂土,安全来不得半点马虎。
(63)生活幸福来自安全,人生快乐首当平安。
(64)船到江心补漏迟,隐患成灾时已晚;聪明者事前预防,侥幸者事后补偿。
(65)安全无小事,小事当大事;事事抓落实,确保不出事。
(66)事故不难防,重在守规章。
(67)制度千万条,自律最重要。
(68)规章至尊保平安,情绪低落莫上班;
(69)贪图省力终生憾,侥幸心理酿祸端。

第三节　化验室文明卫生

一、化验室文明卫生的意义

化验室文明是化验室形象的凝缩,加强化验室文明建设有利于提高员工素质、树立行业的社会形象,有利于提高员工的职业道德、职业技能和职业纪律,是化验室工作有序进行、实现质量目标的前提;化验室卫生管理是保证检验结果准确性的基石,很难想象一个脏、乱、差,管理混乱的化验室能够做出可信度高的化验结果。因此,搞好化验室文明卫生建设,营造一个和谐、文明、良好的化验环境,是化验室工作人员义不容辞的职责。

二、化验室文明卫生管理

1.化验室文明管理要求

(1)化验室应营造一个文明卫生的检测环境,做到窗明几净,团结和谐,严肃活泼。

(2)上班前后要搞好工作场所的卫生,五净一齐:地面净、墙壁净、桌案净、门窗净、纸篓净,各类物品摆放整齐。

(3)自觉维护化验室卫生,做好个人卫生;尊重别人劳动,养成良好的卫生习惯,做到不随地吐痰,不乱丢纸屑、果皮、烟蒂,不乱涂乱画,随便张贴,不乱倒茶叶渣等废弃物。

(4)每天早晨提前上岗,对辖区卫生进行清扫,坚持做到每日一小扫,每周一大扫。每日卫生包括上班前对桌、椅、柜、地面进行清洁,整理办公物品以及当班操作时段保持现场清洁卫生;每月卫生大扫则需擦拭门窗玻璃。重大节假日前要进行卫生大扫除。对可回收杂物需堆放整齐,分类放置到规定地点。

(5)做到衣着得体,服装整洁。不在检测室、办公室、走廊大声喧哗,更不得出现争吵、谩骂、打架现象。

(6)化验室内非化验人员禁入,外人进入时,及时开门,问清事由,做到礼貌待客,服务周到。接电话时,要采用礼貌用语。

2.化验室卫生管理总体要求

(1)化验室门窗,玻璃清洁无灰尘,不存在卫生死角,墙面无蜘蛛网,地面无杂物积水,无垃圾积存。

(2)电器开关插座表面无灰尘,设备表面整洁,仪器表面无油渍,手摸无灰尘。

(3)物品摆放做到:所有物品定置管理,同样物品整齐划一,用完后及时摆放归位。

(4)化验结束后应将工作台清理干净,保持整洁;勿在柜子顶部放置物品,保持柜子表面、顶部清洁;各检测室的药品柜内药品归类摆放,便于取用;室内物品摆放合理整齐。

(5)严禁长明灯、长流水现象。

(6)实验室工作必须保持严肃、严密、严格、严谨,室内保持整洁有序。

(7)抹布使用后要及时清洗好并叠整齐摆放在固定位置,保持水池清洁,台面及侧面无水渍。

(8)化验室所产生的垃圾药分类处理:空试剂瓶送固废仓库;废纸等垃圾送锅炉房;废水、废试剂按要求处理。不得将样品当垃圾扔掉。

(9)便池清洁,无堵塞现象;使用完厕所,及时冲洗,无异味。

(10)实验完毕后废弃物及时清理,将实验台面擦干净,玻璃仪器及时浸泡清洗干净,干燥归位,实验器材、药品摆放整齐有序。

(11)各检测组负责人要以身作则,对文明卫生工作积极督促检查,确保落实。

3.化验室卫生管理具体要求

1)常规检验室卫生管理要求

(1)通风橱内保持清洁干燥,进行分析操作时打开通风装置,以免污染空气。

(2)药品试剂、试剂瓶标签完整,对外放置,方便取用;试剂瓶按高低顺序依次摆放。

(3)检验室内不得存放与化验无关的物品。

(4)物品定置摆放整齐,滴定操作结束后立即归位,滴定管嘴朝下放置。

(5)化验中取用药品、试液后应放置安全位置,不慎跌落应立即擦净,以保持台面、地面整洁。

2)标准溶液室卫生管理要求

(1)非工作人员不得随便进入标准溶液室。

(2)保持标准溶液室光线和检测环境符合要求。

(3)所有试剂、药品必须有明显标识,标签完整并朝外放置,试剂瓶按高低顺序依次摆放。发现药品、试液过期立即更换或重新标定。

(4)标准溶液室内只允许存放与标准溶液有关的少量试剂,其他试剂等物品一律不得存放。

(5)标定和复标人员完成标定任务后,应及时清理台面卫生。

3)天平室卫生管理要求

(1)室内不得放置与称量无关的物品。

(2)天平使用记录完好,环境符合控制要求,按要求使用天平。

(3)保持天平内外无粉尘,天平操作台面整洁,确保天平内干燥剂有效。

(4)称量结束后,应及时将试样送回样品存放处,凳子放入天平操作台下有序摆放。

(5)称量操作时不慎将药品或样品洒落天平应马上清理,固体样品用天平刷轻轻扫出天平,若不易清扫可用干净脱脂棉蘸取酒精进行擦拭;液体样品可用脱脂棉吸干后再用干净的脱脂棉蘸取酒精进行擦拭;洒落至台面或地面时用抹布擦拭处理并将抹布清洗干净,以免影响他人使用或污染其他环境卫生及化验工作。

4)仪器室卫生管理要求

(1)使用检验仪器后,应将测试样品移离,保持仪器及其周围整洁、干燥。

(2)分析仪器每日清洁一次,并盖好防尘罩,保持分析仪器、设备清洁卫生,手摸无灰尘。

(3)带净化管的仪器需定期进行干燥剂的更换,带排液口的仪器定期进行废液清理。

5)样品室卫生管理要求

(1)样品柜、货架整齐清洁,样品、材料、试样分类合理摆放,标识清楚。

(2)室内通风干燥,试样、材料无破损。

(3)办公桌整洁,记录摆放整齐、无破损。

(4)及时清理过期或无用物品、材料和样品。

6)办公室卫生管理要求

(1)办公桌摆放整齐,沙发、椅子清洁。

(2)柜子内文件资料摆放合理整齐,表面清洁,柜顶无杂物。

(3)热水器、空调、电话、电脑表面清洁。

7)室外楼道和过道卫生管理要求

(1)楼梯扶手清洁,墙裙无灰尘,楼道无积水。

(2)地面清洁,墙裙无灰尘,过道无积水。

(3)过道或楼梯口设有垃圾箱,每天清理。

8)个人卫生管理要求

(1)进入化验室必须遵守规定穿着实验工作服及工作鞋。

(2)试验中若需要接触有毒药品或不明试剂时,用后应立即用肥皂洗净双手。

(3)无论样品或药品均不得放于个人写字台上,个人茶杯应用盖子盖住并放置在指定位置。

(4)严禁在化验室吃东西及存放食物。

(5)离开化验室前,应以肥皂洗净双手。

(6)养成良好的个人卫生习惯。

拓展学习

化验室安全事故案例

一、误操作事故

李某在准备处理一瓶四氢呋喃时，没有仔细核对，误将一瓶硝基甲烷当作四氢呋喃加到氢氧化钠中。约过了一分钟，试剂瓶中冒出了白烟。李某立即将通风橱玻璃门拉下，此时瓶口的烟变成黑色泡沫状液体。李某叫来同事请教解决方法，爆炸就发生了，玻璃碎片将二人的手臂割伤。

事故原因：由于当事人在加药品时粗心大意，没有仔细核对所用化学试剂而造成的。实验台药品杂乱无序、药品过多也是造成本次事故的主要原因。

经验教训：这是一起典型的误操作事故。实验操作过程中的每一个步骤都必须仔细，不能有半点马虎；实验台要保持整洁，不用的试剂瓶要摆放到试剂架上，避免试剂打翻或误用造成的事故。

二、金属钠燃烧事故

2004 年 3 月某高校化学实验室王某将 1 L 工业乙醇倒入放在水槽中的塑料盆，然后将金属钠用剪刀剪成小块，放入盆中。开始时反应较慢，不久盆内温度升高，反应剧烈。当事人即拉下通风柜，把剪刀随手放在水槽边。这时水槽边的废溶剂桶外壳突然着火，并迅速引燃了水槽中的乙醇。当事人立刻将燃烧的废溶剂桶拿到走廊上，同时用灭火器扑救水槽中燃烧的乙醇。此时走廊上火势也逐渐扩大，直至引燃了四扇门框。

事故原因：反应时放出氢气和大量的热量，氢气被点燃并引燃了旁边的废溶剂造成事故。

经验教训：处理金属钠时必须清理周围易燃物品；一次处理量不宜过多；注意通风效果，及时排除氢气；或与安全部门联系，在空旷的地方处理。

三、危险化学品事故

2009 年 7 月 3 日中午 12 时 30 分许，国内某大学理学院化学系博士研究生袁某某发现博士研究生于某昏厥倒在催化研究所 211 室，便呼喊老师寻求帮助，并于 12 时 45 分拨打 120 急救电话。袁本人随后也晕倒在地。12 时 58 分，120 急救车抵达现场，将于某和袁某某送往省立某医院。13 时 50 分，该医院急救中心宣布于某抢救无效死亡。袁某某留院观察治疗，于次日出院。

事故原因：是该校化学系教师莫某某、另一某高校教师徐某某，于事发当日在化学系催化研究所做实验过程中，存在误将本应接入 307 实验室的一氧化碳气体接至通向 211 室输气管的行为。莫某某、徐某某的行为涉嫌危险物品肇事罪。

四、氯硅烷气伤人事故

2005 年 8 月 2 日某军校化学实验室王某、赵某等人在安装高压釜的紧固件和阀门。在前几日拆卸时已将管道内氯硅烷液体放出，为挡灰尘用简易塞将氯硅烷液相管塞住。当时并没有感觉到有压力和液体积存。在安装氯硅烷液相管时，当事人将简易塞拔下的一刹那，突然有一股氯硅烷挥发气体冲出，此时正值王某俯身紧固螺丝，来不及躲闪，正好喷到脸上和两手臂上，将其灼伤。

事故原因：这套高压釜反应装置安置在棚内，当时又正值高温时节，棚内温度超过 40℃，管内残存的氯硅烷变为气体，产生了一定的压力，拔去塞子时氯硅烷气体就冲了出来。

经验教训：高温对化学试剂可能带来的危险性认识不足，科研人员又忽视了防护用品的使用，扩大了受伤部位。

五、封管事故

某高校化学实验室的李某在进行实验时，往玻璃封管内加入氨水 20 mL，硫酸亚铁 1 g，原料 4 g，加热温度 160℃。当事人在观察油浴温度时，封管突然发生爆炸，整个反应体系被完全炸碎，当事人额头受伤，幸亏当时戴防护眼镜，才使双眼没有受到伤害。

事故原因：玻璃封管不耐高压，且在反应过程中无法检测管内压力，氨水在高温下变为氨气和水蒸气，产生较大的压力，致使玻璃封管爆炸。

经验教训：化学实验必须在通风柜内进行，密闭系统和有压力的实验必须在特种实验室进行。

练习题

问答题

1. 化验室对位置环境有何要求？
2. 化验室对人员环境有何要求？
3. 维持的作用是什么？有何特征？
4. 什么是质量控制区域？对质量控制区域如何进行控制？
5. 如何理解安全的不等式法则？
6. 化验室危险的潜在客观因素都有哪些？
7. 化验室防火防爆的原则是什么？日常工作中如何做好预防工作？
8. 根据 GB/T 4968《火灾分类》，把火灾定义为哪几个类别？
9. 如何做好化验室火灾现场自救？
10. 火场烧伤急救方法可归纳为哪几个字？
11. 表示化学毒物毒性大小的指标有哪些？
12. 简述氰化物中毒的症状及现场救治方法。
13. 化验室废气处理的方法有哪些？
14. 催化燃烧法处理废气的优缺点是什么？
15. 化验室废液处理的原则是什么？
16. 举例说明化验室废液的处理方法。
17. 根据 GB/T 16163—2012《瓶装气体分类》的规定，瓶装气体分为哪几类？
18. 什么是气瓶的公称工作压力？
19. 画图说明钢瓶的钢印标记。
20. 含有哪些物质的废液不能互混？
21. 以碱类为例，说明化学烧伤的急救和治疗方法。
22. X 射线对人体健康有什么危害？
23. 简述口蹄疫病毒传染的预防措施。
24. 简述对疯牛病的预防措施。
25. 简述文明卫生的意义。

附　　录

一、常见化学毒物危害程度分级汇总表

序号	中文名	化学文摘号	毒物危害指数	职业危害程度分级
1	安妥	86-88-4	THI＝49	中度危害(Ⅲ级)
2	氨	7664-41-7	THI＝51	高度危害(Ⅱ级)
3	2-氨基吡啶	504-29-0	THI＝44	中度危害(Ⅲ级)
4	氨基磺酸铵	7773-06-0	THI＝17	轻度危害(Ⅳ级)
5	氨基氰	420-04-2	THI＝49	中度危害(Ⅲ级)
6	奥克托今	2691-41-0	THI＝12	轻度危害(Ⅳ级)
7	巴豆醛	4170-30-0	THI＝51	高度危害(Ⅱ级)
8	百草枯	4685-14-7	THI＝45	中度危害(Ⅲ级)
9	百菌清	1897-45-6	THI＝33	轻度危害(Ⅳ级)
10	钡及其可溶性化合物(按 Ba 计)	7440-39-3(Ba)	THI＝44	中度危害(Ⅲ级)
11	倍硫磷	55-38-9	THI＝46	中度危害(Ⅲ级)
12	苯	71-43-2	THI＝68	极度危害(Ⅰ级)
13	苯胺	62-53-3	THI＝51	高度危害(Ⅱ级)
14	苯基醚(二苯醚)	101-84-8	THI＝21	轻度危害(Ⅳ级)
15	苯硫磷	2104-64-5	THI＝54	高度危害(Ⅱ级)
16	苯乙烯	100-42-5	THI＝43	中度危害(Ⅲ级)
17	吡啶	110-86-1	THI＝46	中度危害(Ⅲ级)
18	苯基氯	100-44-7	THI＝63	高度危害(Ⅱ级)
19	丙醇	71-23-8	THI＝45	中度危害(Ⅲ级)

续附表

序号	中文名	化学文摘号	毒物危害指数	职业危害程度分级
20	丙酸	79-09-4	THI＝32	轻度危害(Ⅳ级)
21	丙酮	67-64-1	THI＝30	轻度危害(Ⅳ级)
22	丙酮氰醇(按 CN 计)	75-86-5	THI＝58	高度危害(Ⅱ级)
23	丙烯醇	107-18-6	THI＝61	高度危害(Ⅱ级)
24	丙烯腈	107-13-1	THI＝63	高度危害(Ⅱ级)
25	丙烯醛	107-02-8	THI＝59	高度危害(Ⅱ级)
26	丙烯酸	79-10-7	THI＝47	中度危害(Ⅲ级)
27	丙烯酸甲酯	96-33-3	THI＝38	中度危害(Ⅲ级)
28	丙烯酸正丁酯	141-32-2	THI＝45	中度危害(Ⅲ级)
29	丙烯酰胺	79-06-1	THI＝56	高度危害(Ⅱ级)
30	草酸	144-62-7	THI＝31	轻度危害(Ⅳ级)
31	重氮甲烷(抽余油)	334-88-3	THI＝62	高度危害(Ⅱ级)
32	(60～220℃)		THI＝22	轻度危害(Ⅳ级)
33	臭氧	10028-15-6	THI＝49	中度危害(Ⅲ级)
34	滴滴涕(DDT)	50-29-3	THI＝62	高度危害(Ⅱ级)
35	敌百虫	52-68-6	THI＝47	中度危害(Ⅲ级)
36	敌草隆	330-54-1	THI＝34	轻度危害(Ⅳ级)
37	碲化铋(按 Bi_2Te_3 计)	1304-82-1	THI＝39	中度危害(Ⅲ级)
38	碘	7553-56-2	THI＝32	轻度危害(Ⅳ级)
39	碘仿	75-47-8	THI＝46	中度危害(Ⅲ级)
40	碘甲烷	74-88-4	THI＝49	中度危害(Ⅲ级)
41	叠氮酸蒸汽	7782-79-8	THI＝61	高度危害(Ⅱ级)
42	叠氮化钠	26628-22-8	THI＝63	高度危害(Ⅱ级)
43	丁醇	71-36-3	TH＝25	轻度危害(Ⅳ级)
44	1,3-丁二烯	106-99-0	THI＝56	高度危害(Ⅱ级)
45	丁醛	123-72-8	THI＝31	轻度危害(Ⅳ级)
46	丁酮	78-93-3	THI＝24	轻度危害(Ⅳ级)

二、练习题参考答案

第一章　绪　论

1. 化验室有何功能？具备哪些基本要素？

答：化验室的功能：(1)原辅材料和产品质量分析检验功能；(2)生产中控分析检验功能；(3)为技术改造或新产品试验提供分析检验的功能；(4)为社会提供分析检验的功能。

基本要素：(1)明确的目标和任务；(2)一定数量的化验室工作人员；(3)必要的化验室建筑用房、仪器设备和其他设施；(4)必需的经费；(5)有关的信息资料。

2. 学习《化验室组织与管理》，对实际工作有哪几方面的指导作用？

答：(1)提高化验室水平和化验室工作的质量保证；(2)更科学有效地加强化验室建设，例如，提高技术装备水平、人员的合理分配、完备的分析检验工作质量保证体系等；(3)促进组织效率的提高。

3. 中控化验室和中心化验室在功能、职责、职能方面有哪些区别和联系？

答：从功能上讲：为生产各环节提供分析检验的是中控化验室；为产品进行监督、检验和创新的为中心化验室；

从职责和职能上讲：中控化验室是从事原材料、半成品的分析检验，及时提供中间环节的数据资料，中心化验室是对入厂原料的检测、仪器的校正和维修、标准试剂的配制工作的处理、对下属化验室有监督和指导作用。

联系：中控化验室在某种意义上来讲是中心化验室的一个分支，在业务上受中心化验室的指导和监督。

第二章 化验室检验系统及管理

1. 化验室检验系统的构成要素及依据是什么？

答：检验系统实际上是化验室组织系统的子系统，它的构成要素包括系统的人力资源、仪器设备与材料、化验室管理信息和文件资料。

化验室检验系统是整个化验室组织系统的重要组成部分，是根据不同的检验项目，集合相应的检验技术条件，构成一个与检验的性质、任务和要求相符合的检验技术环境，由检验系统中的各类人员有组织地进行检验的技术和管理工作，从而完成其系统的目标和任务。

2. 简述化验室的三级检验系统？

答：在工业生产中，化验室系统一般设有中心化验室、车间化验室和班组化验岗，构成一个三级检验体系。

3. 简述化验室的地位及权力范围。

答：企业的化验室作为企业产品的质检机构，具有法律地位。这种法律地位是其他部门所不能替代的。在检验工作中，中心化验室应具有独立开展业务的权力，不受任何行政干预，在组织机构、管理制度等方面相对独立。严格遵守企业的《质量手册》，坚持实事求是的原则，科学、公正地完成每一项检测工作。

所谓化验室的权力范围是指化验室在分析检验程序中所行使的有效权限范围。不同的化验室具有不同的权限范围，即权限范围有大有小，承担的责任有轻有重。

4. 化验室检验系统人力资源的组成及如何构建化验室检验系统的人力资源？

答：化验室检验系统人力资源的组成主要是从事检验工作的技术人员和研究人员；检验系统的管理人员；其他的辅助人员等。

在化验室人力资源的构建中，根据系统的目标和任务，把握好人力资源的组成和结构；遵循效率原则，科学合理地设置人员编制和结构；力求减少管理层次，精简管理人员，并随承担的任务变化而变动，以保证整体工作效率。在化验室人力资源管理中，要抓住“人”这个关键，确定人是决定因素、事在人为、以人为本、促进化验室检验系统员工全面发展的观念；建立激励机制，在适当的时候把合适的人员安排在合适的位置上，以最大限度地提高效益为准则，充分调动各类人员的积极性；高度重视员工培训，建立高素质的人才队伍；创造人人参与管理的氛围。

5. 中心化验室的职责有哪些？

答：全面负责质量管理、领导计量管理工作；进厂原料和出厂产品的质量监督检验工作、生产过程中的控制分析以及环境保护、工业卫生的监督检验工作；制订本厂产品质量计划和本科工作目标、检验报告的编制审核、审查各项检验规程；质量事故的处理及抱怨的受理调查工作、参与新的检测方法开发、标准的制定工作；负责仪器设备的使用、维护、管理工作，标准溶液的制备、标定工作；本科的安全、卫生工作；样品的收发、保管和检后处理；计划和采购仪器设备和检验消耗品工作；负责检验人员培训与考核工作，完成领导布置的其他工作。

6. 简述检验人员的职责。

答：具有上岗合格证，熟悉检验专业知识；掌握采取样品的性质，熟悉采样方法，会使用采样工具；掌握分析所用各种标准溶液的配制、储存、发放程序；掌握动火分析方法、指标、采样时间、样品保留等必备知识；掌握控制分析、产品分析、原料分析方法以及控制指标、结果判定；掌握包装物检查管理规定、计量校准规程及重量计算方法；认真填写原始记录、检验报告，能够独立解决工作中的一般技术问题；严格按程序和实施细则进行取样，按操作规程使用仪器设备，对所使用的仪器设备做到按要求定期保养，使用后及时填写使用情况记录；努力钻研业务，参加各项培训和学术交流，积极参加比对试验，不断提高检验水平；检验工作要做到安全、文明、卫生规格化；做好安全保密工作，遵章守纪，积极认真元成各项检验工作。

7. 制定岗位职责应遵守哪些原则？

答：制定岗位职责时应遵守以下基本原则。首先，职、责、权的统一。无论什么岗位，有职就有责，而要完成其职责，则需要有相应的“权”。即使是最基层的工作人员，在其没有违反规章制度的情况下，任何人都不能够任意干预其正常工作，否则谁也无法完成职务规定的工作任务。其次，岗位责任制与考核制、奖惩制统一。岗位责任制一经制订，就必须执行。然而，谁尽职尽责，谁玩忽职守，必须进行考核，因此在制订岗位责任制的同时，需要同时制订考核制度和奖惩制度在对工作人员的考核中，德、能、勤、绩应以考绩为重点，并且重在平时工作业绩。考核方法应尽量采用定量的综合评价，在考核的同时应配合以奖为主以惩为辅的奖惩制度，奖励进步，惩戒错误，以造成争当先进、奋发向上的风气，促进部门任务的完成和超额完成。另外，条文精练、简洁、准确。岗位责任制的条文应精炼、简洁、准确。切忌拖泥带水，更不能模棱两可、似是而非，否则职责不清，工作人员无所适从，这样的“岗位责任制”形同虚设，毫无意义。

8. 简述权力委派的特征及过程。

答：首先，其本质就是上级对下级的决策权力的下放过程，也是职责的再分配过程。其次，授权的发生要确保授权者与被授权者之间信息和知识共享的畅通，确保职权的对等，确保受权者得到必要的技术培训。三是授权也是一种文化。四是授权是动态变化的。

完成授权过程的第一步，首先是职责的分配。因为每位在岗企业成员都应承担一定的职责，这个职责来自企业目标和组织结构确定，客观条件所赋给每位成员的工作任务和应尽责任，如管理人员职责、执行人员职责和核查人员职责等。在明确了职责和任务之后，第二步就要进行权力的授予，即给予受权人相应的权力，如有权调阅所需资料、有权调配有关人员等。进行授权过程的第三步，就是要明确责任。当被授权者拥有了相应权力时，就有责 任去履行所分派的工作任务和正确地运用所委派的权力，也应为完成所分派的工作尽职尽责，恪尽职守，而且不滥用权力，在工作中向授权者承担责任。授权过程的最后一个环节是权力的收回。

已授予的权力，只要情况需要就可以收回。例如事实证明被授权者缺乏履行职责的足够能力或者由于企业目标和职责分派发生变化等，都可以将权力收回或重新加以授权。

9.仪器设备管理的基本要求是什么？

答：(1)确保化验室的仪器设备处于优良状态，并以优良的仪器装备保证部门职能的实现。

(2)确保化验室的计量技术设施准确可靠地工作，所有技术装备应随时处于受监控状态。

(3)确保化验室的仪器设备得到应有的维护保养，由于长期运行而受到“磨损”的技仪器设备应及时得到修复，损坏或落后的仪器设备要及时进行淘汰和更新换代，实现化验室技术与企业发展同步或超前发展，满足企业技术进步的要求。

(4)充分发挥化验室技术装备的投资效益尽量降低技术装备的运行费用，提高化验室仪器设备运行效率，从而降低分析检验工作的成本。

10.仪器设备的计划管理包括哪几方面的工作？

答：(1)仪器设备购置计划的编制；

(2)仪器设备的申购、选型、论证和审批；

(3)仪器设备申购计划的实施。

11.仪器设备的技术管理包括哪些工作？

答：(1)仪器设备的验收；

(2)仪器设备的维护保养和修理；

(3)仪器设备性能的定期技术鉴定和校验。

12.仪器设备的经济管理包括哪些工作？

答：(1)经济合理地选购和使用仪器设备；

(2)提高仪器设备的投资效益；

(3)提高仪器设备的完好率和利用率。

13.什么是材料及低值易耗品的定额管理？有何作用？

答：材料及低值易耗品的定额，是指其消耗、供应和储备的标准数量。它是在大量深入细致的工作、各种原始资料、摸索规律和调查研究结果的基础上，通过统计、测定和计算等定量的方法加以确定的。

材料及低值易耗品的定额，是指其消耗、供应和储备的标准数量。它是在大量深入细致的工作、各种原始资料、摸索规律和调查研究结果的基础上，通过统计、测定和计算等定量的方法加以确定的。

14.简述ABC分析法在材料定额管理中的应用。

答：对化验室所需要的各种材料，按其价值高低、用量大小、重要程度和采购难易分为A、B、C三类，对占用储备资金多、采购较难且重要的材料定为A类材料，在订购批量和存储管理等方面，实行重点控制；对占用资金少采购容易、比较次要的材料定为C类材料，采用较为简单的方法加以控制；对处于上述两类之间的材料定为B类材料，采用通常的方法进行管理和采购。

一般来说，A类材料的品种占总数的15%左右，价值达总价值的80%左右；B类材料的品种占总数的25%左右，价值达总价值的15%左右；C类材料的品种占总数的60%左右，价值只占总价值的5%左右。

15.危险性化学试剂的管理应注意哪些问题？

(1)危险性化学试剂应由经过充分训练的专职人员管理。

(2)危险性化学试剂必须存放于专用的危险试剂仓库里，并分类分别存放在不燃烧材料制作的柜、架上。

(3)易燃易爆化学品应储存于主建筑外的防火库里，并根据储存危险物品的种类配备相应的灭火和自动报警装置。

①爆炸性物品储存温度不宜超过30℃。

②易燃液体储存温度不宜超过28℃。

③低沸点极易燃液体宜于低温下储存(5℃以下，但禁用有电火花产生的普通家用电冰箱储存)。

④各种气瓶应直立存放于专用独立的“气瓶室”，并按气体种类分隔存放。

⑤爆炸性物品宜另库单独存放，数量很少时，可把瓶子放在装有干砂的开口容器内，再放置于对其他物品干扰最小的地方。

(4)装卸搬运危险性化学试剂时，应轻拿轻放，严禁摔碰、撞击和强烈振动，严禁肩扛背负。

(5)拆卸危险性试剂的外包装时忌用蛮力，以防内包装破裂。

(6)开拆易燃易爆品的包装箱时，应使用能不生火花的铍青铜或包铜的钢铁质工具。

(7)凡有隔离剂的试剂(如黄磷、金属钠等)，要确保隔离剂质量、数量和隔离效果。

(8)挥发性、腐蚀性试剂应密封保存，有条件时宜另库存放。

(9)爆炸性物品、剧毒性物品和放射性物品，应按规定实行“五双”制度(双人双锁保管、双人收发、双人运输、双账、双人使用)管理。

(10)所有种类的危险性试剂的“物资性”管理(验收、领用、保管保养、盘点检查等)均应从严掌握，以确保安全储存，杜绝危险物品外流。

规模较小的实验室，在储存的危险性化学试剂的数量很少时，允许与普通化学试剂同库储存，但仍须按其特性分类分别存放于不燃烧或难燃烧材料制作的储物柜(或架子)上，特别是遇水放出易燃气体的物质的储放，必须特别防护，防止万一发生火灾时与灭火具有化学危险性的试剂与普通试剂同室储存时，仍须严格按危险性试剂管理要求进行，以免发生反应引发新的危险。

16.化验室样品保存的原则及方法是什么？

答：为保证检测结果的准确性及可追溯性，必须尽可能地保持其原有的状态和特性，尽量减少其离开总体以后的变化。

(1)样品保存的原则：

①防止污染；

②防止腐败变质；

③防止病毒死亡；

④稳定水分；

⑤固定待测成分。

(2)样品保存的方法：

净：指采集样品的一切工具、容器必须清洁干净或无菌，并特指不含有待测定目的物质；净也是防止污染和腐败变质的措施。

密：指样品应密闭保存，它是稳定水分，防止挥发性成分损失以及避免污染的措施。

冷：指样品应冷藏运送和保存（如果样品为测定病毒用时，则应冷冻或加 50%的甘油生理盐水保存运送），目的是降低样品内部的化学反应速度、抑制酶的活性和细菌的生长繁殖，同时也可减少高温和氧化损失。

快：指快采、快运、快藏、尽快分析，尽量缩短样品在各个环节的停留时间。

17. 化验室管理信息管理的作用是什么？

化验室作为组织生产、科研等活动的组织系统，对作用于化验室并影响化验室目标任务完成的各种信息的管理是非常重要的。

(1)以食品工厂为例，设计完整的化验室组织机构图并描述各岗位的职责。（略）

(2)设计和建立仪器设备账卡。（略）

第三章　化验室建筑与设施建设管理

问答题

1. 建造化验室的一般过程是什么？

答：建造化验室的一般过程：编制计划任务书、选择和勘探基地、设计、施工，以及交付使用后的回访等几个阶段。

2. 化验室建筑设计有几个过程？具体要求是什么？

答：四个过程，分别为设计前的准备工作、初步设计阶段、技术设计阶段和施工图设计阶段。具体要求：

设计前的准备工作：熟悉设计任务书，收集必要的设计原始数据，设计前进行调查研究，学习有关方针政策以及同类型设计的文件、图纸说明。

初步设计阶段：确定化验室的组合方式，选定所用建筑材料和结构方案，确定化验室在基地的位置，说明设计意图，分析设计方案在技术上、经济上的合理性，并提出概算书。

技术设计阶段：在初步设计的基础上，进一步确定各化验室之间的技术问题。

施工图设计阶段：满足施工要求，在初步设计的基础上，综合建筑、结构、设备各工种，相互交底、核实核对，深入了解处理供应、施工技术、设备等条件，把满足化验室工程施工的各项具体要求反映在图纸中，做到整套图纸齐全统一、准确无误。

3. 化验室防振的主要途径是什么？常用哪些方法？

答：主要途径是根据振源的性质采取不同的防振措施。常用的方法有消极隔振措施（支承式隔振措施和悬吊式隔振措施）和积极隔振措施（加强地基刚度、加隔振装置、建造“隔振地坪”）。

4. 化验室通风有几种方式？设计时要注意什么问题？

答：化验室的通风方式有两种，即局部排风和全室通风。注意的问题是，通风设备应尽量靠近产生有害的发源，对于有害物不同的散发情况应采用不同的排气罩，其通风设备要便于实验操作和设备的维护检修。

5. 化验室仪器设备对电源有什么要求？为什么？

答：化验室的供电线路宜直接由总配电室引出，并避免与大功率用电设备共线，以减少线路电压波动。仪器一旦开始便不宜频繁断电，否则可能使化验中断，影响化验的精确度，甚至导致试样损失、仪器装置破坏以致无法完成实验。

第四章　化验室质量与标准化管理

1. 什么是质量管理体系？现代质量管理体系的基本特征是什么？

答：质量管理体系是组织为了确保其产品（或服务）达到使用户满意的接受和放心地使用，在质量方面指挥和控制组织的管理体系。该体系是由组织结构、职责、程序、过程和资源构成的有机整体。

一个完善的质量体系，必须具有以下特征。

①整体性　构成质量体系的各要素不是简单的集合，而是按一定规划行动的有机整体。

②唯一性　质量体系各要素对体系内的所有工作均适用。

③全面性　质量体系内的所有与质量有关的活动，都应该进行全过程、全要素、全方位的控制。

⑤有效性　质量体系的运行对质量活动的控制必须是有效的。

⑥适应性　质量体系必须具有对内外环境的变化有足够的适应能力。

2. 简述现代质量管理的基本工作方法。

答："PDCA 循环"（即计划—执行—检查—处理）。

3. 工作质量与产品质量有哪些联系？

答：产品质量与工作质量是既不相同又密切联系的两个概念。产品质量取决于工作质量工作质量是保证产品质量的前提条件。产品质量是企业各部门、各环节工作质量的综合反映因此，实施质量管理，既要搞好产品质量，又要搞好工作质量。而且，应该把重点放在工作质量上，通过保证和提高工作质量来保证产品质量。

4. 化验室在企业生产中有哪些质量职能？

答：①认真贯彻国家关于产品（或服务）质量的法律、法规和政策，制定和健全本企业有关质量管理、质量检验的工作制度。

②确立质量第一和为用户服务的思想，充分发挥质量检验对产品质量的保证、预防和报告职能，以保证进入市场的产品符合质量标准，满足用户需要。

③参与新产品开发过程的审查和鉴定工作。

④严格执行产品技术标准、合同和有关技术文件，负责对产品生产的原材料进货验收、工序和成品检验，并按规定签发检验报告。

⑤发现生产过程中出现或将要出现大量废品，而尚无技术组织措施的时候，应立即报告企业负责人，并通知质量管理部门。

⑥指导、检查生产过程的自检、互检工作，并监督其实施对违反工艺规程的现象和忽视产品质量的倾向，有权提出批评、制止并要求迅速改正，不听规劝者有权拒检其产品，并通知其领导和有关管理部门。

⑦认真做好质量检验原始记录和分析工作并按日、周、旬、月、季、年编写质量动态报告，向企业负责人和有关管理部门反馈，异常信息应随时报告。

⑧参与对各类质量事故的调查工作，追查原因，按"三不放过"原则组织事故分析，提出处理意见和限期改进要求。遇有重大质量事故，应立即报告企业负责人及上级有关机构。

⑨对企业负责人做出的有关产品质量的决定有不同意见的，有权保留意见，并报告上级主管部门。

⑩负责发放、管理企业使用的计量器具，做好量值传递工作。对生产中使用的工具 仪表、

计量器具等，按计量管理规范定期进行检验（或送检），以保证其计量性能及生产原始基准的精确性。对未按期送检定的仪器、仪表、计量装置，有权停止使用。

⑪加强自身建设，不断提高检验人员的思想素质、技术素质和工作质量，确保专职检验人员的质量管理前卫作用。

⑫加强质量档案管理，确保质量信息的可追溯性。

⑬积极研究和推广先进的质量检验和质量控制方法，加速质量管理和检验现代化。

⑭积极配合有关部门做好售后服务工作，努力收集用户信息并及时反馈。

⑮制定、统计并考核各个生产车间、部门的质量指标，并做出评价。

5. 标准化的基本原理是什么？

答：标准化的基本原理通常是指统一原理、简化原理、协调原理和最优化原理。

6. 简述质量检验的职能及各职能的关系。

答：(1)保证职能通过检验，保证凡是不符合质量标准而又为经济适用性判定的不合格品不会流入下道工序或者市场，严格把关，保证质量，维护企业信誉。

(2)预防职能通过检验，测定工序能力以及对工序状态异常变化的监测，获得必要的信息，为质量控制提供依据，以及时采取措施，预防或减少不合格产品的产生。

(3)报告职能通过对监测数据的记录和分析，评价产品质量和生产控制过程的实际水平，及时向企业负责人、有关管理部门或上级质量监管机构报告，为提高职工质量意识、改进设计、改进生产工艺、加强管理和提高质量提供必要的信息。

质量检验的三职能是不可分割的统一体。质量检验的三职能中，首先的也是最基本的“保证职能”，也就是把关的职能，它的作用是可以防止不合格品投入生产或流入下一工序或者出厂进入社会，既维护了企业的信誉，也保护了用户的利益。在传统的质量管理中，检验部门实际上只行使了其“保证职能”。虽然，通过检验保证了不合格的原材料、外协件和半成品不投产、不转入下一工序，在客观上也可以起预防不合格产品产生的作用，但附带的客观效果与主观主动的“预防”，有显著的差距；在“报告”职能方面也是如此。因而，现代质量管理要求充分发挥质量检验的“三职能”的作用。

7. 什么是产品质量认证？需要什么基本条件？

答：产品质量认证：由可以充分信任的第三方证实某一产品或服务符合特定标准或其他技术规范的活动基本条件：①产品符合国家标准或者行业标准要求；产品质量稳定，能正常批量生产；②产品质量稳定，能正常批量生产；③生产企业的质量体系符合国家质量管理和质量保证标准证及补充要求。

8. 什么是实验室认可？其基本程序是什么？有何意义？

答：实验室认可：实验室认可机构对实验室有能力进行规定类型的检测和（或）校准所式给予的一种正式承认。

基本程序：①申请，②现场评审，③批准认可，④监督和复评审，⑤能力验证。

实验室认可是世界科学技术和市场经济不断发展的结果。在世界经济全球化发展的今天，人们对产（商）品质量的要求越来越高。对产（商）品质量检测的期望也越来越高，这就促进了实验室事业的大发展，对实验室工作质量的评估和认可活动也因此得以迅速发展，并且逐步地走向国际化。

9.认证和认可有什么本质区别?

答:(1)两者的主体不同　认证的主体是具备能力和资格的第三方,由合格的第三方实施认证工作,以保证认证工作的公正性和独立性的主体是权威团体,这里一般是指由政府授权组建的一个组织,具有足够的权威性。

(2)两者的对象不同　认证的对象是产品、过程或服务,如质量管理体系认证、产品质量认证、环境管理体系认证等。认可的对象是从事特定任务的团体或个人,如检验机构、实验室、管理体系认证机构以及审核员、审核员培训机构等。

(3)两者的目的不同　认证是符合性认证,以质量管理体系的认证为例,其目的在于质量管理体系认证机构对组织所建的质量管理体系是否符合规定的要求(如ISO 9000标准的要求)进行证明。认可是具备能力的证明,即认可机构(如中国的CNAB)依据规定的程序对质量管理体系认证机构(如CQC)和质量管理体系审核员是否具备从事质量管理体系认证工作的资格和能力进行考核和证明。

认证和认可都是合格评定活动,即通过直接或间接的活动来确定相关要求被满足。

第五章　化验室检验质量保证体系的构建与管理

一、简答题

1.化验室检验质量保证体系包含哪几个基本要素?

答:化验室检验质量保证体系包含:检验过程质量保证,检验人员素质保证,检验仪器、设备和环境保证,检验质量申诉处理,检验事故处理5个基本要素。

2.检验过程的质量控制主要包括哪几个方面?

答:检验过程的质量控制主要包括:采样和制样质量控制,检验与结果数据处理的质量控制,其他注意事项3个方面。

3.监督检查按标准进行检验提出哪几点要求?

答:监督检查按标准进行检验提出监督检验是否具备执行标准所需的检验仪器设备,并能达到使用要求;监督检查实验室环境条件是否满足标准要求;监督检查测试仪器和检测设备及工具是否经过计量检定、并有计量检定证书3点要求。

4.实施化验室检验质量保证体系运行的内部监督评审程序包括哪些?

答:实施化验室检验质量保证体系运行的内部监督评审程序包括审核文件,现场评审的准备,现场检查与评审和提出评审报告。

二、问答题

1.构建化验室检验质量保证体系的依据是什么?如何构建化验室质量保证体系?

答:构建化验室检验质量保证体系的依据是GB/T 19001—2008《质量管理体系要求》。

构建化验室检验质量保证体系就是要围绕该体系5个方面的要素,进行管理组织结构的建设;确定相应的管理程序和管理过程;明确各类人员的素质和能力,要求并制订和实施人员培训计划,制定保证体系中各类人员岗位职责;按需要配备相应的检验仪器和设备,制定使用、管理办法;收集和制定需要的技术标准、检验方法和检验操作规程等;创造良好的检验工作和仪器设备运行环境;制定检验质量申诉处理和检验事故处理办法;制定化验室检验质量保证体系运行监督和内部评审办法,建立化验室实现量值溯源的程序,综合编制《化验室质量管理手册》。

2.如果你是中心化验室的主任,你认为自己应该有哪些职责?

答:负责中心化验室检验制度、规范的制定和完善;负责各种检验、测试仪器的妥善使用;负责各种标液、试剂、材料的准备和保管、正确使用;负责监测员的技术培训和技能提高等。

3.什么是公民基本道德规范?检验人员全面素质的内涵有哪些?

答:我国公民的基本道德规范:爱国守法、明礼诚信、团结友善、勤俭自强、敬业奉献。

检验人员全面素质的内涵:检验人员应具有良好的思想政治素质、社会责任感、与时俱进的意识和行动,勤学上进,跟上时代发展的步伐;遵守公民基本道德规范,具有良好的职业道德和行为规范、健康的生理和心理素质以及资源和环境等可持续发展意识;具有与社会主义市场经济建设相适应的竞争意识以及较强的事业心和责任感;爱岗敬业,热爱企业、热爱自己的工作岗位,有较强的团队精神和与人合作的能力;具有吃苦耐劳、艰苦创业和勇于创新精神;具有良好的文化基础知识和与检验工作相关的基础知识、基本理论、操作技能;具备基本的计算机操作技能和应用能力、分析解决问题能力、独立工作能力、理解和表达及终身学习能力;能认真履行岗位职责,把好检验工作质量关,为企业的发展尽职尽责。

4.简述检验质量申诉处理和检验质量事故处理的程序与方法。

答:检验质量申诉处理:遵照检验质量申诉和检验事故处理办法规定的程序,由检验质量负责人检查该项检验的原始记录和所使用仪器设备的状态,了解检验操作方法及检验过程。在此基础上召集相关的人员,通报了解的情况,分析原因,最后确定处理方案。

检验质量事故处理:检验质量事故按检验质量事故处理办法规定的程序,由检验质量负责人组织相关人员,进行各方面调查了解,分析造成这种人为差错的原因,分清人为责任的比重,采取相应的处理措施,追究人为的责任;仪器设备损坏或人身伤亡事故 由检验质量负责人和安全工作负责人组织相关员,认真勘察事故现场,了解相关人员,查明事故各方面的原因,召开专门会议,分析原因,研究处理方案。

第六章　化验室环境与安全

问答题

1.化验室对位置环境有何要求?

答:化验室的位置一般要求远离灰尘、烟雾、噪声、震动源和电磁辐射等对分析检验工作有影响的环境,不应建在交通要道、锅炉房、机房、生产车间近旁,方位最好是南北朝向,在选址方面还应充分注意周围环境因素,诸如微生物菌种、湿度、电源电压(和/或电网频率)、温度、海拔、大气压强、雷电、有害气体等的影响,以免影响工作质量和准确性。此外,化验室应与办公场所分离,以防对检验工作质量产生不利影响。

2.化验室对人员环境有何要求?

答:检验人员进入实验室,必须更换工作服,工作时严格遵守岗位制度及操作规程。检验室应始终保持良好的卫生环境,物品放置做到定置管理,与检验无关的物品不准带入检验室,室内不准进行与检验无关的活动。

3.维持的作用是什么?有何特征?

答:维持的主要作用是使与检验工作相关的各种因素(如环境条件、设备性能、人员状况等)始终保持一个优良的状态,它具有经验性的特征。

4.什么是质量控制区域?对质量控制区域如何进行控制?

答:质量工作区域是指完成组织质量目标而实施作业的场所。对质量工作区域实施控制应该有明显的标识,以引起人们的注意。如禁止入内、非本室人员禁止入内、顾客止步、外来人员禁止入内等标识。有标识的区域,无关人员未经批准是不得随意出入的,以免影响环境的稳定性、检验人员的工作状态和检验工作的安全性;外来人员要进入有特殊要求的工作区域,需经办公室或相关管理层(管理人员)或质量管理制度中授权的部门及人员批准同意,登记后由机关人员陪同方可入内。进入受控工作区域的人员,必须遵守保密等规定及其他有关管理制度要求。

5.如何理解安全的不等式法则?

答:10 000−1≠9 999,安全是1,位子、车子、房子、票子等都是0,有了安全,就是10 000,没有了安全,其他的0再多也没有意义。要以此教育职工,生命是第一位的,安全是第一位的,失去生命一切全无。

6.化验室危险的潜在客观因素都有哪些?

答:化验室客观潜藏危险性主要是由于使用的试剂或存储的化学药品中,有的具有挥发性,有的具有易燃性,有的具有毒性及腐蚀性,甚至在实验中某些化学反应还会产生有毒有害气体,也有可能反应控制不当造成燃烧或爆炸等,这些都是客观存在的事实。除此之外,由于操作者在实验过程中的不慎、粗枝大叶,也会造成偶然的意外事故发生。

7.化验室防火防爆的原则是什么?日常工作中如何做好预防工作?

答:化验室消防工作的基本原则是"以防为主,防消结合",坚持防患于未然,在日常生活和工作中做好火灾预防工作:(1)控制库存量;(2)避免易燃物与助燃物的接触;(3)控制和消除点火源;(4)化验室建筑、室内布置及消防设施符合防火规范;(5)做好日常化验工作的防火防爆。

8.根据GB/T 4968《火灾分类》,把火灾定义为哪几个类别?

答:根据GB/T 4968《火灾分类》,按照可燃物的类型和燃烧特性,将火灾定义为6个不同的类别:

A类火灾:固体物质火灾。

B类火灾:液体或可熔化的固体物质火灾。如汽油、煤油、柴油、原油、沥青、石蜡等。

C类火灾:气体火灾。如液化石油气、天然气、甲烷、氢气等。

D类火灾:金属火灾。如钾、钠、镁的火灾。

E类火灾:带电火灾。物体带电燃烧的火灾。

F类火灾:烹饪器具内的烹饪物(如动植物油脂)火灾。

9.如何做好化验室火灾现场自救?

答:火场避险的基本原则就是趋利避害、逃生第一。(1)镇定;(2)注意风向;(3)毛巾捂鼻;(4)结绳逃生;(5)暂时避难;(6)靠墙躲避;(7)莫入电梯;(8)火已及身,切勿惊跑;(9)跳楼有术,虽损求生。

10.火场烧伤急救方法可归纳为哪几个字?

答:灭、查、防、包、送。

11.表示化学毒物毒性大小的指标有哪些?

答:毒性是化学物质损害机体的能力,在毒物的影响下,机体表现出各种功能障碍,或应激能力下降、维持机体内稳态能力降低以及对其他环境有害因素的敏感性增高等。常用表示毒性大小的指标如下:

(1)绝对致死剂量或浓度(LD_{100}或LC_{100})。指化学物能引起一群实验动物全部死亡的剂量或浓度。

(2)半数致死剂量或浓度(LD_{50}或LC_{50})。指化学物能引起一群动物的50%死亡所需的剂量或浓度。

(3)最小致死剂量或浓度(MLD或MLC)。系指化学物在最低剂量的一群实验动物中仅引起个别动物死亡的剂量或浓度。

(4)最大耐受剂量或浓度(LD_0或LC_0)。指化学物在动物实验中不引起实验动物死亡的最大剂量或最大浓度。

12.简述氰化物中毒的症状及现场救治方法。

答:症状:轻者刺激黏膜、喉头痉挛、瞳孔放大,重者呼吸不规则、逐渐昏迷、血压下降、口腔出血。救治方法:立即移出毒区,脱去衣服,进行人工呼吸,可吸入含5%二氧化碳的氧气,立即送医院。

13.化验室废气处理的方法有哪些?

答:化验室废气处理废气方法很多,主要有冷凝法、吸附法、吸收法、燃烧法、催化剂燃烧法等。

14.催化燃烧法处理废气的优缺点是什么?

答:优点:(1)与直接燃烧法相比,能低温下氧化分解,节省燃料(约节省1/2燃料);(2)设备占地面积小;(3)NO_x生成少。缺点:(1)催化剂中毒和表面异物附着易失效;(2)必须进行良好的预处理除去尘埃、漆雾等;(3)催化剂和设备价格高。

15.化验室废液处理的原则是什么?

答:由于各种废液之间有可能发生化学反应而产生新的有害物质或发生其他事故,所以在实施废液处理过程中应考虑以下几个方面:

(1)统一使用规定类型的贮存容器。

(2)贮存废液的容器要洁净,以免交叉反应引进污染。

(3)废液应根据其主要成分的化学性质分类收集。

(4)废液一律使用封闭容器贮存,防止挥发性气体逸出。

(5)废液的贮存应避光、远离火源、水源。

(6)贮存废液的容器上必须粘贴分类明确的标识,标明废液种类、成分、贮存时间、产生房间、联系人、联系电话等内容。

(7)对于各种危险化学品,应备有泄漏应急处理方法

(8)废液按要求放在指定的场所并及时处理,达标后方可排放。

(9)对于含有大量有机溶剂的废液,应尽可能回收,在不影响试验的条件下重复使用。

16.举例说明化验室废液的处理方法。

答:例:含氰化物的废液处理

氰化物是剧毒物质,含氰废液必须认真处理。少量的含氰废液可先加氢氧化钠调pH>10,再加入废液质量3%的高锰酸钾粉末,使CN^{-1}氧化分解。量大的含氰废液可用碱性氯化法处理。先用碱调至pH>10,再加入次氯酸钠或漂白粉,使CN^{-1}氧化成氰酸盐,并进一步分解为二氧化碳和氮气,放置24 h后排放。

17.根据GB/T 16163—2012《瓶装气体分类》的规定,瓶装气体分为哪几类?

答:根据GB/T 16163—2012《瓶装气体分类》的规定,按照气体的临界温度分为三类:第1

类:压缩气体和低温液化气体;第2类:液化气体;第3类:溶解气体。

18. 什么是气瓶的公称工作压力?

答:GB/T 13005—2011对气瓶的公称工作压力定义为:对于盛装压缩气体的气瓶,系指在基准温度(一般为20℃)下,瓶内气体达到完全均匀状态时的限定压力;对于盛装液化气体的气瓶,系指温度为60℃时瓶内气体压力的上限值;对于充装溶解气体的气瓶,系指瓶内介质达到化学、热量以及扩散平衡条件下静置压力;对于焊接绝热气瓶,系指在气瓶正常工作状态下,内胆顶部气相空间可能达到的最高压力。

19. 画图说明钢瓶的钢印标记。

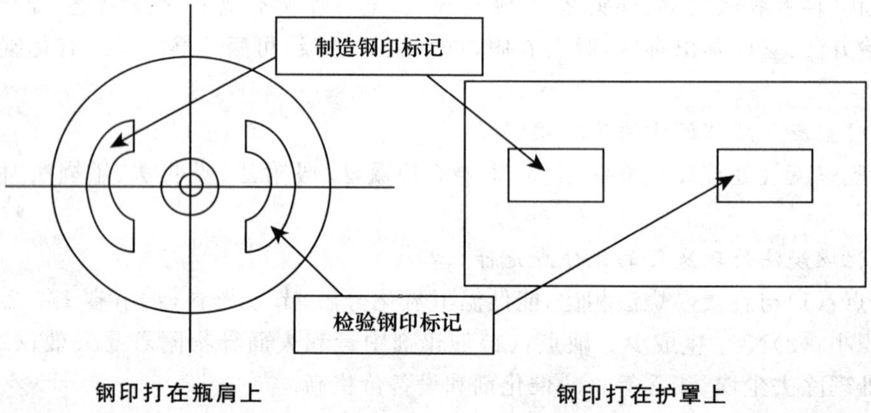

20. 含有哪些物质的废液不能互混?

答:含有下列物质的废液严禁互相混合:①过氧化物与有机物;②氰化物、硫化物、次氯酸盐与酸;③盐酸、氢氟酸等挥发性酸与不挥发性酸;④浓硫酸、磺酸、羟基酸、聚磷酸等酸类与其他的酸;⑤铵盐、挥发性胺与碱;⑥剧毒废液单独收集,不能把几种剧毒废液混放在一个容器中。

21. 以碱类为例,说明化学烧伤的急救和治疗方法。

答:立即用大量水冲洗,再用2%醋酸或3%硼酸溶液进一步冲洗,或撒硼酸粉于灼伤处,如为氧化钙灼伤,可用植物油涂敷伤处。眼灼伤先用大量流水冲洗,再选择适当的中和药物如2%硼酸溶液大量冲洗。

22. X射线对人体健康有什么危害?

答:X射线被人体组织吸收后,轻的造成局部组织灼伤,如果长时期接触,重的可造成白细胞下降,毛发脱落,发生白血病等严重的射线病。对于放射线引起的危险,目前还没有适当的治疗方法。因此,在实际工作中主要是以预防为主。

23. 简述口蹄疫病毒传染的预防措施。

答:首先封锁厂(场)区停止牲畜流动,报告当地有关部门采取防疫措施,并送检病科确诊;将同批牲畜在当日全部宰完;病畜的粪便、胃肠内容物、污物和污染水经消毒后方可运出或排出,病畜停留过的场地、圈舍和车间进行消毒处理;所有设备、工具和工作人员的工作服、帽、靴应进行彻底消毒。

24. 简述对疯牛病的预防措施。

答:由于目前对疯牛病了解不多,尚无有效的预防控制方法。目前的具体措施有:

(1)增强防范意识,发现疫情后及时上报,妥善处理;

(2)加大防疫力度,严厉打击肉品走私活动,提高我国肉品信誉,保证质量;

(3)严格入境检疫,禁止疫区的动物及其产品入境,对来自疫区的交通工具进行严格的消毒处理,加强对入境货物、邮寄品的检查,对途经或停留我国境内的航班、船只废弃物等做无害化处理;

(4)严把饲料质量关,在饲料生产上要保证消灭病原因子,禁止给反刍动物饲喂反刍动物组织;

(5)交换遗传材料(精液、胚胎)方面要注意防范病原因子的引入;

(6)一旦发现有可疑病畜即焚毁;

(7)加强食品卫生检疫,杜绝经食物链引入 BSE;

(8)加大研究力度,促进防治朊病毒病药物的研制开发。一旦发现疯牛病病牛及患痒病的羊,对它们的后代以及与其有过紧密接触的牛、羊,迅速扑杀、焚烧;停喂带有疯牛病和痒病病原的肉骨粉饲料,切断其传播途径。

25.简述文明卫生的意义

答:化验室文明是化验室形象的凝缩,加强化验室文明建设有利于提高员工素质、树立行业的社会形象,有利于提高员工的职业道德、职业技能和职业纪律,是化验室工作有序进行、实现质量目标的前提;化验室卫生管理是保证检验结果准确性的基石,很难想象一个脏、乱、差、管理混乱的化验室能够做出可信度高的化验结果。因此,搞好化验室文明卫生建设,营造一个和谐、文明、良好的化验环境,是化验室工作人员义不容辞的职责。

参考文献

[1] 姜洪文，陈淑刚. 化验室组织与管理. 3版. 北京：化学工业出版社，2014.

[2] 杨爱萍. 化验室组织与管理. 北京：中国轻工业出版社，2009.

[3] 夏玉宇. 化验员实用手册. 2版. 北京：化学工业出版社，2008.

[4] 刘文，赵镭，汪厚银，等. 感官分析：GB/T 13868—2009/ISO8589：2007. 北京：中国标准出版社，2007.

[5] 胡征. 现代实验室建设与管理指南. 天津：天津出版传媒集团，天津科技翻译出版公司，2014.

[6] 王丽琼. 食品营养与卫生. 2版. 北京：化学工业出版社，2012.

[7] 张观发. 食品安全培训教程. 郑州：河南科学技术出版社，2017.

[8] 周树南. 食品生产卫生规范与质量保证. 北京：中国标准出版社，2005.

[9] 吴永宁. 现代食品安全科学. 北京：化学工业出版社，2003.

[10] 王琴，李春新，等. 化学实验室废液处理方法的研究. 甘肃石油和化工，2001(3)：7-12.

[11] 姜洪文，陈淑刚. 化验室组织与管理. 2版. 北京：化学工业出版社，2008.

[12] 汪彤，代宝乾，王培怡，等. 安全标志及其使用导则：GB 2894—2008. 北京：中国标准出版社，2008.

[13] 黄汉林，黄建勋，徐海娟，等. 职业性接触毒物危害程度分级：GBZ 230—2010. 北京：中国标准出版社，2010.

[14] 汪洋，马昌华，郝澄. 瓶装气体分类：GB/T 16163—2012. 北京：中国标准出版社，2012.

[15] 姚松经，郑巍. 火灾分类：GB/T 4968—2008. 北京：中国标准出版社，2008.

[16] 耿向阳，卢玲，车礼东，等. 化学品分类和标签规范-第29部分：对臭氧层的危害：GB 30000.3—29—2013. 北京：中国标准出版社，2013.

[17] 马昌华，赵俊秀，李秀珍，等. 气瓶颜色标志：GB/T 7144—2016. 北京：中国标准出版社，2016.

[18] 王艳辉，张宝国，韩冰，等. 气瓶术语：GB 13005—2011. 北京：中国标准出版社，2011.

[19] 张少岩，崔海容，杨一，等. 化学品分类和危险性公示通则：GB 13690—2009. 北京：中国标准出版社，2009.